Records of
Ministry of Ecology and Environment
Press Conferences
2018

生态环境部新闻发布会实录

2018

生态环境部 编

中国环境出版集团·北京

本书编写组

组　长：庄国泰

副组长：刘友宾

成　员：冯俊玲　高慧霞　杨立群
綦　健　张　涵　于晗潇
杜宣逸　牛秋鹏

前言

2018年，生态环境部深入推进新闻发布工作。一年来，深入宣传习近平生态文明思想和全国生态环境保护大会精神，及时向社会公众权威、准确传递生态环境保护政策措施、工作进展等，回应社会关注的热点问题，进一步增强了媒体和公众对环保工作的理解和支持。

2018年全国两会期间，生态环境部李干杰部长出席两会记者会和“部长通道”活动，介绍中国生态环境保护情况，并回答中外记者提问。6月，赵英民副部长出席国务院政策吹风会，向中外记者介绍中国大气污染防治三年行动计划有关情况。11月，中国气候变化事务特别代表解振华出席国务院新闻办发布会，介绍中国应对气候变化有关情况。

生态环境部全年共举办12场例行新闻发布会，通报重点工作，回应热点问题，分别围绕环境质量监测、大气污染防治、第二次全国污染源普查、水污染防治、全国生态环境状况、环境执法督查、城市黑臭水体整治、“放管服”改革、生态保护、应对气候变化、海洋生态环境保护、中央生态环保督察等主题，介绍相关工作，极大地方便了社会公众了解、掌握我国生态环境保护相关政策举措，提高了公众环境意识，为全民共同参与生态环境保护营造了良好的舆论氛围。

本书共分为3个部分，每部分内容按时间顺序编排。第一部分，收录生态环境部部长李干杰同志出席两会记者会和“部长通道”实录；第二部分，收录中国气候变化事务特别代表解振华同志出席《中国应对气候变化的政策与行动2018年度报告》发布会实录、生态环境部副部长赵英民同志出席“打赢蓝天保卫战三年行动计划”政策吹风会实录；第三部分，收录生态环境部全年12场例行新闻发布会实录。希望本书能够对生态环保工作者、生态环境新闻工作者、关心和支持生态环保工作的社会各界读者有所借鉴。

由于编者水平有限，不妥之处，敬请批评指正。

本书编写组

2019年1月

目录

两会记者会实录

国新办发布会实录

例行新闻发布会实录

两会记者会实录

LIANGHUI JIZHEHUI SHILU

“打好污染防治攻坚战”记者会全文实录

2018年3月17日

环境保护部党组书记、部长李干杰

记者会现场

主持人：各位记者朋友，大家下午好，欢迎参加十三届全国人大一次会议记者会，今天记者会的主题是“打好污染防治攻坚战”。今天，我们很高兴邀请到环境保护部部长李干杰先生，围绕这一主题回答大家的提问。首先，有请李干杰部长。

李干杰：各位记者朋友，大家下午好。首先，我代表环境保护部门衷心感谢大家长期以来给予生态环境保护工作的关心、理解、支持和帮助，我们工作取得的每一项进展、每一份成绩都包含和凝聚了大家的辛劳和奉献。

党的十八大以来，在以习近平同志为核心的党中央坚强领导下，在习近平新时代中国特色社会主义思想的科学指引下，我们国家生态环境保护工作，乃至整个生态文明建设工作决心之大、力度之大、成效之大，前所未有，确实是取得了历史性的成就，发生了历史性变革。但是，我们也清醒地认识到，当前我们面临的形势依然十分严峻，未来还任重道远，我们决心更加奋发图强、攻坚克难，努力改善生态环境质量，提供更多的优质生态产品，满足人民群众日益增长的优美生态环境需要。在这个过程中，还期待各位记者朋友一如既往地给予我们关心、理解、支持和帮助。让我们大家共同携起手来，共建天蓝、地绿、水清的美丽中国。

今天是个好日子，久旱逢甘露、瑞雪兆丰年。今天北京下雪了，也结束了长达 145 天将近 5 个月的没有有效降水的历史。今天上午，习近平总书记在全国人大会议上又全票当选为国家主席、中央军委主席。我们坚信，有习近平总书记这样一位核心和领袖为我们领航掌舵，我们的目标、我们的梦想就一定能够圆满实现。下面，我愿意回答大家的提问。

主持人：谢谢李干杰部长，现在开始提问。

新华社记者：中央强调要打好三大攻坚战，《政府工作报告》也进一步要求，提出工作思路和具体举措，排出时间表、路线图和优先顺序。请问李部长，环境保护部就污染防治攻坚战有哪些具体举措，您这边是否有了一本账，怎样算好这本账呢？谢谢您。

李干杰：谢谢您的提问。大家知道，到 2020 年全面建成小康社会是我们党向人民群众作出的庄严承诺。在全面建成小康社会的整体框架内，生态环境无疑是一块明显的短板，因此习近平总书记讲，小康全面不全面，生态环境质量是关键。为了尽快补齐、补好这块短板，党的十九大将污染防治攻坚战列为决胜全面建成小康社会的三大攻坚战之一。去年 12 月中央经济工作会议又就此作了部署，提了要求。李克强总理在今年的《政府工作报告》中又特别强调要坚决打好攻坚战，推进污染防治取得更大成效。

我理解这是以习近平同志为核心的党中央着眼党和国家事业发展全局，顺应人民群众对美好生活的需求和向往作出的一项重大部署，也是中央交给我们牵头落实的一项光荣又很艰巨的任务。为了完成好这项任务，党的十九大之后我们就着手开展了一系列学习、调查和研究，应该说在如何谋划好、推动好攻坚战方面还是有了一个基本的考虑、基本的思路，就是您刚才说的初步有了一本账，尽管这本账还比较“初”和“粗”，还需要我们进一步研究和完善。

基本思路简要来讲可以概括为“三个三”。第一个“三”是围绕三类目标，其中第一类目标就是生态环境质量改善的目标，主要包括大气方面的比如优良天数比例、$PM_{2.5}$下降比例，水方面的比如好于Ⅲ类水体比例、劣Ⅴ类水体比例。第二类目标是主要污染物总量减排的目标，主要包括大气方面的二氧化硫、氮氧化物，水方面的化学需氧量和氨氮。第三类目标是环境风险管控目标，主要包括农用地风险管控目标和城市建设用地风险管控目标。这是第一个“三”，围绕三类目标。

第二个“三”，突出三大领域。这三大领域就是大家很熟悉的，也是非常关心的大气、水和土壤。大气方面，要抓紧制定发布下一阶段大气污染防治行动计划，坚决打赢蓝天保卫战。水方面，要深入推进现在还在实施的 2015 年 4 月发布的《水污染防治行动计划》，就是《水十条》，坚决打好碧水保卫战。还有全面实施 2016 年 5 月制定发布的《土壤污染防治行动计划》，扎实推进净土保卫战。这是第二个“三”，要突出三大领域。

第三个“三”，强化三个基础。这三个基础在大的生态环境保护概念上讲，应该说都是非常重要的工作，但是就污染防治来讲，我们理解主要是基础性的、保障性的，所以我们要强化三个保障。第一个保障是积极推动形成绿色发展方式和生活方式，因为这是根本，如果我们的发展方式、生活方式不绿色，那么污染防治攻坚战要打好是很难的，甚至是做不到的。第二个保障是要加快加大生态系统保护和修复的力度，因为对污染防治来讲，生态系统服务功能是至关重要的。第三个保障是要加快形成生态环境治理体系的现代化和治理能力的现代化。要进一步改革完善生态环境管理的体制，通过改革释放出更多动能和红利，来支撑保障污染防治攻坚战取得更大、更好的成效。

总的来讲，我们基本上有这样的思路，就是“三个三”：围绕三类目标，突出三大领域，强化三大基础。这里要特别向大家报告，我们现在一方面在抓紧研究完善这个思路、这一本账。与此同时，也在抓紧施工、抓紧推进，也就是说污染防治具体工作这场攻坚战不仅一刻没有停，而且在过去的基础上进一步快马加鞭。三年时间非常短暂，我们等不得，也等不起，所以一边在做顶层设计，一边在抓具体工作，我们也完全有基础、有条件这么做。

党的十八大以来，为了向污染宣战，打好污染防治这场战役，中央先后制定出台了三个行动计划（《大气污染防治行动计划》，简称《大气十条》；《水污染防治行动计划》，简称《水十条》；《土壤污染防治行动计划》，简称《土十条》），就是大家熟知的三个“十条”。五年下来走到今天，实践充分证明，三个“十条”的方向、路径、举措、目标、任务都是科学合理的，针对性、有效性都是非常强的。也正因为如此，我们过去五年才有这么好的成效。面向未来三年，我们要打好这场攻坚战，关键是沿着前面五年的路子继续往前走，继续“照单抓药”，并且坚持把这个“药”吃下去，尽管这副“药”有点涩，也有点苦，但却是良“药”，效果理想，我们必须要坚持。

总之，未来我们一定要按照中央的要求，加快进度、加大力度、狠抓落实，努力使我们的生态环境质量得到进一步改善，让人民群众、让老百姓的安全感、获得感、幸福感更强。

中国日报记者： 我想问一个大家都比较关心的问题，也就是在今天上午，全国人大表决通过了国务院机构改革方案，其中大家都很关心的一个变化就是将组建生态环境部，请问部长，新成立的部门职能和环境保护部有什么区别，未来将发挥什么作用？

李干杰： 谢谢您的提问。深化党和国家机构改革非常必要和重要，它是坚持和发展中国特色社会主义的必然要求，是加强党长期执政能力建设的必然要求，是社会主义制度完善和发展的必然要求，也是我们实现两个百年奋斗目标，建成社会主义现代化强国、实现中华民族伟大复兴中国梦的必然要求。

您刚才提到，今天上午全国人大审议通过了国务院机构改革方案，这个方案明确把环境保护部的全部职责和其他6个部门相关的职责整合到一起，组建新的生态环境部，统一行使生态和城乡各类污染排放监管与行政执法职责。我个人体会，这个改革是以习近平同志为核心的党中央实现深化改革总目标的一个重大举措，是体现坚持以人民为中心发展思想的一个具体行动，是推进生态环境领域、生态文明建设领域及治理体系现代化和治理能力现代化的一场深刻变革和巨大进步。我认为，它有着非常重要的现实意义和历史性里程碑意义。我体会，这一改革充分体现、完全符合习近平新时代中国特色社会主义思想，尤其是习近平总书记生态文明建设重要战略思想。

习近平总书记在党的十八大以来有关生态环境保护、生态文明建设做过很多的指示、批示、讲话，形成了习近平总书记生态文明建设重要战略思想。我们学习领会习近平总书记生态文明建设重要战略思想，有几个“观”是非常重要的，对我们的工作有着非常强的指导性和针对性：一是生态兴则文明兴、生态衰则文明衰的深邃历史观。二是人与自然是生命共同体的科学自然观。三是“绿水青山就是金山银山”的绿色发展观。四是良好的生态环境是最普惠民生福祉的基本民生观。五是统筹山水林田湖草系统治理的整体系统观。六是实行最严格生态环境保护制度的严密法治观。七是生态环境保护、生态环境治理需要全社会共同行动的全民行动观。八是要积极参与全球治理、共建清洁美丽世界的共赢全球观。

我体会，这次改革充分体现了习近平总书记的这些思想，尤其是其中的整体系统观，就是要统筹山水林田湖草系统治理。今年两会，习近平总书记在 3 月 5 日参加内蒙古代表团的审议时，再次强调这一点。习近平总书记说，要加强生态环境保护建设，统筹山水林田湖草治理。五年前，十八届三中全会审议通过深化改革的决定，习近平总书记当时在说明中就特别强调，生态文明体制改革一定要符合生态的系统性，即人与自然是一个生命共同体的理念。人的命脉在田，田的命脉在水，水的命脉在山，山的命脉在土，土的命脉在树。如果种树的只管种树，治水的只管治水，护田的只管护田，就很容易顾此失彼，生态就难免会遭到系统性破坏。在这个会上，习近平总书记还在说明中强调另外一个观点，我也觉得很重要，就是监管者和所有者要分开，监管者和所有者要相互独立、相互配合、相互监督。这一次的改革，我觉得非常好地落实了习近平总书记的要求。

长期以来，在我们国家生态环境保护领域、体制机制方面存在两个很突出的问题。一是职责交叉重复，叠床架屋、九龙治水、多头治理，出了事责任不清楚。二是监管者和所有者没有很好地区分开来，既是运动员又是裁判员，有些裁判员独立出来，他的权威性、有效性也不是很强。这一次的改革方案，我觉得很好地解决了这两个问题。从所有者方面来讲，已经完全打通了，山水林田湖草都统一起来。大家注意生态环境部的组建，从监管者的角度，把它统一起来。我总结一下，有“五个打通”，把原来分散的污染防治和生态保护职责统一起来：一是打通了地上和地下，二是打通了岸上和水里，三是打通了陆地和海洋，四是打通了城市和农村，五是打通了一氧化碳和二氧化碳，也就是统一了大气污染防治和气候变化应对。所以，从这个意义上来讲，新的生态环境部不仅保留了环境保护部的职责，而且还有比较大的变化。

下一步，我们要认真按照中央的部署和要求，落实好这个改革方案。改革以后，给我们打好污染防治攻坚战，加强生态环境保护创造了更好的条件。我们有责任、有义务，也应该有信心和理由把未来的工作做得更好，包括眼下在改革的过程中，我们一定要确保思想不乱、队伍不散、工作不断、干劲不减，不仅如此，还一定要通过改革把我们的凝聚力、向心力、战斗力、落实力进一步增强起来，把我们的工作、能力、作风进一步提升起来，使我们生态环境保护的各项工作能够做得更好，打好未来的攻坚战。

路透社记者：听说部长先生今天是带着《大气十条》圆满答卷来的，同时我们也注意到，近期还出现了一次非常严重的雾霾天气，想请部长先生谈一谈，在下一步新的大气污染防治三年计划中，我们的目标是什么？到 2020 年 $PM_{2.5}$ 的浓度要下降到什么程度？在具体方案实施方面，与之前的《大气十条》有什么不同？

李干杰：《大气十条》是 2013 年 9 月正式发布的，这个文件在中国环境保护历史上是一个非常重要的文件。我的印象里面，这是首次经过中央政治局常委会和国务院常务会审议通过的环保方面的重要文件。它是中央坚决向污染宣战、开展污染系统治理的首个行动计划。

正如我前面向大家报告的，它的方向、路径、举措、目标、任务都是科学合理的，有着很强的针对性、可行性，五年下来，确确实实效果是不错的。对于《大气十条》的效果，2017 年年底以来我看到媒体报道很多，总体上来讲大家也是充分肯定的，包括老百姓，认为确确实实见到了不错的成效。具体体现在以下几个方面，这里给大家报告一下。

第一，大气环境质量五年来得到了明显的改善和提升。《大气十条》有五大目标，当时定这五大目标的时候，大家心里也是“打鼓”的，认为完成目标可能非常困难，可能交不了账，但是最后结果下来，不仅仅是交了账，而且是比较好地交了账，因为这五大目标都是超额完成。第一大目标是全国 338 个地级城市 PM_{10} 平均浓度要下降 10%。第二大目标是京津冀作为第一大重点区域，$PM_{2.5}$ 平均浓度要下降 25%。第三大目标是长三角区域 $PM_{2.5}$ 浓度要下降 20%。第四大目标是珠三角区域 $PM_{2.5}$ 平均浓度要下降15%。第五大目标是“京60”，就是北京市$PM_{2.5}$平均浓度要达到60微克/立方米左右的改善目标。五年下来，五大目标全部实现，并且是超额实现。全国338个城市PM_{10}平均浓度下降了22.7%，京津冀区域$PM_{2.5}$平均浓度下降了39.6%、长三角区域34.3%、珠三角区域27.7%，“京60”不仅仅是达到了60微克/立方米，而且是低于60，达到了58微克/立方米。这里面有两个我们认为是标志性的成绩，一是珠三角作为一个重点区域，整体达标，并且是连续三年低于35微克/立方米；二是北京市$PM_{2.5}$平均浓度达到58微克/立方米，不仅仅降到60，还低于60微克/立方米，这都是具有标志性意义的。

第二，有力推动了重点领域结构优化，尤其是产业、能源和交通运输结构这三大领域。这五年，淘汰落后产能，化解过剩产能，在钢铁和煤炭两个领域进步是非常大的，成绩是非常大的。李克强总理在《政府工作报告》中也给出了具体的数据，钢铁是1.7亿吨以上，煤炭是8亿吨以上，燃煤火电机组实施超低排放改造，达到7亿千瓦，占比达到了71%。这五年，我们还淘汰了燃煤的小锅炉20多万台，还淘汰了黄标车、老旧车2 000多万辆。另外，在一些重点区域采取了一些特殊的有效举措，比如京津冀及周边“2+26”城市范围内，“煤改气”“煤改电”完成了470多万户。这些都是过去我们想干而一直没干成的，利用五年的时间把这些都干成了，确确实实为改善环境质量发挥了很重要的支撑作用。

第三，大气污染防治新的机制基本形成。一是我们开展环保督察、专项督查、专项巡查，实施量化刚性问责这些机制，使得“党政同责”“一岗双责”要求落到了实处，大家都动了起来。二是在重点区域建立联防联控机制，共同应对重污染天气，也取得了比较好的成效，还有，我们在强化科技支撑方面，也建立了机制。比如，去年开始实施的重污染天气成因与治理攻关专项，科研机制正式建立，发挥了很好的作用。在投资方面，初步建立了政府、企业、社会各方共同努力、共同参与、共同支持的投资机制。过去五年，仅中央财政在大气污染治理方面整个投入就超过 600 亿元，达到 633 亿元。通过这五年《大气十条》的实施，确确实实效果是明显的，成绩也是喜人的。但是，在取得的这些进步和成绩面前，我们也没有任何理由来沾沾自喜、骄傲自满，因为我们面临的形势还非常严峻，仍然任重道远，不仅仅是整个环保工作任重道远，就是《大气十条》，大气污染防治方面也是任重道远。两会前后的北京市连续来的这几轮重污染天气就足以给我们警醒。两会之前来了两轮，2 月 26—28 日，然后 3 月 2—4 日，接下来就是 3 月 9—14 日，连续 6 天，刚刚结束。短短不到 20 天内，北京市就遭遇了多轮重污染天气。总体上来讲，我们还处在“靠天吃饭”的状态，天帮忙，我们日子就好过一点，天不帮忙，雾霾就比较重。我们要走出这个阶段还有很长的路，也因此需要我们在过去的基础上，以更大的力气来下功夫，来狠抓落实。否则的话，我们的目标就很难实现。

与此同时，我必须要向大家强调的是，我们也一定要有信心，正如我前面跟大家报告的，取得的这些成效是实实在在的，并且在这个过程中，我们也积累和探索了一些好的做法和经验。这些做法和经验，完全符合中国的国情，符合我们的体制特点，符合事物本身的内在规律。我们只要把这些好的做法和经验坚持下来，发展下去，这些成效在今后就一定会更大、更好地体现。

3月9—14日这一轮重污染天气，原来的预测是2个中度、4个重度污染天气，其中有一天还是严重污染，经过努力，变成了1个良、1个轻、2个中、2个重，尽管仍然不理想，但我们采取的措施还是见到了成效。因为这一轮的天气从气象条件来讲是很不利的，尤其是强逆温。专家分析是近20年以来，也是21世纪以来最强的一次逆温，时间比较长、范围也比较大。所谓逆温，就是上面的温度比底下高，在1 500米的高空，温度是十五六摄氏度、十七八摄氏度，甚至更高，而底下没有那么高，尤其是夜晚，导致污染物扩散不出去，边界层越压越低，像一个压缩饼干一样。在非常不利、非常糟糕的气象条件下，我们实现了$PM_{2.5}$实际浓度降低，就是得益于过去这几年，尤其是去年以来我们治本的一些措施、治标的一些措施，确实有针对性，有效果。专家估计，治本措施，三大结构的调整，产业、能源和运输结构调整，贡献要占到20%多，甚至30%。我们采取的治标措施，在重污染天气期间，各地采取预警应急，也有将近15%的贡献，加起来就使得我们这一轮重污染天气污染程度本来应该是比较高的，但实际上没那么高，减少了三分之一以上。实践证明，这一套办法还是有效的，未来只要我们坚持下去，我们一定能够做得更好。当然，要做得更好，需要我们大家共同的努力。还是那句话，大气污染治理既要打攻坚战，也要打持久战，污染的形成不是一天两天，要解决也绝非一夜之间，需要我们付出更多艰苦卓绝的努力，绝不是吹个号、打个冲锋就能够一劳永逸的，需要我们长期、持之以恒地坚持下去，只要我们坚持下去，我想目标是能够实现的。

至于您问到关于2020年$PM_{2.5}$的目标，整个空气质量的目标。我们正在研究的三年作战计划，叫“蓝天保卫战三年作战计划”，估计也会很快能够出来。在原来的《“十三五”生态环境保护规划》里面已经有了一些整体目标的设定，大致会以此为基础，进一步研究深化，有些目标保持不变，有些目标可能会有适当的提高。比如优良天数的比例，是 80%，我们认为要达到这个目标还是比较难的，需要付出努力的。$PM_{2.5}$ 的下降比例，当时确定的是未达标城市以五年为基点，当时是 262 个城市，要下降 18%，但实际上这两年因为我们力度比较大，效果也比较好，已经大大地超过了序时进度，两年已经干完 15.8%，剩下的不多了。所以，在这个基础上肯定会加点码，至于加多少，我们现在还在研究，将来有了结论之后我们第一时间向大家报告。

中央人民广播电台、央广网记者：我关心的话题是中央环境保护督察。去年，中央环境保护督察实现了全覆盖，成效得到了认可，但公众还是有两方面的担心：一个是担心督察会有一阵风的现象，另一个是怕有一些地方因为担心督察而直接对企业进行“一刀切”的行为。请问，您如何回应这两方面的担忧？另外，在机构改革方案当中，明确了中央环境保护督察是今后生态环境部的重要职能，下一步我们会如何考虑？

李干杰：中央环境保护督察，我记得在党的十九大记者招待会上我应记者的提问，向大家介绍了相关情况，尤其是介绍了它的成效。我当时是用 4 句话做了概括，这 4 句话也不是我总结的，是当过我们督察组组长，他们总结的，我是完全赞成的，就是叫“百姓点赞、中央肯定、地方支持、解决问题”。确确实实，两年下来我们一共开展了四批，收到很好的效果。其中特别明显、特别突出的，就是通过中央环境保护督察解决了一大批老百姓身边突出的环境问题，上次跟大家报告的数据大约有8万件，这8万件过去是在老百姓身边的，也引起了很多的问题和纠纷，通过这次环保督察得到很好解决，同时还推动解决了很多其他问题。

您提到我们整改的成效能不能得到维持，可能更多地关注尤其像督察报告里面提的要求是不是真正得到落实，因为我们的整改报告是带着问题清单的，问题再大、再难，都是必须要整改落实的。上了清单的问题，第一是比较大，第二是比较难。您很关心，我也很关心，究竟中央环境保护督察将来是否能够开展下去，能否保持强劲长久的旺盛生命力，关键就是提的要求是不是能够落到实处。中央环境保护督察从一开始设计的时候，就特别重视、关注这一点，也不仅仅是环境保护部，中央领导尤其是习近平总书记也特别关心这一点。

中央环境保护督察是习近平总书记亲自倡导、亲自推动的生态文明建设领域的一项重大制度改革，都是在习近平总书记亲自关心、指导、领导下进行的。因此，我们在制度设计的时候就非常注重这一点，就是要么不抓，要抓就一抓到底，以“钉钉子”的精神，要么不咬，咬住了就不松口。现在看起来成效还不错，主要体现在以下几个方面：

第一，从目前情况来看，各地党委和政府对这项工作确实高度重视。31个省份都成立了督察整改领导小组，其中有18个是由党政两个“一把手”来担任组长，其他的或是由党委“一把手”，或是由政府“一把手”担任组长。应该说，“一把手”亲自抓为我们督察整改落到实处提供了一个重要的保障和支撑。

第二，确确实实解决了很多的突出问题。我们在督察报告清单中统计了一下，有 2 147 项整改任务，到目前为止，已经完成了 998 项，占比将近 47%。其他的整改任务也在有序推进中。

第三，在整改的过程中，严格督察问责、追责问责。追责问责在整个环保督察中，有三个层次：第一个层次是在进驻期间边督边改的过程中督察问责，各地都进行了发布。统计一下，四批下来追责了有 18 000 多人，量还是比较大的。第二个层次是随着我们督察报告一起下去的，我们移交给地方，要求追责有关党政领导干部，到目前为止第一批、第二批已经基本结束，第三批、第四批正在进行。第一批已经向媒体发布了相关结果，一共追责了 1 100 人，其中厅局级 130 人，正厅级 24 人。第二批我们即将发布，这一批的力度更大，一共是 1 048 人，总数稍微少一点，因为一共是 7 个省（第一批是 8 个省），厅局级是 162 人，其中省部级 3 人，正厅级 56 人。第三个层次是在整改期间又发现有新问题，也是立即严肃进行追责问责。前不久，我们向媒体通报了江苏省南通市的一个案例，就是在整改期间发现不作为、乱作为。我们迅即启动了追责问责的机制，江苏省对相关的人员进行了追责问责。这方面整改落实力度是比较大的，也是比较到位的，也为进一步提高大家思想认识、推动工作落实见效发挥了很好的作用。

第四，完善长效机制。中央环境保护督察以后，各地结合实际情况，在相关的一些工作领域建章立制，我们统计了一下有 330 多份，平均每个省十多份。同时，各地还按照中央的模式建立起省以下的环保督察机制，到目前为止，已经有 26 个省建立并且实施了省级环保督察，就是国家督省、省督市县，也见到了很好的实效。

你还提了一个问题，关于“一刀切”的问题，大家也很关心，我先回答一下这个问题。关于“一刀切”的问题，首先什么叫“一刀切”？我理解所谓的“一刀切”指的是不分青红皂白、不分是违法还是合法，一竿子打下去，一律进行关停，这叫“一刀切”。企业有污染环境的违法行为，该处理的还得处理。像不分青红皂白、不分好坏的“一刀切”，负责任地说，总体上来讲是不普遍也是不突出的，也是从一开始我们就坚决反对的。

当然，在四批督察过程中，个别地方确实出现过类似的问题。出现问题以后，我们及时进行了纠正。未来关于这个问题，我们态度非常明确，绝不允许这么干，绝不允许这样的乱作为来损害影响我们的中央环境保护督察的大局。将来不仅仅是及时纠偏，还会及时追责问责，并且是严厉严肃的追责问责，发现一起严查一起，说到做到。我们坚决反对平常不作为、到时候又来乱作为的情况，这种风气，我们要坚决遏制。

关于中央环境保护督察，确实成效好，所以请大家放心，我们一定会坚持和发展下去。这次您也注意到在新的生态环境部，其中非常明确的一项职能就是开展中央环境保护督察。近期，我们正在考虑怎样把今年的中央环境保护督察以及后期的中央环境保护督察继续开展好、发展好，今年具体的几项工作向大家报告一下：

第一，准备开展第一轮中央环境保护督察的“回头看”。大家关心的原来列了单子的问题，整改得怎么样，我们要“回头看”。

第二，结合“回头看”，还要针对一些地区、一些省份突出的环境问题，开展专项督察。我们会把“回头看”和专项督察尽可能结合到一起，比如这个省大气方面问题比较严重，我们就在开展“回头看”的同时，把大气污染的治理作为一个专项来同时开展督察；哪个省如果水方面有问题，就开展一个水专项督察；有一些省可能是在生态保护方面、自然保护区建设和管理方面存在严重问题，我们就把生态方面作为一个重点开展专项督察。

第三，研究完善有关中央环境保护督察的相关规定、制度，推动这项督察进一步法治化、规范化，使得将来能够作为一个长效机制，平稳健康发展下去。

第四，加强对省一级开展环保督察的指导和督促。刚才向大家报告已经有26个省份开展起来了，我们的目标是2018年各省份的地方环保督察机制能够全部建立，并且能够实现所有地级市环保督察的全覆盖。目前，我们正在谋划开展这些事情。相信在大家的共同努力之下，这个好的机制一定会发挥更大的作用。

法制日报、法制网、法制客户端记者：我的问题是关于《环境保护法》（2014年修订）实施的。《环境保护法》（2014年修订）实施已经有3年时间，当初修法的时候引入了"按日计罚、移送拘留、公益诉讼"等具体规定，在实际工作中发挥了显著作用。请李部长介绍一下《环境保护法》（2014年修订）实施以来，环保事业取得了哪些进展？还存在哪些问题？未来将如何进一步推进工作，为打赢污染防治攻坚战作出新贡献？

李干杰：《环境保护法》（2014年修订）是2014年4月全国人大常委会审议通过的，2015年1月1日开始实施，到现在为止是三年多一点的时间。这部号称"历史上最严的环保法"，经过3年多的实践证明，确实是不虚此名，确实是最严的环保法，确实是长出了"牙齿"，实施效果还是很不错的。我们从前年开始，2016年、2017年分别请了中国人民大学、中国政法大学和国务院发展研究中心对《环境保护法》（2014 年修订）实施情况做了第三方独立评估，结论基本上是一致的，认为这部法执行的力度、遵守的程度、产生的影响都是环保历史上最好的。具体体现在以下几个方面：

第一，执法力度不断加大。《环境保护法》（2014 年修订）出台，这几年执法手段、执法规定有了很多的增加，包括您刚才提到的“按日计罚、停产限产、查封扣押、移送行政拘留”等，也支撑了我们执法工作，支撑了执法力度的加强。2017 年全国查处的违法案件有 23.3 万件，相比 2014 年增加了 180%；去年罚款是 115.8 亿元，相比 2014 年增加了 265%。大家从这个数字上能够看出来我们执法的力度今非昔比，大大增强。

第二，执法手段不断丰富。一方面我们的行政手段更加多样，包括督企、督政，督企有强化督查、巡查，督政包括环保督察、专项督察，还有约谈、限批、通报、挂牌督办等手段，这是在行政手段方面。在司法手段运用方面，也是更加顺畅。我们充分运用刑事、民事等多种司法手段，执法更有成效，在这个过程中，公安部、最高人民法院、最高人民检察院给予了很大支持。我们移送公安部门的案件，2017 年有两类，一是行政拘留，二是涉嫌环境污染犯罪，分别有 8 600 多件和 2 700 多件，相比 2016 年，第一类基本上翻了番，增加了 112.9%，第二类增加了 35%。另外，2017 年我们还支持相关公益组织，提起了 5 起环境民事公益诉讼，我们的手段确实是在不断丰富的。

第三，执法方式不断创新。在执法过程中，我们广泛应用一些技术手段，包括遥感、在线监控、大数据分析等，来支撑开展执法活动。在京津冀“2+26”城市大气污染防治攻坚行动中，我们还实施了热点网格技术支撑，所谓热点网格就是把区域划成3千米 ×3千米的网格，在这些网格里设置一些监测设备，一旦网格里污染有异常增高，我们立即就派人去进行监督执法。所以从执法方式上，我们广泛采用的这些新手段，也有了很大的增强。

第四，公众参与程度不断提升。公众参与对做好环境执法、做好环境保护来讲是至关重要的，这几年进步很大。2017年环境保护部通过电话、微信、网络接到的举报就有17万件，比前年是翻了番，是2014年的3.5倍。过去只有几万件，3万多件、3.8万件，去年达到17万件，可见公众的参与，一方面是积极性大幅提高，另一方面也确实是有了渠道，基本上我们接到的这些举报都是有一算一，都要责成当地进行处理，有些重点案件、重点问题都是一盯到底。比如“2+26”城市大气污染防治中，去年秋冬季以来所有涉气的举报，第一，我们完全向社会公开，第二，交办下去的大致有13 000件，我们都紧盯不放，不解决问题我们就不松手。

第五，执法成效不断显现。更多的就不说了，大家从环境质量的改善上就能够看得出来，在企业守法的一些效果上也能够显示出来。从这个意义上来讲，《环境保护法》（2014年修订）实施短短的3年，确实是效果很明显，也相信将来它会发挥更大的效果。当然我们也看到，在这里面也有一些问题，反映出一些企业的守法意识还不够强，超标排放的问题还存在，甚至在一些地方还很突出。另外，从政府的角度来讲，有些责任也没有完全落实到位。

回过头来说，只要企业是守法运行、都是达标排放的，各地政府承诺的事、计划的事都是落实到位的，那么我们今天的环境质量就应该比现在的实际状况要好很多。从这个意义来讲，我们未来的空间还很大，未来要做的事还很多，未来我们一定会按照严格执法、规范执法、精准执法和文明执法的要求，进一步把《环境保护法》（2014 年修订）落实好，也把其他的法律落实好。过去这 5 年，环保领域法律的制、修订力度很大，我们有很多法律，比如《大气污染防治法》《水污染防治法》《环境影响评价法》都进行了修订，《土壤污染防治法》正在制定，还有新的法律出台，像《环境保护税法》《核安全法》，这些新的法律修订也好、制定也好，都充分反映了习近平总书记的新思想、中央的新要求，也结合了新时代的特点。所以我们要把这些法律执行好，让法律成为环境质量改善的有力支撑。

江苏广电总台融媒体新闻中心记者：李克强总理《政府工作报告》提出，建设天蓝、地绿、水清的美丽中国。我们知道，在“天蓝”上我们已经做了很多工作，取得了很大的成效。在“水清”上有哪些作为？江苏是长江沿线的重要省份，这次两会，江苏代表团有 30 多位代表联名提出议案为长江水环境保护立法，下一步在水环境治理上有哪些举措？重点又在哪儿？

李干杰：水污染防治和大气污染防治一样，中央一直高度重视。当然，老百姓也非常关切。正因为如此，过去 5 年除《大气十条》以外，《水十条》的制定和实施一直是我们的工作重点。《水十条》在上上下下、方方面面共同努力下，2015 年 4 月发布以来，应该说也取得了很明显的成效。在《水十条》发布之前，水污染防治方面也是下了功夫的，也取得了进展。

2017年相比2012年，全国地表水的水质情况，好于Ⅲ类水质所占比例提高了6.3个百分点，劣Ⅴ类的水质比例下降了4.1个百分点。刚才提到江苏代表团关心的长江的水，长江经济带比全国还好一些，长江经济带好于Ⅲ类水的比例，比2013年提高了9.1个百分点，劣Ⅴ类水体降低了6.2个百分点，并且这个势头一直在保持。近两年以来，好于Ⅲ类水体比例，2017年相比2015年提高了1.9个百分点。劣Ⅴ类水体降低了1.4个百分点，由9.7%降到8.3%。大气的问题难，水的问题要解决起来更难，我们面临的任务更重。如何在打好污染防治攻坚战这个大战役里面，把蓝天保卫战打好打赢的同时也要把水污染防治工作做好，把碧水保卫战这场战役打好打赢，我们初步考虑，至少在近几年按照以下思路推动落实下去：

第一，围绕“一个目标”。这个目标，毫无疑问就是我们水环境质量的改善。

第二，坚持“两手发力”。所谓“两手发力”，即一手抓污染减排，把污染物的总量减下来。另一手抓扩容，就是抓生态系统的保护和修复，增强生态系统的服务功能，尤其是水生态系统的服务功能，让它有更大的接纳能力和净化能力。

第三，突出“四种水体”。我们要干的事很多，其中有“四种水体”是更为突出、老百姓和全社会更加关注的，我们要作为重点，这也是我们抓工作很好的切入点。第一类水体是集中饮用水水源地的水体，这是老百姓的水缸，所以一定要把它当成重中之重搞好。第二类水体就是黑臭水体，这也是老百姓特别关切的。第三类水体是劣Ⅴ类水体。第四类水体是入江河湖海不达标的排污口水体，大江大河包括海边都有很多的排污口，有些是达标的，有些是不达标的，我们要把这些不达标的水体作为重点，围绕突出这“四种水体”，倒逼相关的污染治理工作和生态保护工作。

第四，加快“四项整治”。一是工业园区。在这方面，我们要把“散乱污”企业清理整治好，该改造的改造，该搬迁的搬迁，该关停的关停。另外，对重点行业企业进一步提高排放标准，实行限期达标。二是生活源方面。主要加快建设城乡污染处理设施进度，总体上在这方面进展不错，但也不均衡，有的地方快，有的地方好；有的地方没那么快，没那么好，并且有些设施建设好了以后，运行也不那么好。除城市以外，农村的污水处理也要提到重要议事日程。三是农村面源的污染防治和污染整治。首先是种植业要把农药化肥减下来，这几年的农药化肥控制得不错，实现了农药化肥使用量的零增长，后续还有空间。另外是养殖，尤其是规模化畜禽养殖和水产养殖，对水环境的污染比较重，后续我们要把这项工作进一步做好。四是水生态系统的保护和修复。这方面首先是有关湿地要进一步加强保护和修复。其次是河流的生态基本流量的保障，过去这个问题都是大家不够重视的，下一步要提到更加重要的议事日程上，一定要把它确保好，不管怎么开发利用，这条河流的生态基本流量得满足，不能不管不顾把一个好好的生命体给破坏掉了。这是加快“四项整治”。

第五，强化“四个支撑”。第一个支撑，强化执法督察。通过执法督察，使我们污染防治的一些要求、法律法规的规定能落到实处。第二个支撑，强化流域的协调和统筹，上下游、左右岸都要统筹起来，我们大气叫联防联控，流域实际上也是各个区域之间相互影响的，也要统筹好、协调好，单打独斗难以解决所有的问题。第三个支撑，要强化科技支撑。我们大气在这方面有很大的进展，水方面后续要加强。第四个支撑，要进一步加强宣传引导。

所以，《水十条》要围绕“一个目标”、坚持“两手发力”、突出“四种水体”、加快“四项整治”、强化“四个支撑”，按照这样的思路，我们把未来几年水污染防治工作做好。长江经济带是重中之重，大家知道习近平总书记一再讲长江经济带一定要坚持生态优先、绿色发展，共抓大保护，不搞大开发。3 月 10 日，习近平总书记在参加重庆代表团审议时，再一次强调这一点，他说，长江经济带一定要不搞大开发，要共抓大保护，要刹住无序开发的情况，实现科学、绿色、可持续的开发。在这个方面，我们一定要认真把习近平总书记的要求贯彻落实到位，环境保护部围绕长江经济带也在开展一系列工作，一方面是落实习近平总书记的要求，另一方面把中央批准的长江经济带生态环境保护规划落实到位。有关规划我上次跟大家已经报告过了，具体的工作，我们首先强化对于长江经济带的环保督察；其次就是加快划定，实际上已经基本完成了长江经济带的生态保护红线和“三线一单”（生态保护红线、环境质量底线、资源利用上线和环境准入负面清单）；再次就是把长江经济带的饮用水水源地作为一个重点，把它做好，这项工作也基本上有了一个结果。经过两年的时间，我们对长江经济带的 126 个地级以上城市、319 处水源地、490 个问题，拉条挂账，紧盯不放，基本上整治到位。

下面，我们还会把长江经济带的黑臭水体整治作为一个重点，同时会同财政部等相关部门，推动落实好长江经济带上下游地区的生态补偿机制，通过这些工作，把长江这条中华民族的母亲河保护好。江苏在这方面责无旁贷，过去的很多工作也是走在前面的，我们也希望江苏在未来长江水环境保护以及全国水环境保护工作方面，继续走在前列，做出表率。

中国国际电视台记者：我们知道“一带一路”作为中国的重大倡议，在给沿线国家带来发展机遇的同时也有外媒产生质疑，给当地环境造成了威胁，请问环境保护部会采取哪些措施进一步推动绿色“一带一路”的发展？

李干杰：在党的十九大报告中，习近平总书记特别明确地提出，要构建人类命运共同体，建设持久和平、普遍安全、共同繁荣、开放包容、清洁美丽的世界，要坚持环境友好，保护好人类赖以生存的地球家园。尤其是关于“一带一路”的建设，习近平总书记多次批示指示，多次讲话强调。在去年 5 月召开的“一带一路”国际合作高峰论坛上，习近平总书记明确指出，我们要践行绿色发展新理念，倡导绿色、低碳、循环、可持续的生产生活方式，加强生态环保合作，建设生态文明，共同实现 2030 年可持续发展的目标。在这次会议上也明确提出，中国将设立生态环保大数据服务平台，倡议建立“一带一路”绿色发展国际联盟。

毫无疑问，在“一带一路”建设过程中，作为生态环境部，一定会认真贯彻落实习近平总书记提出的这些理念、要求，实际上“一带一路”也只有走绿色发展之路，才能够行稳致远。总体上来讲，我们的企业、我们的单位践行绿色发展，不仅仅是在“一带一路”实施的过程中，也包括在其他的一些境外项目中。

总体上，各有关方面还是非常注重和严格执行当地的生态环境保护要求，包括中国的生态环境保护要求。有很多典型的案例，也取得了比较好的成效，产生了良好的影响。比如在 2015 年我们交付印度的一个燃煤电厂叫古德罗尔燃煤电厂，当时印度政府大幅降低燃煤电厂的排放限值，因为印度和我们国家一样，排放限值在不断地调整优化，正好在2015年赶上了这次调整，并且还增加了其他的一些要求。尽管如此，我们这个项目仍然在2016年获得了印度的环境保护金奖和社会责任铂金奖，这是一个典型的案例。我们的企业“走出去”，在环境方面整体上还是很注意的，也有很好的成效和影响。

“一带一路”倡议实施以来，我们非常重视，也采取了多项举措，努力服务、支持和保障绿色“一带一路”建设。去年，我们联合几个部门，包括外交部、国家发展改革委、商务部，共同制定发布了一个非常重要的文件《关于推进绿色“一带一路”建设的指导意见》，明确了“一带一路”绿色发展的总体思路、总体要求。在此之后，我们又根据这个文件的要求，编制发布了《“一带一路”生态环境合作规划》，更加具体规划了一些目标、项目和任务，进一步推动了环保政策、法规、标准、技术与产业的交流合作。

与此同时，我们还积极推动一些行业企业签署相应的协议，建立相应的机制，也发挥了很好的效果。我们推动建立了“一带一路”环境技术交流与转移中心，实施了“绿色丝绸之路使者计划”，开展培训、交流、研讨，帮助“一带一路”沿线国家尤其是一些发展中国家提升生态环境保护管理和监管能力水平。包括东南亚的一些国家、非洲的一些国家，都取得了很好的效果，产生了很好的反响。

下一步，我们要着力把习近平总书记提出的两件事抓好，一是绿色“一带一路”生态环保大数据服务平台的建设；二是“一带一路”绿色发展国际联盟的建设，会同相关国家，包括相关国际机构，比如联合国环境规划署，他们很有积极性，愿意和我们一起把这些平台打造好、把这些机制建立好，能够共同努力，推动“一带一路”沿线国家环保水平进一步提升。保障“一带一路”重大战略能够实施好，取得成效，不仅仅惠及中国人民，也惠及国际上所有相关国家，让大家一起分享“一带一路”绿色发展的成果。

凤凰卫视记者：请教部长先生，去年7月中国出台洋垃圾进口的禁令，请问实施的效果怎么样？还有没有后续的措施？另外，我们看到以前一些比较依赖中国市场的国家尤其是一些发达国家，他们目前确实是遇到了垃圾处理的困难。有不少分析说，这是因为中国的禁令来得太突然，导致了他们的混乱，请问您如何回应？

李干杰：首先我想强调，禁止洋垃圾入境，推进固体废物进口管理制度改革，是中国政府贯彻落实新发展理念、着力改善生态环境质量、保障国家生态安全和人民群众健康的一个重大举措。同时，这也是中国政府享有的权利。

在20世纪80年代末，国际社会就推出了《控制危险废物越境转移及其处置的巴塞尔公约》（以下简称《巴塞尔公约》），我们都是缔约方，《巴塞尔公约》明确规定，充分确认了各个国家有权禁止外国危险废物和其他废物进入本国领土，我们拥有这个权利，也尽到了责任。同时，《巴塞尔公约》还规定，各个国家都有义务就近减量和处理各自危险废物和其他废物，并且在越境转移的时候，一定要确保输入国的环境、公众健康不受到影响和损害。中国的固体废物进口大致是从20世纪80年代开始的，一开始进口量增加还不算很快，后来进入20世纪90年代以后，增加就比较快了。大概20年前，我们整个进口量也就是400万～450多万吨。20年间，我们增加到 4 500 万吨，增加了 10 倍，所以增长的幅度还是很大的。

更重要的是随着时间的推移，固体废物进口显示出了越来越多的问题，并且有些是相当突出和严重的问题。具体而言，最突出的一个问题是在废物进口中夹带了很多禁止类的废物，因为我们国家的固体废物管理制度也是根据《巴塞尔公约》，制定了国内相关法律法规，明确分为非限制类、限制类和禁止进口类，可以进口非限制类和限制类固体废物，但是由于管制不好，最后夹带了大量的禁止类废物，甚至是“洋垃圾”进口。

第二个更为突出的问题是这些废物进来以后，在加工利用过程中，对环境造成了很严重的污染和损害。我们去年 7 月组织开展了“进口固体废物加工利用行业的专项行动”，对全国 1 792 家企业，我们组织了 1 700 人参加为期一个月的拉网式排查，结果发现，其中有 1 074 家正好是 60% 的比例，存在各种各样的违法污染问题。我们对 1 072 家进行了查处，现在基本处理完 1 057 家。可见违法违规的程度在这个领域是非常突出和严重的。他们的违法、违规，使得整个加工利用过程对我们的环境、对老百姓的健康产生了非常突出和严重的影响。

正是因为存在这些突出和严重的问题，中国政府决定从今年开始调整优化进口名录，大幅压减固体废物进口的数量。第一批是调整了 4 类，后续还会逐步再进行调整。作出这么一个重大的改革决定，禁止“洋垃圾”入境、改革固体废物进口管理制度的实施方案是非常重要、非常必要的，也是完全合理和正当的。作为环境保护部门，我们按照中国政府的要求，全力以赴狠抓落实，整体效果还是不错的。

您刚才关心效果怎么样，由于各种因素的影响，包括市场的好转，也包括听到一些风声，有些企业就抢抓“机遇”，尽快提前大量进口。所以，上半年是量价提升，下半年我们下了很大力气，扭转了这个势头，全年平衡下来，限制类固体废物进口总量下降了12%，应该说效果还是比较明显的。后续，我们还会坚持下去，落实好中国政府确定的目标和要求。

您刚才提到我们有些政策出台比较匆忙，给予外方的时间比较短，引起了所谓的“混乱”。我觉得这样的观点，或是有些不太了解实际情况，或是故意把一些责任往外推卸。实际上在整个过程中，我们还是充分考虑了方方面面的情况，给予了比较充足的时间。比如，我们发布第一批的目录调整，就提前了半年时间，并且及时把信息通报给了相关的国际组织，包括WTO，也包括相关的方面。对于过程中遇到的一些具体问题，我们也及时协调各方推动解决，也没有造成很大的影响。我觉得现在最重要的不仅仅是中国，包括国外，大家要统一到《巴塞尔公约》的精神上，也就是各个国家都要立足于自己产生的危险废物和其他废物，自己来减量、自己来处理、自己来消化，有了这个共识前提，在这个基础上很多事情才会更好理解和解决，也有利于全球绿色低碳循环发展的普及推动，才有利于清洁美丽世界的打造和构建。

中国经济导报中国发展网记者：去年，中办、国办（中共中央办公厅、国务院办公厅）通报了祁连山国家级自然保护区生态环境遭到破坏的问题，并问责了上百人，引发舆论的高度关注，但我们了解到还有不少保护区生态环境破坏问题依然严重。请问李部长，有什么举措让保护区能真正得到保护？

李干杰：去年6月，中办和国办发布了《关于甘肃祁连山国家级自然保护区生态环境问题督查处理情况及其教训的通报》（以下简称“两办”

《通报》）。我们大家都看到了，都学习了。“两办”《通报》在中国生态环境保护历史上具有标志性意义。重视程度之高、处罚力度之大、产生震撼之强、影响范围之广，是前所未有的。

我们在“两办”《通报》发布以后，按照中央的要求，按照“两办”（中办、国办）的精神，迅即会同其他部门，包括国土、水利、农业、林业、海洋和中国科学院，组织开展了专项行动，叫“绿盾 2017 国家级自然保护区监督检查专项行动”，这个专项行动也是前所未有的，是历年来所有针对自然保护区的监督检查行动中，检查范围最广、查处问题最多、整改力度最大、追责问责最严的一次监督检查行动，已经取得阶段性成果，最近我们向媒体发布了这个结果。在这次专项行动中，排查了 446 个国家级自然保护区，发现了 20 800 个问题。截至 2017 年年底，我们国家级自然保护区已经有 463 个，因为有 17 个是后来批复的，之前开展专项行动的时候是 446 个，这 20 800 个问题目前为止已经有 13 100 个问题得到很好的整改。行动中，我们关停取缔了 2 460 家企业，对 1 100 多人进行了追责问责。最重要的是，推动地方废止和调整与上位法不一致的地方性法律法规，取得了比较好的成效。当然，我们也发现还有不少问题，有些问题还很突出。比如，一些地方重开发轻保护的思想还相当严重，一些地区对交办问题整改不彻底，当然有一些问题是历史遗留下来的。这里向大家报告，我们国家级自然保护区主要是 20 世纪 80 年代以后大规模发展起来的，在发展的过程中，在一段时间内，是按照抢救性保护的思路来划定、建设和保护的，一些历史问题难免遗留下来了。今天我们去面对、去处理的时候，这些问题也要处理好，历史遗留问题的处理相对来讲难度比较大，为我们后续做好工作带来一定的困难。经过这次排查，我们对这些问题做到了心里有数，也将把我们的监督管理体系进一步健全起来。

下一步的工作，一是旗帜鲜明地把“绿盾行动”坚持到底，紧紧围绕国家级自然保护区，在具备条件的情况下扩展到省级以下自然保护区，对发现的问题，全部建档立卡、拉条挂账。我们现在做工作、打攻坚战，就得讲究精准，脱贫攻坚战最重要的一条经验就是建档立卡，我们现在污染防治攻坚战也要建档立卡，每个自然保护区是什么问题清清楚楚、交办给谁清清楚楚，并且不仅仅我们自己有数，还要向社会公开，发挥社会的监督作用、老百姓的监督作用，紧紧盯住，不解决就不收手。

二是加大追责问责的力度。谁造成的问题，就得处理谁。对于问题造成的严重影响，该担责就得担责，该追责就得追责。

三是进一步强化信息公开和公众参与，发挥好公众的作用，因为自然保护区涉及面很广，要把这项工作做好，必须把过去的事情处理好，把现有的问题解决好，以及未来要保护好、建设好，都需要全社会齐心努力。整个自然保护区在我们国家有 2 750 处，大致占陆域国土面积的 14.9%，其中国家级自然保护区有 463 个，大致占比是 10%，这是我们中华民族永续发展的宝贵财富，我们必须倍加珍惜，我们大家都有责任去保护。现在我们以“两办”《通报》为一个新的起点，已经强化了这方面的监管，后续我们还会进一步加大工作力度。希望在此过程中，大家共同努力，把这个宝贵的财富、把我们的命脉保护好、维持好。

主持人：谢谢。本场记者会到此结束，谢谢李部长，谢谢大家！

两会“部长通道”实录

2018年3月19日

生态环境部部长李干杰

3月 19日上午，刚刚宣誓就任生态环境部部长的李干杰亮相人民大会堂北门部长通道，并回答媒体记者提问。

中央电视台记者：首先祝贺您当选生态环境部首任部长，祝贺您。如果用一个词形容现在的感受，您会选择哪个词？

李干杰：各位记者朋友大家好！谢谢您的提问。首先我要衷心感谢各位全国人大代表，表决同意我出任新组建的生态环境部的首任部长，感谢他们的肯定和信任。至于感受，有以下两方面。

一方面是感觉责任更重了，压力更大了。大家知道新组建的生态环境部，整合了环境保护部原有的全部职责和其他6部门相关职责，应该说未来的工作范围更宽了，事情更多了，挑战也更大了，要履好职尽好责，确实感到压力比较大，生怕辜负大家的期待和信任。

另一方面是条件更好了，信心更足了。党的十八大以来，我们国家的生态环境保护工作，生态文明建设工作，决心之大、力度之大、成效之大是前所未有的，确实是取得了历史性的成就，发生了历史性变革。不仅仅是我们的环境状况、环境质量得到改善，而且在此过程中也探索积累了许多行之有效的成功做法和经验，为我们后续做好工作奠定了很好的基础。

并且，这次生态环境部的组建，也很好地解决了长期以来在生态环境保护方面存在的问题和困难，创造更好的条件，因此我们也很有信心，在以习近平同志为核心的党中央的坚强领导下，在习近平新时代中国特色社会主义思想的科学指引下，一定会把工作做得更好，更快地改善生态环境质量，提供更多的优质生态产品满足人民群众日益增长的优美生态环境需要。

中央电视台记者：前几天在记者会上，您提到要制定打赢蓝天保卫战的三年计划，我们知道这是一场硬仗，要拿下来不容易，您有什么撒手锏？

李干杰：这个问题，在前天下午的记者会上，我已经提到。我们正在按照中央要求，研究制定打赢蓝天保卫战的三年作战计划，并且就定量目标作了一些说明，您再次问到这个问题，我理解是你们特别想知道这场保卫战究竟怎么打，说的目标究竟怎么实现。

这个方案我们正在研究制定，不尽完善，但是已有了一个基本思路，这个基本思路有四层意思。

第一层意思是突出重点，有以下四个重点。

一是突出重点改善因子，就是 $PM_{2.5}$，就是雾霾天气。

二是突出重点区域，即京津冀及周边地区、长三角地区、汾渭平原，还有其他一些重点地区。

三是突出重点行业和领域，包括钢铁、火电、水泥、玻璃、焦化、石化行业，也包括我们的机动车、散煤燃烧这些领域。

四是突出重点时段，就是秋冬季，秋冬季的污染比平常要重一些。

第二层意思是优化结构，主要包括以下四个方面。

一是优化产业结构。在产业结构优化方面，我们将继续推动过剩产能的化解、落后产能的淘汰，推动“散乱污”行业的整治，工业企业的达标排放，以及钢铁、火电行业的超低排放改造。

二是优化能源结构。在这方面将加大力度，淘汰关停不达标的燃煤小火机组，同时推动燃煤小锅炉的淘汰改造，稳步推进农村居民的散煤燃烧的“煤改气”“煤改电”工作，着力发展、利用好清洁能源。

三是优化运输结构。我们将着力推动公路运输转为铁路运输，着力开展柴油货车超标排放的专项整治，继续推动黄标车、老旧车的淘汰，大力发展新能源汽车。

四是优化用地结构。首先要继续大力开展造林、种草等绿化行动，大幅增加林草覆盖率；其次要着力整治露天矿山的开采，因为这方面扬尘比较多；再次要把交通、道路、工地的扬尘治理好；最后要把秸秆禁烧这项工作抓好。

第三层意思是强化支撑，有以下四项支撑。

一是强化执法督察；二是强化区域间联防联控；三是强化科技创新，因为我们要治好雾霾、治好大气污染，做好生态环境保护工作，技术创新、技术支撑是非常重要的；四是强化宣传引导，让全社会的力量都加入进来，共同打好这场保卫战、攻坚战。

第四层意思是实现目标，实现习近平总书记在中央经济工作会议上关于打赢蓝天保卫战提出的“四个明显”的目标，也就是要使 $PM_{2.5}$ 的浓度明显下降，重污染的天数明显减少，大气环境质量明显改善，人民群众的蓝天幸福感明显增强。

大致就是这个思路，以后有更详尽的内容，我们再向大家报告。

中国日报记者：我们发现去年冬天有一些地方出现了天然气供应紧张的现象，有人说这是不是“煤改气”造成的，不知道您对这个说法怎么看？

李干杰：关于去年冬天的天然气供应问题，所谓“气荒”的问题，方方面面都很关注，这个问题实际上在3月6日的新闻发布会上，国家发展改革委的何立峰主任，也是现在全国政协的何立峰副主席已经就相关的原因以及下一步要改进加强的举措作了很全面、很深入的解读。对何主任的解读，我是完全赞成的，我认为是非常客观的。根据今天您的提问，我想补充介绍三点认识。

第一，“煤改气”“煤改电”，我们叫“双代”，应该说在治理$PM_{2.5}$、改善大气环境质量方面，作用很大、贡献很大。我们讲的“煤改气”“煤改电”指的是农村居民家里散烧煤的“煤改气”“煤改电”，并不是指所有的煤，不包括工业用煤。农村居民家里烧的煤，它的污染是很重的。1吨散煤相当于15吨以上电煤的排放量，我们京津冀及周边28个城市，大致有五六千万吨。所以在污染物排放总量中占有相当的比重，从这个意义上来讲，我们把这块治理好，对我们主要污染物排放、$PM_{2.5}$浓度的下降、大气环境质量改善确实贡献很大。

去年秋冬以来，我们组织有关专家进行了比较，把一些实施了“双代”的县和没实施“双代”的县进行比较，其他措施都一样，比较的结果表明，大致要差三分之一，也就是说“煤改气”“煤改电”在环境质量改善方面、$PM_{2.5}$浓度下降方面的贡献率在三分之一以上，甚至更高。所以我想给大家介绍的第一个情况，就是“煤改气”“煤改电”在改善环境、改善大气空气质量方面非常重要，在已经取得的成绩里面功不可没。

第二，去年12月15—20日，当时的环境保护部组织了2 367个人、839个组在28个城市范围内的385个县市区、2 590个乡镇街道、25 220个村进行拉网式排查。因为当时有群众反映，在“煤改气”“煤改电”的区域内，老百姓供不上暖、受冻的问题比较突出。为了解决这个问题，不让任何一个老百姓受冻，我们开展大走访、大慰问、大督查的专项行动。

一共大概在25 220个村里有553万户，发现有474万户已经完成“双代”，还有将近80万户没有完成“双代”，正在施工的还是按照原有的取暖方式。474万户里，发现有一部分确确实实因为一些问题，存在供暖不足的现象。我们马上派人蹲点驻守、督导解决，当地政府、燃气公司几天之内都予以解决。

之后我们就建立一个长效机制，凡是通过电话、微信、网络接到的举报、接到的信息，哪个村哪一户有问题，马上派人到现场。从去年12月20日到现在，一共接到了80起，其中70件是属实的，都得到了很好的解决。也就是说，从我们生态环境部的角度来讲，在这个问题上，我们要推动“煤改气”“煤改电”，但同时，并且更为重要的是一定要在这个过程中间，要让老百姓及时充足地得到供暖，这也完全是能够做得到的，只要我们把老百姓的事放在心上，抓在手上，就不会出现问题。这是第二个情况。

第三，推进北方地区的冬季清洁供暖是中央治理雾霾、治理大气污染的一个重大决策部署。这件事情我们一定要坚定不移地把它推动下去，把好事抓好。

天然气总体来讲，现在也好以及未来也好，肯定是紧缺的资源，方方面面都需要，但是天然气用在不同领域和不同方面，它的价值体系是不一样的。我个人认为，当下以及未来相当长一段时期，把它用在“煤改气”，改变老百姓的供暖方式这方面，价值是最高的。因为它带来的不仅仅是很好的环境效益，同时也带来很好的社会效益。撇开环境效益不说，老百姓也希望天然气进到家里，因为有了天然气老百姓做饭方便了，洗澡方便了，也不用搞很繁重的卫生了，生活品质提高了，所以大家有机会可以到已经实施了“煤改气”“煤改电”的这些地方老百姓的家里走访走访，问问老百姓的感受。我的感觉是，老百姓普遍是非常欢迎的，因为这意味着一个生活质量的提高。

当然在这个过程中肯定也会有一些困难、有一些问题，但这些困难和问题我觉得是完全可以解决的，包括气源的保障，我们每年气源的增加，实际上量也不少，去年就是300亿立方米，而“煤改气”“煤改电”需要多少呢？300万户，每户平均1 500立方米左右，总共约45亿立方米，按照50亿立方米计算，占六分之一，占的比重并不高。我想只要按照中央的要求，按照何立峰主任上次在记者会上给大家介绍的，产供储销方面的改进加强措施，这件事是一定能够做好的。

作为现在的生态环境部，我们一定会一如既往、认真扎实地把中央的这项重大决策部署落实好、贯彻好，把好事办好。借这个机会，再次对各位记者朋友长期以来给予我们生态环境保护工作的关心、理解、支持和帮助表示衷心的感谢，也期待未来继续得到大家的关心、理解、支持和帮助，我就讲这些，谢谢大家！

国新办发布会实录

GUOXINBAN FABUHUI SHILU

《中国应对气候变化的政策与行动 2018 年度报告》发布会实录

2018 年 11 月 26 日

中国气候变化事务特别代表解振华

主持人袭艳春：女士们、先生们，上午好，欢迎大家出席国务院新闻办新闻发布会。今年的联合国气候变化大会即将在波兰举行，今天《中国应对气候变化的政策与行动 2018 年度报告》正式发布，为了帮助大家更好地了解相关情况，我们非常高兴地邀请到中国气候变化事务特别代表解振华先生，请他为大家介绍有关情况，并回答记者朋友们的提问。出席今天发布会的还有生态环境部应对气候变化司司长李高先生。下面就先请解振华先生作介绍。

解振华：各位媒体朋友，各位同事，女士们、先生们，大家好，欢迎大家出席《中国应对气候变化的政策与行动2018年度报告》新闻发布会。召开这样的新闻发布会是惯例，每年在气候大会之前，我们都召开这样一个发布会，向社会特别是向国际社会报告中国本年度应对气候变化政策与行动的进展情况、取得的成效、存在的问题，彰显中国在这个领域是完全公开透明的。

今年的缔约国大会是在波兰的卡托维兹召开，是第24次缔约国大会，国际上叫卡托维兹气候大会。今天发布的报告重点介绍了我们国家2017年以来应对气候变化的最新进展和主要成效，分别从减缓气候变化、适应气候变化、地方行动、全社会广泛参与、体制和制度建设、加强基础能力、积极参加国际谈判、加强国际交流与合作等方面，全方位地展示我国各个部门、各个地方、各个领域应对气候变化的政策行动与成效。

大家都知道，中国政府一贯高度重视应对气候变化工作，把推进绿色低碳发展作为生态文明建设的重要内容，作为加快转变经济发展方式、调整经济结构的重大机遇。2017年以来，中国在减缓气候变化、适应气候变化、完善体制机制、加强能力建设、鼓励地方行动、提升公众意识等方面取得了积极进展。

今年按照中国政府机构改革的安排部署，应对气候变化和减排职能划转到新组建的生态环境部。习近平总书记在今年 5 月举行的全国生态环境保护大会上强调，要实施积极应对气候变化国家战略，推动和引导建立公平合理、合作共赢的全球气候治理体系，彰显我国负责任大国形象，推动构建人类命运共同体。我们将认真贯彻落实习近平总书记重要指示精神，实施积极应对气候变化国家战略，积极参与和引领全球气候治理，更好发挥应对气候变化对高质量发展的引领作用、对生态文明建设的促进作用、对环境污染治理的协同作用。

中国政府始终积极建设性参与气候变化国际谈判，坚定维护公约的原则和框架，坚持公平、共同但有区别的责任和各自能力原则，与各方携手推进全球气候治理。我们不断加强与各方在气候变化领域的对话交流，开展气候变化务实合作，通过气候变化南南合作，积极支持其他发展中国家提高应对气候变化能力，受到国际社会的高度评价和发展中国家的广泛欢迎。

一周之后，联合国气候变化大会将在波兰卡托维兹召开，此次大会是全球气候治理进程的一个重要节点，我们希望大会如期完成《巴黎协定》的实施细则谈判，妥善解决资金问题，向国际社会发出落实《巴黎协定》、推动绿色低碳转型、构建人类命运共同体的积极信号。我们将继续发挥积极建设性作用，与各方一道全力推动卡托维兹大会取得成功。

今天我们主要是发布这样一个报告，下面就不耽误大家的时间了，我和生态环境部应对气候变化司的李高司长愿意回答大家提出的问题。谢谢大家。

主持人袭艳春：谢谢解振华先生，下面开始提问，提问前还是请通报一下所在的新闻机构。

中央广播电视总台央视记者：对于即将在波兰召开的联合国气候大会，中方将有哪些期望？谢谢。

解振华：这次大会，我们的期望和国际社会的期望是一致的，主要有三个方面：

一是2016年《巴黎协定》已经生效了，之后的任务就是各方通过谈判，完成《巴黎协定》实施细则的谈判任务。按照授权，应该是今年在卡托维兹大会上要完成实施细则的谈判。我们希望建立一个落实《巴黎协定》和《联合国气候变化框架公约》的机制安排，这样就能保证《巴黎协定》持续得以贯彻。

二是按照《巴黎协定》的授权，以及去年气候大会的决定，要进行塔拉诺阿促进性对话。促进性对话是《巴黎协定》里的要求，因为去年气候大会在斐济召开，所以冠了斐济的名字，叫塔拉诺阿对话。这个对话叫促进性对话，各方要介绍本国国内应对气候变化的最佳实践，讲出自己在应对气候变化方面做了哪些努力，还存在什么困难，增加各方的了解、理解，以便加强合作。这个对话的最终目的还是让各国讲自己的最佳实践，促进各方转型，按照绿色低碳的发展模式进行加速转型。

三是我们要通过对话，对2020年之前各国到底做了些什么、做得如何，特别是一系列缔约国大会所作的决定是不是在各国得到了落实进行盘点。另外还有一个重要因素，就是大家都关心的资金问题。哥本哈根会议上已经明确要求，发达国家要在2020年之前为发展中国家提供每年1 000亿美元的资金支持，对1 000亿美元资金的落实情况要进行盘点检查，为

2020 年之后进一步落实《巴黎协定》、实现应对气候变化的长期目标奠定一个好的基础。另外，我们希望发达国家率先减排，希望《京都议定书》多哈修正案生效。所以今年我们的预期，也是这次会议的目的，就是这样三项。谢谢。

美国有线电视 CNN 记者：您在 2015 年巴黎气候大会之前接受我采访的时候曾经说，国际社会不用为中国在气候变化问题上的决心和政策担心，应该担心的是美国，您当时说，如果美国 2016 年选出共和党总统之后政策可能会发生变化，现在不幸被您言中了。我的问题是在特朗普宣布退出《巴黎协定》的背景下，中国在全球事务这个问题的作用发生什么样的变化？会不会起更加主导的作用？有人担心中国政府在经济下行压力上升的情况下，会放松减少温室气体排放等环保措施，您有什么回应？

解振华：在国际会议上，经常有人提到这个问题。首先，美国是应对气候变化领域非常重要的一个国家，在《巴黎协定》的达成、签署、生效进程当中，中美合作作出了非常重要的贡献。但是，特朗普总统上台之后宣布退出《巴黎协定》。本来通过合作共赢、国际合作，共同应对气候变化形成了非常好的形势，但是美国宣布退出《巴黎协定》之后，政治上的影响还是很大的，至少是一开始，对各国的决心、信心还是有一定的影响。但是，很快这个影响就在逐步缩小。大家都知道，中美合作在气候变化方面发挥了重要作用，所以在联合国日内瓦总部和国际会议上，习近平总书记两次讲，中国要坚定落实《巴黎协定》，《巴黎协定》成果来之不易，不能轻言放弃。所以中国不管别的国家怎么办，我们国家要坚定落实《巴黎协定》，而且要采取积极措施，特别明确地宣布，中国要百分之百地兑现我们的承诺。中国发出了这样一个强烈的政治信号，对国际社会应对气候变化起到了一个稳定的作用。所以，在这个进程当中，我每年都参加各类气候变化领域的国际会议，所有的国家都表示，承诺要认真落实。应该说，美国退出《巴黎协定》一开始是有影响的，但是现在这种影响在淡化。

美国担负了很重要的减排任务，而且也承诺要拿出30亿美元给绿色气候基金（GCF）注资，所以美国宣布退出《巴黎协定》之后，大家担心美国承诺的减排任务怎么办，这是一个缺口，资金也是个很大的缺口。但是，今年9月，我作为全球气候行动峰会的大会联合主席，在美国加州参加了这次会议，我看到美国至少有17个州都明确表示，美国政府过去的承诺在他们这个州要认真落实，而且他们都采取了很多积极的行动。也有一些慈善家表示，美国政府不出的钱，他们也愿意弥补一下。应该说，在应对气候变化方面，美国社会还是有很大的积极因素，特别是今年加州的森林大火，使美国社会方面更看到了气候变化不仅危害了发展中国家，而且对美国这样的发达国家也造成巨大影响和损失。所以我相信，在应对气候变化方面，各国都愿意共同努力、同舟共济、各尽所能，按照共同但有区别的责任原则，大家一起来努力。应该说现在整个进程还是比较稳定的。为什么呢？因为应对气候变化所彰显的人类要走绿色低碳发展、要转型、要创新这样一个发展路径和模式，大家都意识到了，这是个发展的潮流。所以我相信，这个潮流是不可阻挡的。

关于中国的作用，习近平总书记已经公开承诺，我们要百分之百地兑现我们的承诺。现在，不仅是兑现承诺的问题，习近平总书记讲，积极应对气候变化不是别人让我们做，是我们自己要做，这是中国国内可持续发展的内在要求，也是我们保护人类、保护地球，作为一个发展中大国的责任担当。从这个意义上说，无论其他国家的立场、态度有什么变化，中国会始终坚定地、积极地应对气候变化，落实《巴黎协定》。所以，问中国的力度到底怎么样，问这个问题的人也比较多。我可以给你们报几个数字，我们承诺到 2020 年碳强度下降 40% ~ 45%，非化石能源占一次能源消费比重达到 15% 左右，森林蓄积量要增加 13 亿立方米。到现在为止，2017 年年底，碳强度已经下降了 46%，也就是说提前 3 年实现了 40% ~ 45% 的上限目标。可再生能源占一次能源比重已经达到 13.8%，距离 15% 还有一定的距离，但是，到 2020 年这个目标是肯定能完成的。我们的森林蓄积量已经增加了 21 亿立方米，也超额完成了 2020 年的目标。这些目标的实现，为实现 2030 年二氧化碳排放达到峰值，并争取提前完成 2030 年的目标，奠定了一个非常好的基础。所以我相信，我们所做出的承诺会百分之百地完成，而且我们会争取做得更好一些。尽管遇到了一些困难，遇到了一些问题，但是这个目标、这个决心是不会改变的。

而且，中国应对气候变化的行动也促进了我们高质量发展，有这样几个数字，可以说明中国应对气候变化的力度在国际上到底有多大的分量。我们采取节能减排的目标，要降低碳强度，从 2005 年开始，中国累计节能量占全球的 50% 以上，这是世界银行公布的数字。我们发展可再生能源，在世界上中国也是做得最好的，规模也是最大的，现在已经达到了 6.5 亿千瓦的装机容量，占全球可再生能源装机容量的 28% 左右。最近 5 ~ 6 年，中国可再生能源的投资是最大的。应该说，通过发展可再生能源，光伏发电、风力发电的成本大大降低，这是对世界发展可再生能源作出了很大贡献。

另外，在植树造林方面，中国是人工造林面积最大的国家，森林覆盖率已经达到了22%，森林蓄积量已经超额完成了2020年的任务。中国也启动了全国的碳排放交易体系，这是在世界上做得比较早的，除了欧盟之外，其他都是一些局部的、地区的碳排放权交易市场，而且我们这个市场所涉及的碳排放量和碳交易量可能是世界上最大的。此外，习近平总书记宣布，我们建立南南合作基金，在其他发展中国家开展发展中国家之间的合作，到目前为止，我们已经和34个国家签署了合作备忘录，赠送了减缓和适应的物资，也对100多个发展中国家的1 000多名官员和科技人员开展了培训，主要是帮助他们提高应对气候变化能力、融资能力。应该说，中国现在初步走入了一个绿色低碳发展的道路，国际社会也在讲，中国应对气候变化的路径是值得各国借鉴的。这就是中国在应对气候变化方面的政策、措施、行动以及成效，在国际上还是发挥了非常重要的作用。谢谢。

路透社记者：我的问题是，中国是否会考虑提高减排目标？正如您所谈到的，中国现在已经即将实现巴黎气候变化大会所确定的2020年有关的减排目标，考虑到欧盟最新的进展，以及气候变化政府间专家委员会的最新研究，中国是否会考虑继续提高减排目标？

解振华：联合国政府间气候变化专门委员会（IPCC）最近做了一个关于1.5℃的特别报告，这个报告说明气候变化的危害和影响已经现实发生了，而且越来越紧迫，报告给了我们这么一个明确的信号，也提出了各种选择，在这一点上，中国的科学家们也作出了很大的贡献。

报告提出必须要采取措施、提高力度，尽快将温度上升控制在 2℃或者 1.5℃，现在看时间越来越紧迫了。对中国来说，我们不但要完成好既定的、已经做出承诺的目标，而且争取做得更好一些。比如，我刚才讲了，我们 2020 年的目标，其中有两项已经完成了，我们还会继续不懈怠地提高这方面的力度，把工作做好。因为做好了，不仅是应对气候变化，而且对我们国内经济社会高质量发展也是有很大的促进作用。所以这一点，国际社会不需要怀疑，我们会认真地去做。

我们现在希望发达国家要认真地兑现自己的承诺。《巴黎协定》有一个重要的原则，就是行动和支持必须相匹配，行动是指减缓的行动和适应的行动，支持是指发达国家对发展中国家要提供资金和技术的支持，只有为发展中国家提供资金和技术的支持，帮助其提高各方面的能力，发展中国家才有可能积极地采取措施。所以从这个意义上来说，我们希望在《巴黎协定》的实施过程中，在实施细则的谈判过程中，在将来制度机制安排中，应该认真地落实《巴黎协定》所作出的规定，这样才能够真正使全球各个国家建立政治互信、积极采取行动，通过国际合作取得应对气候变化各个不同阶段的目标。谢谢！

中国日报记者：能否请您介绍一下全国碳排放权交易市场建设的总体进展，以及下一步的工作考虑。谢谢。

解振华：这项工作是生态环境部应对气候变化司组织指导的工作，下面请李高司长介绍这方面的情况。

李高：谢谢。建立全国碳排放权交易市场是我们用市场机制控制温室气体排放的重大制度创新。建立这样一个碳排放权交易市场也是个非常复杂的系统工程，所以，我们从2011年起就开始在7个省市开展了碳排放权交易试点工作，通过试点来探索相关的经验，为建立全国统一的碳排放权交易市场打下基础。从2013年6月开始，试点碳排放权交易市场陆续上线交易。总体看，我们的试点工作情况是比较好的，目前为止成交量达到了2.7亿吨二氧化碳，成交金额超过了60亿元人民币。在我们开展碳交易试点的地区，试点范围内碳排放总量和强度实现了“双降”，所以碳排放权交易市场确实发挥了控制温室气体排放、促进地方低碳发展的作用。

另一方面，我们也在积极地向先进国家学习。刚才解振华特别代表也介绍了，中国并不是第一个建立碳排放权交易市场的国家。过去很多年中，我们积极学习欧盟碳排放权交易市场的经验，也包括加州碳排放权交易市场的经验，同时也将他们的教训，作为我们设计好中国碳排放权交易市场的很重要的参考。经过积极的准备，2017年年底我们发布了《全国碳排放权交易市场建设方案（发电行业）》，启动了我们国家的碳排放交易体系。之后我们又开展了一系列的工作，包括对2016年、2017年的碳排放数据报告、核算、核查的工作，这些工作一直在持续推进。

在相关的系统建设方面，我们对碳排放权交易市场建设当中非常关键的注册登记系统、交易系统提出了一个初步的设计方案，这也是在过去一段时间中取得的非常重要的进展。特别是发电行业作为率先启动碳排放权交易市场的突破口，围绕发电行业，我们也开展了很多工作，包括对发电行业配额分配方案的设计以及发电行业碳交易相关培训教材的编制。今年9月，为了更好地对发电行业进行动员，做好率先加入全国碳排放权交易市场的准备工作，生态环境部召开了动员部署会，开展了大规模的培训。

下一步，我们还要进一步推进有关工作。在这个过程中，我们要牢牢把握把碳排放权交易市场作为我们国家控制温室气体排放的政策工具的这样一个工作定位，这是建立碳排放权交易市场的初衷。

从工作安排上来讲，要按照先易后难、稳中求进的工作安排，分阶段、分步骤地推进碳排放权交易市场建设。在发电行业率先启动碳排放权交易的基础上，随着整个碳排放权交易市场的平稳启动、平稳运行，我们再逐步扩大参与碳排放权交易市场的行业范围、交易主体范围，增加相应的交易品种。在这个过程当中，我们也要特别注意防止过度投机和过度金融化，要防范金融方面的风险，充分发挥碳排放权交易市场对温室气体减排以及降低全社会减排成本的作用。

下一步，我们要进一步加快碳排放权交易市场建设的相关工作，有以下四方面：

一是相关法规制度的建设。我们要和有关部门，加快推动碳排放权交易管理暂行条例的出台，这个条例非常重要，是碳排放权交易市场建设与运行的法律基础。这个条例出台后，我们还要进一步推动相关配套制度的出台，这些相关的配套制度都在起草过程中。只要这个条例作为上位法出台后，相关的配套制度就可以很快发布。

二是推动相关基础设施建设。刚才我讲到了，碳排放权交易市场有几大基础设施，注册登记系统、交易系统、企业直报系统等。现在企业碳排放数据的直报系统已经初步建成，还要进一步完善优化。注册登记系统和交易系统有了初步的方案，接下来要抓紧时间对这些方案进行论证，进一步完善方案，在完善方案的基础上抓紧推进基础设施建设。

三是进一步做好重点排放单位碳排放报告、核查和配额管理工作。前面我已经介绍了，我们在做2016年、2017年重点排放单位排放数据的报告、核查相关工作，明年我们要启动对于2018年相关数据的报告核查工作，这些数据的核查，对于我们制定配额方案具有非常关键的作用。而配额方案又是碳排放权交易市场运行非常重要的基础。大家知道，一些国家碳排放权交易市场运行初期的配额方案失之于松，最后使碳价格发生了剧烈的波动，对于碳排放权交易市场的运行产生了很大影响，所以这些工作非常重要。为了加强核查工作，我们还要进一步加强对第三方核查机构的培育和管理。对于发电行业来讲，我们要进一步发布发电行业的配额分配技术指南。在这个基础上，我们还要通过推动发电行业企业进行相关试算工作，进一步夯实我们的数据基础，完善配额分配方案，使得它更符合实际情况，为我们在发电行业率先开展碳交易奠定良好的基础。

四是进一步强化能力建设。整个碳排放权交易市场的建设涉及很多方面，包括生态环境系统，也包括相关部门、机构，都需要具有相关的能力，要开展相关的能力建设。另外这次机构改革以后，地方的生态环境主管部门将来要承担相应的碳排放权交易市场管理职责，也需要做大规模的人员培训和能力建设相关的工作，这些工作对于我们做好下一步工作具有非常重要的意义。我们从2017年年底启动了全国碳排放交易体系以后，一直在积极推动相关技术准备工作。接下来我们会进一步加大相关工作力度，争取在尽可能短的时间内，实现整个碳排放权交易市场的上线交易，充分发挥碳排放权交易市场对温室气体减排、降低全社会减排成本的作用。谢谢。

美联社记者：我的问题是在“一带一路”项目框架之下，中国应对气候变化的一些政策。中国的机构正在大力投资很多“一带一路”相关项目，很多还是涉及大量煤炭燃烧的项目，这在环境保护主义者团体当中引起了比较大的关注，他们特别关注“一带一路”项目，中方是否会采取任何措施，去对冲这些项目可能造成的碳排放污染问题？

解振华：“一带一路”受到沿线国家的欢迎，所以现在各国在这方面都在进一步加强合作。“一带一路”更多的是开展一些基础设施建设，基础设施建设确实有锁定效应，就是说采用什么样的技术、什么样的材料、什么样的标准，可能就长期锁定了一个排放情景，所以这个锁定效应还是比较强的。我们现在开展“一带一路”建设，中央已经非常明确了，“一带一路”所有建设项目应该是绿色的、低碳的。所以实施的各种项目将采用最先进的技术，尽可能地节约资源、节约能源，实现最好的节能减排效果。不仅是工业项目，而且其他项目也应该采用中国国内现行的节能减排、应对气候变化的标准，另外也可以参照世界上最先进的标准，做到既帮助这些地方的建设，又在这些地方实现减排。

我们安排了南南合作的一些项目，与“一带一路”沿线国家开展应对气候变化南南合作项目，帮助那些地方减缓、适应，帮助他们提高能力，做一些保护环境的公益性项目。所以应该说，在整个“一带一路”沿线，我们会努力实现绿色、低碳的“一带一路”。

另外还有一个很重要的方面，现在各个国家应对气候变化，无论是发达国家还是发展中国家，都在考虑应对气候变化措施是不是影响了当地的经济发展、影响了当地的就业。但是从中国应对气候变化的实践来看，应该说这种担心是不必要的。我说几个大数，可以看看中国应对气候变化是在努力走一条转型的道路。

2005—2017 年，中国 GDP 增长了 1.8 倍，在这期间我们有 1.7 亿人口消除了贫困，也通过节能减排、节能环保，创造了一些新的就业机会、新的产业，在这期间我们又增加了 3 000 多万人的就业。采取节能减排、低碳的措施，也对解决环境污染发挥了很大的协同效应。所以中国的环境状况特别是大气污染情况也在明显改善，对人的健康有好处。这些措施也提高了经济增长的质量，提高了人们的生活水平，保护了人们的健康。应该说，中国国内努力走了一条绿色低碳发展的道路，我们也会把中国的这些做法拿到“一带一路”沿线国家去认真地实行，不走或者少走过去发达国家在工业化过程中那种先污染后治理、先破坏后恢复的道路，我们吃了这个亏，我们不希望在“一带一路”沿线国家也出现这种情况。所以在这一点上，中国会努力地把“一带一路”变成绿色的、低碳的。谢谢。

光明日报记者：机构改革以后，我国应对气候变化的工作今后将如何开展？重点会在哪些领域发力？谢谢。

解振华：李司长有切身体会，他也是从国家发展改革委转隶到生态环境部，请李司长回答。

李高：本次机构改革，应对气候变化的职能划转到了新组建的生态环境部，这是党中央、国务院对于进一步增强应对气候变化与环境污染防治工作的协同性，增强生态环境保护整体性的重大制度安排。下一步，我们要在新的形势下，进一步做好应对气候变化的工作。习近平总书记在今年 5 月的全国生态环境保护大会上作了重要讲话，刚才解振华特别代表在开场白当中也给大家介绍了，我们要按照习近平总书记的要求，进一步落实好。下一步，在应对气候变化工作当中，有几个方面的重点。应对气候变化涉及非常广泛的内容，涉及各个行业，从来都不是一个部门能够承担的，不管以前具体的工作由国家发展改革委承担也好，现在工作职能划转到生态环境部也好，并不是说以前应对气候变化的事由国家发展改革委来办，以后气候变化的事由生态环境部来办。大家看领导小组的组成就可以理解，领导小组是国务院总理做组长，成员几乎包括所有的部委，它的范围非常广泛。这样一个协调机构就是要发挥各个部门的作用，各个部门都有应对气候变化的职责和工作，通过更好的协调配合，发挥各个部门的政策协同性，强化政策的效果。

最近一项重要的工作，就是要进一步在领导小组领导下，把新的部门协调机制建立起来，进一步做好部门之间相互协调的工作。我们国家通过长期的实践，在应对气候变化领域已经初步形成了这样一个工作格局，也就是由领导小组统一领导，气候变化的主管部门（现在是生态环境部）来牵头协调，各个相关部门相互配合，地方和行业全面参与。下一步，我们要进一步让这样的工作格局更好地发挥作用，除了在部门层面的协调机制以外，我们也要推动地方在机构转隶完成以后按照国务院要求，把省一级领导小组和相关协调机制建立起来，来推动地方的相关工作。

另外，刚才我也提到了，应对气候变化在新形势下很重要的工作，是怎么样和生态环境系统的环境污染防治和生态保护工作实现统筹融合、协同增效，所以下一步我们在生态环境系统中也有怎么样把应对气候变化工作与生态环境保护更好地协调、协同的工作任务。将来应对气候变化的工作，从监测到目标制定、政策制定、规划制定，再到相关监督实施的工作，都要更好地与环境污染治理、生态保护的工作协调起来。特别是我们国家在应对气候变化领域已经提出了中长期的目标，生态环境领域有非常强的监督实施机制，怎么样利用这样好的机制推动国家目标的实现，也是下一步生态环境部更好地开展好应对气候变化工作的很重要的方面。

当然，应对气候变化工作涉及国际、国内两方面，从国际层面来讲，刚才解振华特别代表已经介绍了，我们要继续以积极建设性的姿态与各方一道，推动构建公平合理、合作共赢的全球治理体系，要坚定不移地推动气候变化领域的多边体制，坚定不移地推动《联合国气候变化框架公约》和《巴黎协定》的全面有效实施。今年的谈判非常重要，我们要与各方一道，全力推动，达成《巴黎协定》的实施细则，为2020年以后全球合作应对气候变化奠定一个良好的机制基础，也通过这样一个成果，来彰显多边体制对于应对全球气候变化挑战的有效性。

还有一些其他的工作，我们国家提出了2020年、2030年的目标，下一步我们要强化目标的落地，特别是要推动一些重点地方、重点行业，围绕自主贡献的目标，提出强化的达峰方案和路线图，为国家目标的实现做出更大的努力。同时，我们也要进一步考虑放眼2030年以后，考虑到我们国家发展的实际，考虑到应对气候变化的需要，结合党的十九大提出的我们国家建设社会主义现代化强国两阶段战略安排，进一步研究更长远的应对气候变化的目标和任务。这都是我们下一阶段很重要的工作。

另外，还有一项气候变化领域非常重要的工作，之前我已经回答了记者的提问，就是要加快推动全国碳排放权交易市场的建设。谢谢。

香港中评社记者：即将举行的阿根廷 G20 会议上也将探讨气候议题，这次峰会我方将会如何参与相关议题的探讨，会提出哪些方案？谢谢。

解振华：气候变化在国际社会体系中的主渠道是气候变化公约体制。马上就要召开卡托维兹气候大会，刚才我也讲了今年的任务，在卡托维兹气候大会之前正好是 G20。G20 这些国家是经济大国，也是气候变化领域很重要的国家，所以我们希望这个会议能够发出一个强烈的政治信号，这些经济大国都应该继续努力落实《巴黎协定》和 2030 年可持续发展议程，这对今年的卡托维兹大会有很大的推动作用。阿根廷在气候变化领域比较积极，而且参加会议的这些经济大国，绝大多数国家的元首都很重视气候变化工作，我相信在这个会议上，就气候变化问题，大家会开展一些活动，发出一个强烈的政治信号，推动今年年底的卡托维兹大会成功。

主持人袭艳春：再次感谢解主任，也谢谢李司长。谢谢大家，今天的发布会到此结束。

《打赢蓝天保卫战三年行动计划》政策吹风会实录

2018年6月20日

生态环境部副部长赵英民

主持人袭艳春： 女士们、先生们，上午好。欢迎大家出席国务院政策例行吹风会，上周国务院常务会议研究讨论了《打赢蓝天保卫战三年行动计划》。为了帮助大家更好地了解相关情况，今天我们非常高兴地邀请到生态环境部副部长赵英民先生，请他为大家介绍有关情况，并回答记者朋友们的提问。

下面，先请赵部长作介绍。

赵英民：女士们、先生们，新闻界的朋友们，大家上午好！

首先，我代表生态环境部，向新闻媒体和记者朋友们长期以来对生态环境保护工作的关心和支持表示衷心的感谢！很高兴有机会向大家介绍《打赢蓝天保卫战三年行动计划》的有关情况。

党的十九大提出将污染防治攻坚战作为决胜全面建成小康社会的三大攻坚战之一，要求坚持全民共治、源头防治，持续实施大气污染防治行动，打赢蓝天保卫战。中央经济工作会议、中央财经委员会第一次会议、全国生态环境保护大会先后强调，打好、打胜污染防治攻坚战，坚决打赢蓝天保卫战是重中之重，要求制定《打赢蓝天保卫战三年行动计划》（以下简称《三年行动计划》），确保三年取得更大成效。

习近平总书记强调，打好污染防治攻坚战是关系近 14 亿中国人民切身利益的大事，也是建设美丽中国的必然选择；要下更大决心、采取更有力措施，加大污染防治力度，重点是打赢蓝天保卫战。李克强总理指出，要抓住重点区域、重点领域，突出加强工业、燃煤、机动车“三大污染源”治理，坚决打赢蓝天保卫战。

按照党中央、国务院决策部署，生态环境部会同有关部门，组织开展专题调研、分析论证，广泛听取专家、社会各界意见，征求并吸纳了相关部门、各省（区、市）政府及相关方面的意见，提出《三年行动计划》的建议稿，6 月 13 日国务院常务会议已经原则通过，将于近期印发。

《三年行动计划》总体要求是以习近平新时代中国特色社会主义思想为指导，全面贯彻党的十九大和十九届二中、三中全会精神，贯彻落实全国生态环境保护大会要求，认真落实党中央、国务院决策部署，坚持新发展理念，坚持全民共治、源头防治、标本兼治，以京津冀及周边地区、长三角地区、汾渭平原等区域为重点，持续实施大气污染防治行动，综合运用经济、法律、技术和必要的行政手段，大力调整优化产业结构、能源结构、运输结构和用地结构，强化区域联防联控，狠抓秋冬季污染防治，统筹兼顾、系统谋划、精准施策，坚决打赢蓝天保卫战，实现环境效益、经济效益和社会效益的多赢。

《三年行动计划》的总体思路是“四个四”，即突出“四个重点”、优化“四大结构”、强化“四项支撑”、实现“四个明显”。突出“四个重点”，即重点防控污染因子是$PM_{2.5}$，重点区域是京津冀及周边地区、长三角地区和汾渭平原，重点时段是秋冬季，重点行业和领域是钢铁、火电、建材等行业以及“散乱污”企业、散煤、柴油货车、扬尘治理等领域。优化“四大结构”，就是要优化产业结构、能源结构、运输结构和用地结构。强化“四项支撑”，就是要强化环保执法督察、区域联防联控、科技创新和宣传引导。实现“四个明显”，就是要进一步明显降低$PM_{2.5}$浓度，明显减少重污染天数，明显改善大气环境质量，明显增强人民的蓝天幸福感。

《三年行动计划》是贯彻落实党中央、国务院打好污染防治攻坚战决策部署的一项重大举措，是落实全国生态环境保护大会的具体行动，随着各项政策措施的落地落实，必将对我国生态环境保护、生态文明和美丽中国建设，乃至经济高质量发展产生重大而深远的影响。

下面，我愿意回答各位的提问。

主持人袭艳春：感谢赵英民先生的介绍。下面进入答问环节，提问前请通报所在的新闻机构。

中央电视台记者：2013 年制定了《大气十条》，这次又出台《三年行动计划》。请问，此次《三年行动计划》在治理重点和措施上会带来什么改变，有什么特点和创新？打赢蓝天保卫战既要打好攻坚战，又要打好持久战，请问如何处理好攻坚战和持久战的关系，做到科学合理、循序渐进治理污染？谢谢。

赵英民：大家知道，以习近平同志为核心的党中央，对生态环境保护特别是大气污染防治工作高度重视。2013 年发布了《大气十条》，应该说这是党中央、国务院推动生态文明建设、坚决向污染宣战、系统开展环境治理的重大战略部署，也是针对当前环境突出问题开展综合治理的首个行动计划。大家知道，随后陆续发布了《水十条》和《土十条》。《大气十条》实施五年来，在各地区、各部门、全社会的共同努力下圆满收官，实现了《大气十条》确定的各项目标，全国空气质量总体改善，重点区域明显好转，人民群众在空气质量改善中的获得感、蓝天幸福感显著增强。通过过去五年《大气十条》的落实推进，也探索出来一条适合我国国情的大气污染防治新路子，基本建立起了齐抓共管的治理格局和区域联防联控新机制。

但是，我们应该清醒地认识到，当前大气环境形势依然严峻。长期以来粗放式发展积累的以重化工业为主的产业结构、以煤为主的能源结构、以公路运输为主的交通运输结构，以及大量裸露地面存在的用地结构，对进一步改善空气质量构成了重大挑战。

为了决胜全面建成小康社会，加快补齐大气环境的短板，需要对未来三年全国大气污染防治工作作进一步系统部署。为此，按照党的十九大、中央经济工作会议、中央财经委员会第一次会议，还有全国生态环境保护大会的部署，国务院制定了《打赢蓝天保卫战三年行动计划》。《三年行动计划》和《大气十条》是一脉相承的，是持续实施大气污染防治新的三年行动部署和安排，既保持了工作连续性，充分借鉴和采取了过去行之有效的好的经验和做法，同时又增强了治污措施的广度、深度和力度。归纳起来《三年行动计划》和《大气十条》的变化主要有四个方面：

第一，更加突出精准施策。在目标方面，聚焦人民群众最为关心、我们国家当前环境空气质量超标最为严重的 $PM_{2.5}$，提出经过三年努力，实现“四个明显”。在重点区域范围内，《大气十条》一个标志性的成果就是珠三角区域总体实现了稳定达标，所以这次重点区域去掉了珠三角地区，增加了汾渭平原。京津冀区域调整为京津冀大气传输通道“2+26”城市，这也是充分考虑了大气区域传输的客观规律，使得我们治理范围更加精准，针对性也更强。过去五年，汾渭平原大气污染问题逐步凸显，成为全国大气污染最为严重的区域之一。从这个意义上讲，重点区域作了调整，范围更加精准。在时间尺度方面，更加聚焦秋冬季污染防控，着力减少重污染天气，解决人民群众“心肺之患”，提高老百姓的蓝天幸福感。在重点措施方面，主要是基于目前源解析的结果，更加强调突出抓好工业、散煤、柴油货车和扬尘四大污染源的治理。这四大污染源应该说也是当前影响我国环境空气质量的主要因素。

第二，更加强化源头控制。随着污染治理边际递减效应逐步显现，如果不采取更强有力的措施解决结构的问题，则很难进一步大幅改善空气质量。因此，《三年行动计划》中提出着力优化“四个结构”：一是优化产业结构，推进“散乱污”企业的综合治理，加快企业达标排放，推动淘汰落后产能，化解过剩产能。二是优化能源结构，稳步推进农村散煤清洁化替代，加快燃煤锅炉整治，推动新能源发展利用。三是优化运输结构，按照“车、油、路”三大要素、三个领域齐发力来解决机动车污染问题，进一步加大新能源汽车推广力度，全面提升燃油品质，特别是这次提出来了加快公路转铁路、公路转水运的要求。四是优化用地结构，主要是增加绿地面积，开展露天矿山生态修复，提高城市精细化管理水平，开展扬尘综合整治，做好秸秆综合利用和禁烧工作。

第三，更加注重科学推进。强调措施要科学合理，更加因地制宜，多措并举，循序渐进。在技术上要确保切实可行，在执行时间上要确保分类要求，在实施范围上要做到由重点区域逐步向全国开展。对于“散乱污”企业，要按照关停取缔、整改提升、搬迁入园实施分类处置；对于北方地区清洁取暖，提出坚持从实际出发，宜电则电、宜气则气、宜煤则煤、宜热则热，“煤改气”要突出重点，“以气定改”，“先立后破”，确保清洁取暖和温暖过冬两个民生保障。

第四，更加注重长效机制。落实各方责任，有关部门和地方根据要求，制定配套政策措施和实施方案，落实“党政同责”“一岗双责”，建立和完善排查、交办、核查、约谈、专项督察“五步法”监管机制，切实传导压力，创新环境执法监管方式，推广“双随机、一公开”模式，压实企业责任。强化区域联防联控，建立完善区域大气污染防治协作机制，进一步加强重污染天气应急联动，同一个区域统一应急、统一标准、统一发布，实施整个区域的应急联动。谢谢。

主持人袭艳春：还有一问，问到了持久战和攻坚战的关系。

赵英民：我刚才讲到第三个特点的时候其实已经涉及了。我们充分地看到过去五年《大气十条》所取得的成绩，也应该清醒地认识到，多年积累的环境问题具有综合性、复合性、难度大的特点，解决起来也绝非一朝一夕之功。特别是当前我国产业结构偏重、能源结构偏煤、产业布局偏乱、交通运输结构还不尽合理，经济总量增长和污染物排放总量增加还没有脱钩，污染物排放总量还处于高位。在这样的背景下，开展大气污染治理攻坚，是全面建成小康社会、补齐环境质量短板的要求，在改善环境质量的同时，倒逼发展质量不断提升，为经济持续健康发展打下坚实的基础。从这个意义上讲，既要坚定不移打好攻坚战，又要久久为功打好持久战，从而实现环境效益、经济效益、社会效益的多赢。

刚才我介绍了，《三年行动计划》明确要求从实际出发，坚持全民共治、源头防治、标本兼治，落实党中央稳中求进的总基调。目标设定上，聚焦 $PM_{2.5}$，这是目前影响全国环境空气质量最主要的污染物。兼顾我们国家环境空气质量长远达标的考虑、臭氧污染等需要长期治理的问题，在与《“十三五”生态环境保护规划》《“十三五”节能减排综合工作方案》等现有政策文件充分有效衔接的基础上，设定了全国未达标城市 $PM_{2.5}$ 下降以及地级城市优良天数比例的要求。应该说从目标设定上可以看得出来，既兼顾了当前，又考虑了长远。

从任务措施上，我就不展开了，刚才已经讲了。从技术上、从实施范围上，包括对“煤改气”等，都提出了明确的要求，就是要做到科学合理、循序渐进地治理污染，稳中求进，既要积极进取，又要稳妥，确保取得良好的效果。打赢蓝天保卫战是打好污染防治攻坚战的重中之重，《三年行动计划》提出2020年空气质量改善目标任务，兼顾了环境质量改善和推动经济转型发展的要求。国际经验表明，世界大城市的污染治理普遍是前期改善速度较快，后期工作难度逐步加大，改善速度会逐渐慢下来。我们国家加大治理力度，特别是发挥我们的制度优势，可以在一定程度上缩短这个进程。但是，坦率地说，我们也同样会有这么一个规律，打赢蓝天保卫战不是大跃进式的一步到位，大气污染治理必然是长期而艰巨的过程，需要我们持续不懈地努力，久久为功，既要打好攻坚战，又要打好持久战。

路透社记者：赵部长，如果可以的话，我提三个小问题。第一个问题，我注意到，这次把山西省和陕西省加到重点区域里面，这个您能稍微讲一下这次选了这两个地区，有没有特别的办法，因为这两个地区都是煤的主要生产基地。第二个问题，现在对城市的交通拥堵会不会采取一些特殊的措施，比如有没有考虑采取像伦敦或者新加坡这样收取交通拥挤的专门费用，就是拥堵时段进来要多交费。第三个问题，有关柴油车的治理，我们有没有考虑更多地推进天然气在交通上的使用，包括船舶和重卡天然气的使用，有没有具体替代措施？天然气还是比较干净一些。

赵英民：好的，您提的这三个问题看似小，但其实都是大问题。

第一个问题涉及重点区域的调整。目前，我们国家污染相对比较严重的区域，一是京津冀及周边地区；二是汾渭平原，就是你提到的山西省、陕西省这一带；三是长三角西北部，就是苏北、皖北这一带；四是新疆维吾尔自治区。这四个区域目前是 $PM_{2.5}$ 浓度比较高的区域，除了新疆主要受沙尘等自然因素影响较大之外，其他区域 $PM_{2.5}$ 浓度主要还是受到人类活动的影响。这次重点防控区域的调整，实际上是综合考虑了当前各地 $PM_{2.5}$ 浓度水平，珠三角区域已经总体达标了，所以把它调出去了。京津冀区域虽然取得了非常大的成绩，《大气十条》实施五年区域 $PM_{2.5}$ 浓度大幅度下降，但仍然是当前我们国家 $PM_{2.5}$ 浓度最高的区域。汾渭平原仅次于京津冀区域，是我国 $PM_{2.5}$ 浓度第二高的区域，同时它又是二氧化硫浓度最高的区域，所以把它作为重点区域。第三个就是长三角西北部，苏北、皖北这一带城市群，$PM_{2.5}$ 浓度已经接近京津冀部分城市。综合考虑，把这三个区域作为重点区域，有利于我们进一步突出重点、集中资源，解决污染相对突出的问题。全国其他地区 $PM_{2.5}$ 浓度基本在四五十微克 / 立方米以下，可以按照常规治理措施持续推进，稳步改善。当然，汾渭平原的确像你说的，它为什么二氧化硫浓度高呢？很重要的原因就是煤炭占能源消耗的比例太高，接近 90%，较全国 60% 的水平高出 30 个百分点。这个区域，产业结构偏重、规模偏小、装备水平低，大量燃用散煤，而且一些钢铁、焦化企业还不能实现稳定达标排放，亟须进一步加大治理力度，这是我想回答的第一个问题。

第二个是关于机动车的问题。刚才我讲过，解决机动车污染问题无外乎“车、油、路”三个方面。就车来说，目前，柴油货车是机动车当中污染物排放量大、对空气污染贡献率比较高的部分。交通拥堵在一定程度上会增加机动车的污染物排放，所以解决交通拥堵实际上既对改善交通状况有好处，同时也会相应改善机动车的污染物排放。从这个意义上讲，对于城市来说，解决交通拥堵既可以改善出行，也可以减少机动车污染物排放、改善环境空气质量。

第三个问题就是关于柴油车的治理。柴油车这方面，《三年行动计划》主要提出，对新车加强监管，防止生产排放不合格的车辆，对用车也提出要加强监管。在油的方面，从明年开始实施国六汽柴油标准，实现车用柴油、普通柴油和部分内河船舶燃用油“三油并轨”，全面提升柴油的品质。路的方面，刚才我也介绍了，就是优化交通运输结构，实行海铁联运，减少公路运输，增加铁路运输，多措并举解决机动车污染问题。至于柴油车治理的一些具体技术，包括您提到的天然气用于卡车，这属于新能源和清洁能源车的概念范畴，《三年行动计划》专门对新能源和清洁能源车发展也提出了明确要求。

中国新闻社记者：请问赵部长，在《打赢蓝天保卫战三年行动计划》中，关于“煤改气”有没有特别的安排，如何保证老百姓清洁温暖过冬？

赵英民：“煤改气”的确关系到北方地区老百姓的切身利益，也是环境空气质量改善非常重要的方面。习近平总书记在中央财经领导小组第14次会议上提出，推进北方地区冬季清洁取暖，关系北方地区广大群众温暖过冬，关系雾霾天减少，是能源生产和消费革命、农村生活方式革命的重要内容。为贯彻习近平总书记的指示要求，国家发展改革委会同有关部门印发《北方地区冬季清洁取暖规划》，生态环境部会同有关部门积极推进京津冀及周边地区“2+26”城市散煤治理，2016—2017年完成“煤改气”347万户，“煤改电”127万户。实践证明，推进北方地区冬季清洁取暖，对改善环境空气质量至关重要。根据专家的研究和测算，去年冬季京津冀地区 $PM_{2.5}$ 浓度实现了大幅度的下降，这其中散煤治理的贡献率达到了30%～40%。同时，也产生了良好的社会效益，农村居民告别了“烟熏火燎”的煤炉取暖方式，人民群众的生活质量明显改善，老百姓的获得感显著增强。

为此，《三年行动计划》把有效推进北方地区冬季清洁取暖作为重要的措施加以部署，要求集中力量、重点推进京津冀及周边地区以及汾渭平原的散煤治理，到2020年采暖季之前，要在保障能源供应的前提下，平原地区基本完成生活和冬季取暖散煤替代。

为确保政策积极稳妥、循序渐进，《三年行动计划》中对技术路线作出明确要求，刚才我也介绍了，提出要从实际出发，宜电则电、宜气则气、宜煤则煤、宜热则热，有些地区还有地热，总之，要因地制宜、多措并举。在天然气的供给方面，强调要抓好天然气产供储销体系建设，加大天然气供应量，推进管网互联互通建设。在天然气使用方面，强调“煤改气”坚持“以气定改”，新增天然气的气量优先用于城镇居民和大气污染严重地区的生活和冬季取暖散煤替代，重点支持京津冀及周边地区和汾渭平原，实现“增气减煤”。同时，《三年行动计划》规定，原则上不再新建天然气热电联产和天然气化工项目。在政策支持方面，将进一步扩大中央财政支持清洁取暖的试点范围，完善相关价格政策，确保老百姓用得上、用得起。此外，在具体工作中，我们还将进一步督促指导各地，落实“先立后破”，也就是先改造完，确保没有问题了，再拆老炉子，在清洁取暖没有落实之前，不拆除原有的取暖措施。通过多措并举，在积极推进散煤治理的同时也确保群众温暖过冬，使得环境质量改善和温暖过冬两个民生都得到切实保障。

新华社记者：近一段时间以来，有媒体报道，臭氧成为一些地方的首要污染物，我想问一下臭氧污染情况具体是怎样的？会有哪些防治措施？

赵英民：大家都很关心臭氧的问题。我们看待空气污染水平，或者评价空气质量，要全面、系统分析。当前，影响我国环境空气质量的首要污染物，仍然是 $PM_{2.5}$。我可以从三个方面来讲这个事情：

一是从平均超标倍数来看，2017 年全国 338 个城市 $PM_{2.5}$ 的平均浓度是 43 微克 / 立方米，这个浓度值超过国家标准（35 微克 / 立方米）23%；臭氧平均浓度是 149 微克 / 立方米，这个值和国家标准（160 微克 / 立方米）相比是不超标的，这是从超标倍数上来比。

二是从超标城市数量来看，去年全国 $PM_{2.5}$ 超标的城市是 217 个，占到 338 个城市当中的 64.2%。与此同时，臭氧超标城市 109 个，占比是 32.2%。

三是从重污染天数看，去年全国以 $PM_{2.5}$ 为首要污染物的重污染天数占全部重污染天数的 90%，以臭氧为首要污染物的占比是 7.5%。

这些数据可以表明，当前影响我国环境空气质量的首要污染物还是 $PM_{2.5}$。去年的监测数据还表明我国城市臭氧成为首要污染物，大多是在大气污染比较轻的时候。

通过数据的比较，可以看出当前首要矛盾、亟须解决的污染问题还

是 $PM_{2.5}$。但是，过去几年在 $PM_{2.5}$ 浓度持续下降的同时，臭氧浓度却在持续上升，这一趋势需要引起我们高度关注。去年，全国臭氧浓度同比上升 8%，而且 2015 年以来呈现逐年上升的态势，目前，出现了连片式、区域式污染，主要集中在辽宁省中南部、京津冀及周边地区、长三角地区、武汉城市群、陕西省关中地区，以及成渝、珠三角区域。所以《三年行动计划》，在把目标措施聚焦在 $PM_{2.5}$ 的同时，也对臭氧防控作了部署，就像刚才我介绍的，既要着眼当前，还要着眼长远。主要有三个方面：

第一，大力控制氮氧化物和挥发性有机物（VOC_S）的排放。大家知道，它们是生成臭氧的前体物，同时也是导致大气氧化性增强、生成 $PM_{2.5}$ 二次颗粒物的重要前体物。《三年行动计划》对排放氮氧化物的钢铁、建材、有色、火电、焦化等重点行业和燃煤锅炉、机动车船等，从源头调整优化结构，到末端治理提标改造，提出了一系列政策措施、任务要求。对排放 VOC_S 的石化、化工、工业涂装、包装印刷等重点行业，要求实施泄漏检测修复、原料替代等专项整治措施。对涂料、油墨、胶粘剂、清洗剂等重点产品，要求制定实施 VOC_S 含量限值强制性国家标准。这些都是协同控制 $PM_{2.5}$ 和臭氧污染的重要举措。

第二，强化空气质量目标管理。《三年行动计划》重申了国家“十三五”规划纲要提出的优良天数比率指标，结合《大气十条》的实施经验，强化落实各地空气质量改善责任。目前，我国空气质量标准中的 6 项污染物，主要是 $PM_{2.5}$ 和臭氧超标，其他指标超标不多，由于 $PM_{2.5}$ 浓度下降比例已经单独设置指标，对各地提出优良天数的目标要求，实际上就是强化了对控制臭氧污染的要求。

第三，着力提升管控能力。针对臭氧污染的特点，结合前期研究成果，还有我们在杭州市、厦门市等地的试点管控经验，明确要求推进大气光化学监测网建设，加强区域性臭氧形成机理和控制路径研究，深化 VOCs 全过程控制及监管技术研发等，全面提升臭氧污染防控水平和能力。

说到臭氧，我们必须清醒地认识到，当前我们国家氮氧化物和 VOC_S 的排放量还是比较大的，尤其 VOC_S 排放量大面广，既有有组织的排放，也有大量的无组织排放；既有工业排放，也有生活源排放。VOC_S 排放的管控难度还是非常大的。臭氧及其前体物的反应复杂多样，减排比例、气象变化等因素，都容易导致臭氧浓度的波动，再加上复杂的区域传输，臭氧污染防控确实是很复杂的事情，目前发达国家也没有完全解决臭氧污染问题。所以，我们国家臭氧污染治理任重道远。

下一步，我们将落实《三年行动计划》的要求，研究出台臭氧污染防治指导性文件，继续积极联合有关部门，大力推进 VOC_S 和氮氧化物排放治理，尤其要着力实施《“十三五”挥发性有机物污染防治工作方案》，开展柴油车治理攻坚行动，进一步提升环境管理能力，加快相关科研，促进 $PM_{2.5}$ 和臭氧污染的协同控制。

日本经济新闻记者：近几年环境保护部进行了环境保护的督察，得到的成果也不少，但同时也有一些声音提出，督察当中有一些“一刀切”的行为，给老百姓带来了不少的麻烦，还有困惑，《三年行动计划》实施过程中怎样防止这种“一刀切”的行为？

赵英民：您关心的这个问题，也是我们关心的问题。这次《三年行动计划》中特别强调了要科学合理、循序渐进、因地制宜。刚才我已经介绍了，技术上、区域上、重点上，都体现了精准治污的要求。督察工作在《大气十条》实施过程中发挥了非常大的作用，也探索出一套刚才我提到的“五步法”督查模式。随着中央环境保护督察不断深入，进一步落实了“党政同责”“一岗双责”，强化了企业治污主体责任，发挥了非常好的效果。

工作中，我们也发现个别地方存在平时不重视环保，督察来了“一刀切”的问题。所以，前不久生态环境部专门发了文件，提出各地要落实“党政同责”“一岗双责”，企业落实治理主体责任要放在平时，而不是检查来了，不分青红皂白先停后整改，由于个别违法企业导致殃及池鱼。我们正在开展的中央生态环境保护督察“回头看”，重点要督察的就是在生态环境保护工作方面的作风问题，虚假整改、敷衍整改、假装整改的问题。我想，按照《三年行动计划》的要求和总体部署，我们将进一步强化各个方面的责任，科学治污、精准治污是可以实现的，谢谢。

主持人袭艳春：大家还有没有感兴趣的问题？如果没有的话，今天的吹风会到此结束。再次感谢赵英民先生，也谢谢大家。

例行新闻发布会实录

LIXING XINWEN FABUHUI SHILU

1月例行新闻发布会实录

2018年1月31日

1月31日，环境保护部举行1月例行新闻发布会。环境保护部环境监测司司长刘志全、中国环境监测总站副站长王业耀介绍国家环境监测工作进展情况，环境保护部新闻发言人刘友宾主持发布会，通报近期环境保护重点工作进展情况，三人共同回答了记者关注的问题。

1 月例行新闻发布会现场 (1)

重点工作

2018

31/01

- 《大气十条》目标全面实现
- “绿盾 2017”专项行动严查自然保护区违法违规问题
- 实施全国集中式饮用水水源地环保专项行动

1 月例行新闻发布会现场 (2)

关键看点

主持人刘友宾：新闻界的朋友们，大家新年好！

欢迎大家参加环境保护部新年首场例行新闻发布会。

党中央、国务院高度重视环境监测工作。近年来，中央全面深化改革领导小组分别审议通过了多个环境监测方面的改革文件。环境保护部认真贯彻落实中央有关改革部署和要求，扎实推进环境监测事业发展，确保监测数据质量，为打好污染防治攻坚战提供支撑和保障。

今天的新闻发布会，我们邀请到环境监测司司长刘志全、中国环境监测总站副站长王业耀研究员，他们将向大家介绍我国环境监测改革与发展的有关情况，并回答大家关心的问题。

下面，我先简要介绍环境保护部近期重点工作情况。

一、《大气十条》目标全面实现

2013 年 9 月《大气十条》发布实施。五年来，在以习近平同志为核心的党中央的坚强领导下，各地区各部门共同努力，全社会积极参与，《大气十条》目标全面实现。

一是空气质量改善目标全面实现。监测数据显示，2017 年，全国地级及以上城市 PM_{10} 平均浓度比 2013 年下降 22.7%；京津冀、长三角、珠三角等重点区域 $PM_{2.5}$ 平均浓度比 2013 年分别下降 39.6%、34.3%、27.7%；北京市 $PM_{2.5}$ 平均浓度从 2013 年的 89.5 微克 / 立方米降至 58 微克 / 立方米。

在全面实现改善目标的同时，全国整体空气质量大幅改善。2017 年，全国 338 个地级及以上城市二氧化硫浓度较 2013 年下降 41.9%，74 个重点城市优良天数比例为73.4%，比2013年上升7.4个百分点，重污染天数比2013年减少51.8%。

二是产业、能源和交通结构调整取得重大突破。各地党委政府高度重视，协同推进能源清洁化利用、淘汰落后和化解过剩产能、“车油路”统筹等工作，《大气十条》确定的45项重点工作任务全部按期完成。

全国煤炭消费占一次性能源消费的比重由67.4%下降至60%左右。“2+26”城市完成“煤改气”“煤改电”470万户，削减散煤1 000余万吨。全国燃煤机组累计完成超低排放改造7亿千瓦，占煤电装机容量71%。淘汰地条钢1.4亿吨。10 205家国家重点监控企业全部安装在线监测，实现24小时实时监管。淘汰黄标车和老旧车2 000多万辆。实施国五机动车排放标准。建成国家空气质量监测网。启动大气重污染成因与治理攻关专项。重污染天气联合应对能力显著提升。

三是中国特色大气污染防治新模式基本形成。中央环境保护督察实现31个省（区、市）全覆盖，齐抓共管的治理格局初步建立。区域联防联控实现重大创新，京津冀、长三角、珠三角等重点区域建立大气污染防治协作机制。环境法治保障有力，按日计罚、停产限产、查封扣押等执法手段更加丰富。环境经济政策不断完善，初步建立政府、企业、社会多元化投资机制。中央财政累计下达527.88亿元专项资金和100多亿元中央预算内投资。12省份开展排污权有偿使用和交易试点。加大信息公开力度，公众参与环保的积极性空前高涨，“同呼吸、共奋斗”逐渐成为全社会行为准则。

下一步，环境保护部将会同各地区和有关部门，以打赢蓝天保卫战为目标，做好以下工作：

一是全面启动打赢蓝天保卫战作战计划。制订实施打赢蓝天保卫战三年计划，明确治理思路和具体任务，指导京津冀及周边地区、长三角等重点区域出台大气污染防治配套实施方案。

二是持续推进散煤污染治理。继续深入实施北方地区清洁取暖城市试点工程，以“2+26”城市“煤改气”“煤改电”为重点，稳步推进清洁供暖。

三是抓好重点行业提标改造。继续推进燃煤电厂超低排放改造，研究推进钢铁等非电行业超低排放改造。在重点区域实施大气污染物特别排放限值，全面加强工业企业无组织排放管理。

四是加快推进机动车污染治理。加快推进多式联运，减少公路运输，提高铁路货运比例。建设完善机动车遥测监测网络，严厉打击柴油货车超标排放行为。开展油品整治专项行动。

五是强化重点区域联防联控。进一步强化重点区域大气污染防治协作机制，指导成渝、东北等其他跨省地区开展联防联控。着力提升重污染天气预测预报能力，指导相关重点区域和城市群开展应急预案修订。

二、“绿盾 2017”专项行动严查自然保护区违法违规问题

2017 年 7—12 月，环境保护部等七部门在全国联合组织开展“绿盾 2017”国家级自然保护区监督检查专项行动，对 446 个国家级自然保护区和部分省级自然保护区进行监督检查，加大自然保护区违法违规问题查处和整改力度，坚决制止和惩处破坏生态环境行为。

截至2017年11月底，结合中央环境保护督察，各地已调查处理20 800多个涉及自然保护区的问题线索，其中包括地方自查发现的5 000多个问题；关停取缔企业2 460多家，强制拆除590多万平方米建筑设施；已整改完成13 100多个问题，整改完成率62.8%，其他问题的生态恢复和整改措施正在落实中。废止相关地方性法律法规12部，修订51部，新制定颁布20多部，还清理了一批相关政策文件。同时，严肃责任追究，各地已对1 100多人进行了追责问责，其中处理厅级干部60人、处级干部240多人。

今年，我们要重点做好以下工作：一是加强对整改进展情况的调度，对发现的重点问题扭住不放，督促地方抓紧整改和销号。二是将绿盾专项行动常态化、机制化，进一步细化定期遥感监测，及时发现和严肃处理新问题，坚决制止和惩处破坏自然保护区生态环境行为。三是积极推进自然保护区综合立法，为自然保护区提供法律制度保障。四是推进各地自然保护区确界工作，督促地方完善区界标示和警示警告设施，尽快补齐基础工作短板，全面加强自然保护区科学化、规范化、精细化管理。

三、实施全国集中式饮用水水源地环保专项行动

为贯彻落实习近平总书记关于长江经济带“共抓大保护，不搞大开发”的重要指示精神，2016年以来，环境保护部在长江经济带组织开展地级以上集中式饮用水水源地环境保护执法专项行动，截至2017年12月底，排查发现的490个问题已全部整治完成。其中，主要问题包括违法违规建筑类问题102个、工业企业类问题82个、排污口问题71个、非法码头类

问题59个，以及旅游餐饮、农业面源、畜禽养殖等问题，许多问题是久拖未决的历史遗留“老大难”问题。

为进一步加快解决饮用水水源地突出环境问题，提高饮用水水源环境安全保障水平，今年，环境保护部将联合水利部组织实施全国集中式饮用水水源地环境保护专项行动，组织各地依法开展县级及以上城市地表水型集中式饮用水水源保护区“划”（划定）、“立”（标志设立）、“治”（违法问题整治）三方面工作。2018年3月底前，要求县级及以上城市完成水源地环境保护专项排查，建立问题清单。2018年年底前，要求长江经济带11省（市）完成县级及以上城市饮用水水源地整治，其他地区完成地级及以上城市饮用水水源地整治。2019年年底前，全国县级及以上城市饮用水水源地要全部完成整治。

环境保护部将会同水利部定期开展监督检查，督促各地工作落实。对履职不力、弄虚作假、进展迟缓等问题突出的，采取通报批评、公开约谈、专项督察等措施；情节严重的，实施问责。对工作成效突出的，予以通报表扬。

从2018年3月起，地方各级人民政府每月月底前公开专项行动问题清单和整治进展，接受社会监督。从2018年4月起，环境保护部将通过官方网站、“环保部发布”微博、微信公众号，每月全面公开各地问题清单和整治进展。

下面，请刘志全司长介绍情况。

环境保护部环境监测司司长刘志全

完成国家空气、地表水环境质量监测事权上收，狠抓管理确保数据真、准、全

刘志全：新闻界的各位朋友，大家上午好！

欢迎大家参加新闻发布会，首先，我谨代表环境保护部环境监测司，对大家长期以来对环境监测工作的关心和支持表示衷心感谢！借此机会，我就国家环境监测重点工作进展情况作简要介绍。

党的十八大以来，党中央、国务院高度重视环境监测工作。2015—2017 年，中央全面深化改革领导小组连续三年分别审议通过了《生态环境监测网络建设方案》《关于省以下环保机构监测监察执法垂直管理制度改革试点工作的指导意见》《关于深化环境监测改革提高环境监测数据质量的意见》等环境监测方面的改革文件，为监测工作提供了重要遵循和行动指南。我们深入贯彻落实，扎实推进环境监测重点任务，为打好污染防治攻坚战，提供了强有力的支撑和保障。

第一，完善生态环境监测网络，全面支撑环境保护重点工作。

按照《生态环境监测网络建设方案》关于“全面设点、全国联网、自动预警、依法追责”的要求，不断完善空气、水、土壤等环境要素的监测网络，为《大气十条》《水十条》《土十条》实施提供了重要支撑。在空气质量监测网络方面，在全国 338 个地级及以上城市布设 1 436 个国控监测站点，且全部具备 $PM_{2.5}$ 等 6 项指标监测能力，在“2+26”城市建设颗粒物组分 / 光化学监测和降尘监测网。在地表水环境质量监测网络方面，国控断面扩展到 2 050 个，覆盖全国十大流域 1 366 条河流和 139 座重要湖库，基本满足水环境质量评价与考核需求。饮用水水源地监测覆盖 338 个地级以上城市和 2 856 个县。在土壤环境监测网络方面，建成由 38 800 多个点位组成的国家土壤环境监测网，基本实现了所有土壤类型、县域和主要农产品产地全覆盖。同时，形成了以卫星遥感与地面核查相结合的生态监测体系。

第二，推进环境监测机制改革，完成国家空气、地表水环境质量监测事权上收。

按照国家考核、国家监测、数据共享的原则，2016 年，环境保护部全面完成空气质量监测事权上收工作，委托第三方公司对 1 436 个国控空气质量监测点位开展运维，有效提高了数据质量。

2017 年，环境保护部分两个阶段推进国家地表水环境质量监测事权上收。第一阶段，从 2017 年 10 月起，全国 2 050 个地表水考核断面全面推行采测分离模式，委托第三方机构按照统一的技术规范要求进行采样，并按新的机制进行分析化验，原始监测数据直传中国环境监测总站。第二阶段，2018 年完成 2 050 个地表水考核断面水质自动站建设，统一委托第三方机构负责运维，实现地表水环境质量主要指标的连续自动监测，实时数据国家与地方共享。截至目前，采测分离实现平稳运行，地表水监测事权上收顺利实施。

空气、地表水监测事权上收，厘清了国家和地方事权与支出责任，化解了地方行政干预，减轻了基层压力和负担，实现了“谁考核、谁监测”，是我国环境质量监测机制的重大改革，切实保证了监测数据独立、客观、公正。

第三，狠抓环境监测质量管理，确保数据真、准、全。

数据质量是环境监测工作的生命线。近年来，我们按照中央决策部署，狠抓环境监测质量管理各项工作，不断健全质量管理体系，印发《“十三五”环境监测质量管理工作方案》，依托地方承担六大区域质控任务，形成国家、区域、监测机构三级质控体系，开展臭氧等气态污染物量值溯源传递和颗粒物比对工作，发布环境监测类标准规范 100 多项。建立环境监测数据质量监督机制，通过远程监控与实地抽查相结合，采用飞行检查、例行检查、专项检查等形式，加大环境空气、地表水监测质量监督检查力度，对西安案件等人为干扰和环境监测数据弄虚作假行为进行严肃处理，持续保持高压震慑态势，确保监测数据真实、准确、全面。

地表水监测事权上收有效避免了行政干扰，减轻了基层压力和负担

新华社记者：为厘清中央和地方事权、化解不当行政干预，环境保护部去年8月启动了国家地表水环境质量监测事权上收工作，请问目前上收进展情况如何？上收后将对地表水质监测带来哪些影响？

刘志全：目前地表水监测事权上收进展情况总体非常顺利，我想从以下三方面向各位介绍一下：

一是总体思路和阶段目标。按照国务院印发的《生态环境监测网络建设方案》要求，环境保护部在借鉴空气质量监测事权上收经验的基础上，2017年开展了地表水监测事权上收的工作，由“考核谁、谁监测”，转变为“谁考核、谁监测”，从机制上确保监测数据的真实、客观和准确。主要思路就是以国家考核、国家监测、数据共享为原则，以确保地表水监测数据质量为核心，以实现水质自动化监测为目标，以统一标准规范和质控为要求，分阶段、分步骤开展国家地表水环境监测事权上收工作。第一阶段，2 050个地表水考核断面从2017年10月开始，全面实施采测分离模式，每月监测一次，在各地的共同努力下，采测分离工作已经顺利实施了，目前运行稳定。第二阶段，在2018年完成2 050个考核断面水质自动站建设工作，实现地表水监测以自动监测为主、手工监测为辅，这个任务现在正在抓紧推进中。

二是采测分离模式改革及进展情况。长期以来，地表水监测模式为

属地监测，如断面在哪个省市，就由哪个省市自己监测，监测结果报国家，国家用地方报送的监测数据对地方进行考核。这种监测模式本身就会有干预监测数据的可能，另外质控的要求也存在不一致的现象。

实施采测分离后，采样交由第三方公司，由中国环境监测总站招标的8家公司专门负责采样。同时，打破行政区域限制，在全国选择290多家监测站对样品进行监测分析，采测分离模式从机制上把监测分析工作同利益方脱钩。具体方式是委托第三方公司，按照统一的技术规范和要求进行采样，统一对水样加密编码，并对样品混合后，通过冷藏运输方式送至指定的分析测站进行集中分析，原始数据直传中国环境监测总站，并对监测全流程各环节留痕质控。比如采样，首先要扫断面桩上的二维码，经过采样、混样、编码，通过冷链运输至分析测站，分析测站不知道样品是来自哪个断面的水样。另外，对有时效性要求的样品，要在规定时间内完成分析。

采测分离实施以来，监测数据质量稳定可靠，内部和外部质控样品合格率均超过95%。在采测分离模式下，空白样、加标样、平行样占总样品的15%左右，分析测站不知道样品中哪个是空白样，哪个是平行样，哪个是加标样，这样就对监测分析工作提出了更高的要求，从而确保了数据质量。从2017年10月开始，采测分离监测数据已用于水环境质量的评价和考核。

三是关于你关心的“好水”比例的问题。监测数据表明：2017年1 940个考核断面中，Ⅰ～Ⅲ类水质比例是67.9%，同比增加0.1个百分点，劣Ⅴ类比例是8.3%，同比降低0.3个百分点。总体来看，全国的地表水环境质量整体呈现向好的趋势，采测分离实施3个月以来，监测数据与去年同期相比，“好水”比例有所下降，这仅是3个月的监测结果比较，更进一步的结论，需要较长时间的分析比较。

总的来看，地表水监测事权上收，实现了“谁考核、谁监测”，这是监测机制的重大改革，有效避免了行政干扰，进一步厘清中央和地方的事权，减轻了基层压力和负担，具有重要的意义。下一步，环境保护部将加大水质自动站建设，自动站建成后，每4小时监测一次，监测频次将大大提高，一旦水质出现异常情况将及时预警，对水环境预测预警和考核评价会发挥更重要的作用。

区域范围空气重污染过程预报准确率接近100%，将建六大区域预报中心

新京报记者：很多人关心空气质量预测预报工作，请问环境保护部门是如何开展空气质量预报工作的？会不会出现预报失准现象？怎样进一步提高预报的准确性？

刘志全：预报的准确度和精度是实现精准治污、精准发力，有效应对重污染天气的重要前提和基础。

《大气十条》发布以来，环境保护部中国环境监测总站、中国科学院大气物理所和有关研究机构联合开发了国际先进水平的空气质量数值预报系统，利用国家空气质量实时监测网的数据、国内外主流气象预报资料、国家空气污染源排放清单等基础信息，每日对未来7～10天污染形势进行分析和研判。同时，环境保护部建立了空气质量和重污染天气预报

会商机制，对重污染天气过程的影响范围、持续时间、污染程度进行研判，应该说在各部门的共同努力下，通过不断的实践、探索和总结，目前，预报的准确率持续在提升，区域范围的空气重污染过程预报准确率已接近100%，重点城市污染程度的预报准确率达到80%，为空气重污染过程研判、防控、预警和应急响应提供了重要的技术支撑。大家注意到近年来部分城市发布红色预警、橙色预警、黄色预警并及时采取应急措施，这些都是基于预报结果做出的，说明预测预报工作非常重要。目前，国家、区域、省级和重点城市基本都已开展了预测预报工作，而且有一支专门预报队伍，经过历练，这支队伍越来越成熟，为大气污染防治和重污染天气应对发挥了重要作用，取得了非常好的成绩。

下一步，环境保护部将进一步完善国家、区域、省级、城市四级预报体系建设，健全预报会商机制，加强培训和科研攻关，不断提高预测预报的准确性。

一是大力推进六大区域预报中心建设。包括京津冀及周边地区、长三角地区和东北、西北、西南、华南六大区域中心建设，目前，我们正在推进并取得积极进展，今年我们将全力推进区域中心建设，使之尽快提高能力发挥作用。同时，环境保护部将建立国家和地方污染源排放清单动态更新机制，动态更新污染源清单，只有清单准了，预报才能更准确。

二是健全空气质量预报会商机制。健全环保、气象部门会商机制、国家和区域会商机制、区域和地方省市的会商机制，要求地方也要建立相应的会商机制，提高预报的准确度。

三是加大对地方的技术支持力度，要加强预报产品分发能力建设，进一步升级完善预报产品分发系统，扩大预报指导产品的分发范围，将国家级预报指导产品下发到所有地级及以上城市,加大对地方技术支持力度。

四是提升预报人员的业务能力。环境保护部加强预报人员业务培训，并针对中西部地区基础薄弱的问题，建立对口帮扶机制，以强弱搭配“结对子”的方式，提升预测预报人员的业务素质和能力。

五是加大科研攻关。目前，大部分地区还不能对未来 7 ~ 14 天的情况做准确预报，中长期的预报能力亟待加强，要加大科研攻关，继续加强这方面研究，加快相关技术和成果的吸收和转化，提高预报的技术水平，为打好污染防治攻坚战提供有效技术支撑。

对于环境监测数据弄虚作假行为绝不姑息，发现一起，查处一起，通报一起

中央电视台记者：近期，环境保护部在媒体上披露了一些人为干预甚至篡改空气质量监测数据的事件，引起社会强烈关注，请问环境保护部有哪些技术性、制度性安排，确保监测数据真实准确？

刘志全：环境监测数据造假，大家最近可能在媒体上看到相关报道。对于环境监测数据弄虚作假行为，不管是弄虚作假还是干扰采样环境，环境保护部都是“零容忍”的态度，态度坚决，绝不姑息，发现一起，查处一起，通报一起。

近年来，我们环境监测数据质量整体在全面提升。现在的确发现有这种事件，但我可以告诉大家这不是大面积的，而是个别现象。环境空气

质量监测站点过去确实发生过堵塞采样头等问题，现在，环境保护部进一步严格了有关规定，出台了管理办法，未经批准非运维人员不得进入，谁进去谁承担责任，若因工作需要进入站房，需按程序报批。而且我们在监测站点设置了警示标识，在站房内外加装了监控设施，在中国环境监测总站搭建了在线远程质控和异常数据审核平台，能够及时发现数据异常。如果有弄虚作假行为，我们通过大数据分析，某个站点的变化趋势与周边站点的环境监测数据不一致，或者在某个时段发生突变等，中国环境监测总站在例行数据审核时就会发现，马上会派人去查。目前，媒体报道的案件均是环境保护部通过这个机制发现的，接到中国环境监测总站提供的线索后，环境保护部均立即致函给地方人民政府和省环保厅，责成地方认真调查，严肃处理，将处理结果报环境保护部。

中办、国办于2017年9月印发的《关于深化环境监测改革提高环境监测数据质量的意见》（以下简称“两办”《意见》）明确要求，地方党委和政府要建立健全防范和惩治环境监测数据弄虚作假的责任体系和工作机制，并对防范和惩治环境监测数据弄虚作假负领导责任。根据中央文件的精神，环境保护部发现环境监测人为干扰问题后均责成地方处理，并提出明确要求。第一，要成立调查组。第二，要尽快拿出处理的结果。第三，要求地方将处理情况向社会公开曝光。所以我在这说，对于发现监测数据造假的，我们是严肃处理，发现一起，处理一起，通报一起，曝光一起。当然，我们也希望地方政府树立正确的政绩观，将环境质量改善的重点放在优化产业布局、调整产业结构、加大污染治理、严格环境执法等削减污染减排的硬措施上，扎扎实实推动减排工作，持续改善环境质量，从根本上解决当地环境污染问题，绝对不能在环境监测及数据质量上打歪主意、动手脚。

下一步，我们要认真贯彻落实“两办”《意见》，加强法律法规和制度建设，加大责任追究力度。一是启动环境监测条例研究制定工作，为加大环境监测弄虚作假行为的惩处提供法律支撑；二是会同中组部和监察部制定《关于防范和惩治领导干部干预环境监测的管理办法》，构建责任体系，强化责任追究；三是加大公众参与，各地环境保护部门已经将环境监测数据弄虚作假行为纳入当地“12369”举报受理平台，公众可以随时举报，并对地方查处结果进行监督；四是加大对数据造假行为的打击力度，发现一起，查处一起，通报一起，绝不姑息，确保数据质量真实、准确、全面。

分批审批 2018 年固体废物进口许可证，合法合规企业一年内可多次提出申请

中国日报记者：有媒体报道称，固废中心近期公示了 2018 年第一批建议环境保护部予以批准的限制进口类固体废物进口清单、各家企业及相应的进口商品与额度，其他固废品种获得的进口额度大幅下降。请问今年环境保护部在固体废物进口审批方面有哪些考虑？和去年相比有哪些新变化？

刘友宾：2017 年 7 月，国务院办公厅印发《禁止洋垃圾入境推进固体废物进口管理制度改革实施方案》（以下简称《实施方案》），引起社会方方面面的关注。禁止洋垃圾入境是生态文明建设的标志性举措，人民群众高度拥护。《实施方案》明确要求：从严审查进口固体废物申请，减量审批固体废物进口许可证，控制许可进口总量；综合运用法律、经济、

行政手段，大幅减少进口种类和数量。为认真贯彻落实《实施方案》，环境保护部修订了《限制进口类可用作原料的固体废物环境保护管理规定》，补充制定了《进口废纸环境保护管理规定》。

按照《实施方案》的要求和有关管理规定，2018 年审批工作与去年相比的变化有四点：一是分批审批 2018 年固体废物进口许可证，合法合规企业一年内可多次提出申请，分批进行审批，避免出现往年审批量集中在第一季度的现象，以保证全年审批平稳有序。二是严格审核把关，加强企业环境监管，对违法企业依法依规停止审批，对获批固体废物进口许可证的企业，加大日常现场监督检查频次，确保固体废物实现无害化利用。三是取消贸易单位代理进口，仅允许加工利用企业自营进口固体废物，防控环境风险。四是进一步完善企业环境管理要求。过去仅对进口废塑料、废船等有专门环境管理规定，这次对进口废纸加工利用企业的生产规模、污染防控设施和措施等也提出了明确要求。

2018 年，环境保护部已停止审批管理目录调整为禁止进口的 24 种固体废物，限制类固体废物进口审批工作正常开展。为满足企业需求，2017 年 12 月开始受理企业申请，2018 年 1 月 1 日颁发了第一批进口废物许可证，截至目前，已审批颁发四批许可证，第五批许可证即将进入公示程序，固体废物进口审批工作正在依法依规、稳步有序进行。

初步建成国家土壤环境监测网，全面开展土壤环境例行监测工作

澎湃新闻记者：土壤污染关系老百姓舌尖上的安全，人们很关注土壤环境监测数据质量。请问目前土壤环境监测建设进展如何？卫星遥感和地面监测是如何结合的？公众何时会了解到新一批土壤监测数据？

刘志全：谢谢你的提问，土壤污染防治工作非常重要，环境保护部认真贯彻落实《土十条》，在土壤环境监测方面主要做了以下四个方面的工作。

一是组织制定了《“十三五”土壤环境监测总体方案》。应该说方案对于指导全国开展土壤环境监测工作非常重要，这个方案明确了建成一个监测网络；理顺两个管理机制，即环保系统内纵向联动的机制和部门间横向协同机制；完善三个技术体系，包括土壤环境监测的质量管理体系、标准方法体系和技术规范体系；强化四个能力，包括土壤环境监测、人才队伍建设、信息化水平和科技创新能力。

二是初步建成国家土壤环境监测网。全面开展土壤环境例行监测工作。2017 年，环境保护部初步建成了包含 38 880 个点位的国家土壤环境监测网，包括背景点位、基础点位、风险监控点位。比如背景点位就是反映土壤质量本底浓度水平的点位，在全国共布设了 2 481 个点位，基础点位布设了 20 006 个，风险监控点位布设了 16 393 个。从环境的角度来看，目前基本实现了所有土壤类型、县域和主要农产品产地的全覆盖。同时组

织开展全国土壤环境例行监测工作，这是一项常态化的工作。现在我们正在开展 13 611 个历史基础监测点位的采样和样品测试工作。

下一步，我们将会同农业部、国土资源部，进一步沟通协调，加强联动，推动数据共享。目前，三部门已基本达成一致，将农业和国土部门的近 4 万个点纳到这个网络里来，实现共享共用。

三是积极推动土壤详查工作。这项工作是环境保护部非常重要的一项工作，是由土壤环境管理司承担。2017 年 7 月，环境保护部会同财政部、国土资源部、农业部等部门开展这项工作，重点围绕农用地、重点行业企业用地两类开展调查，摸清污染状况和环境风险情况，有关详查的工作情况，前期也报道过。目前各项工作正在全面推进。

四是进一步强化土壤监测质量管理和控制工作。建立了地方采样、集中制样、盲样编码、异地分析的业务化工作模式，在土壤监测上一开始就采用采测分离模式。按采测分离的模式，依托地方建立了六大区域，承担土壤样品制备和流转工作。此外，还制定一批土壤环境监测标准规范，开展了人才、人员队伍和能力建设相关的培训工作。

刚才提到什么时候能发布土壤监测数据，估计整个调查大概在 2020 年年底完成，经过部门会商、数据共享、分析整理，按程序报国务院批准后向社会发布。

关于卫星遥感和地面核查怎么结合的问题，实际上在环保领域，目前已经实现了“天地一体化”的应用。第一，在环境一号 A/B 星与 C 星成功应用的基础上，环境保护部积极参与《国家民用基础设施中期发展规划（2015—2015）》实施。作为牵头用户，环境保护部正在会同有关部门推进 12 颗卫星的研制、发射和应用工作，包括 4 颗大气环境监测卫星和 8 颗环境一号卫星后续星。这些项目的成功实施，将进一步提高环境保护部在遥感监测领域开展监测的能力。第二，卫星遥感在环境方面的应用非常广泛，比如刚才说自然保护区核查，就是通过天上卫星遥感和地面核查结合，在青海省祁连山自然保护区环保问题的查处过程中发挥了重要作用。此外，在污染事故应急、黑臭水体、重污染天气应对、环境执法、秸秆焚烧等领域也发挥了重要作用。可以说，“天地一体化”环境监测体系正在形成，而且能力正在逐步增强。下一步，我们将统筹生态环境监测，力争使遥感监测等先进的技术手段有更大的发展和应用。谢谢大家。

中国环境监测总站副站长王业耀

王业耀：我简单补充两点，刚才刘司长对土壤环境监测方面开展的工作作了一个介绍，从总体上来看，2016年、2017年这两年开展例行监测工作，我们初步实现了按集中采样、集中制样然后异地监测的程序来开展土壤监测工作。同时，数据报送过来，我们统一进行数据处理。数据处理过程中，符合程序的数据我们认可，不符合的数据返回去，或者重新采样、重新分析。我们正在做2017年数据审核工作，发现一部分数据不符合要求，我们就打回去，要求重新采样或者重新监测。比如重金属的指标就会要求重新监测，然后我们再重新进行外部质量控制，再把数据重新报上来，合格了我们才认可。通过这个程序，我们保证例行监测的土壤环境质量的数据是可靠的、准确的。

地方要端正政绩观，在改善环境质量上下功夫

路透社记者：宁夏回族自治区石嘴山市环保局大楼被雾炮车喷成冰雕一事引发舆论广泛关注，环境保护部此前已责成江西省、河南省严肃查处两起干扰环境监测典型案例。据说这些现象的出现是因为地方官员考核压力过大而干扰数据监测，请问环境保护部如何看待这类现象？

刘志全：谢谢路透社的记者提问。近期陆续出现一些干扰环境监测采样环境的案件，环境保护部对这类案件的态度，刚才我已经讲过了，就是对环境监测干扰问题是“零容忍”，绝不姑息，发现一起、查处一起、通报一起。你提到的这些案例都是环境保护部在最近检查时发现的，中国环境监测总站在例行检查时，通过在线数据审核分析或者通过远程监控和

第三方运维机构发现数据异常或人为干扰监测行为。刚才说了，环境保护部接到线索后都已经致函相关省份要求调查处理，各地收到调查函后高度重视，认真核实干扰问题，视情节轻重分别给予了严肃处理。

关于宁夏回族自治区石嘴山市的案例，在这里我向大家介绍一下基本情况。2017 年 12 月 6 日，环境保护部直属单位中国环境监测总站发现宁夏回族自治区石嘴山市一个国控环境空气自动监测站点受到喷淋干扰，这个站点位于石嘴山市环保局大楼楼顶，环境保护部立即致函宁夏回族自治区人民政府办公厅和自治区环保厅，要求调查处理站点受到人为喷淋干扰的问题。2017 年 12 月 29 日，宁夏回族自治区环保厅正式回函，经认真调查核实，大武口区环卫管理站按照工作计划，安排喷雾车对建筑物外立面、墙体和楼顶进行喷雾清洗。由于气温较低，石嘴山市环保局变成了冰雕大楼，大武口区环卫管理站站长、副站长受到警告处分。2018 年 1 月 16 日，宁夏回族自治区环保厅通过宁夏日报向社会公开通报。近期，媒体高度关注。宁夏回族自治区党委政府高度重视，再次责成自治区监察部门、自治区环保厅、石嘴山市政府组成联合调查组，对此事件进行进一步深入调查，严肃处理，也要求地方尽快将进一步调查结果报环境保护部，并向社会公开，环境保护部将密切跟踪进展。在此，我还是那句话，希望地方确实要端正政绩观，在改善环境质量上下功夫，时刻保持清醒的头脑，绝对不能在环境监测数据上打歪主意、动手脚。

我们的环境质量改善必须下真功夫，而且我们有些城市通过几年的努力和扎实的工作，环境质量确确实实已经有了显著的改善。在座的记者朋友可能也都报道过环境质量改善进展大的城市，我们空气质量达标城市去年又增加了 12 个，现在达到 99 个。老百姓的需求就是我们工作努力的方向，各级党委、政府必须在质量上下真功夫，为老百姓提供清新的空气。

下一步关于在环境监测数据质量方面的工作，总的来说就是贯彻“两办”（中办、国办）的精神，进一步完善法律法规、规章制度和责任体系等，加强监督检查，启动《环境监测质量监督检查三年行动计划》，严厉打击环境监测弄虚作假行为。具体的我前面讲过，不再说了，谢谢大家。

大气污染防治工作任重道远，还需要作出艰苦的努力

科技日报记者：正当人们对去年治理大气污染成果高兴的时候，进入 2018 年后，全国多地又相继出现雾霾。请问新年伊始这一轮雾霾的成因是什么？全国空气质量监测情况如何？

刘志全：谢谢你的提问。首先，我通报一下今年以来的空气质量情况：2018 年 1 月 1—28 日，全国 338 个地级及以上城市平均优良天数比例为 68.5%，同比上升 10.4 个百分点，$PM_{2.5}$ 平均浓度为 64 微克 / 立方米，同比下降 20.0%。与去年同期相比，京津冀地区 $PM_{2.5}$ 平均浓度大幅度下降，长三角地区和珠三角地区 $PM_{2.5}$ 平均浓度略有上升。北京市 $PM_{2.5}$ 平均浓度为 36 微克 / 立方米，同比下降 70.5%。

其次，我介绍一下今年 1 月的重污染天气过程。2018 年 1 月 12—22 日京津冀及周边地区出现一次大范围的重污染天气过程，影响范围、持续时间均为入冬以来最大的一次，共有 67 个城市启动重污染天气预警响应，部分城市启动了红色预警。我们对今年 1 月 12—22 日和 2016 年 12 月 30

日—2017年1月7日京津冀及周边地区重污染天气过程的监测数据进行了比较，结果表明，在气象条件基本相似的情况下，今年的污染程度显著减轻，污染物峰值浓度明显降低，重度及以上污染持续小时数也明显减少。同样的重污染过程，但今年的重污染过程和过去的有所不同，污染强度、持续时间均明显降低了。这充分说明，我们污染防治的技术路线是正确的，污染防治的成效是实实在在的。

最后，关于你提到的重污染天气的原因。我们组织专家对今年重污染过程的原因进行了分析：一是污染物排放量大。应该说我国空气质量有了很大的改善，但是我国的污染物排放量仍然较大，以煤为主的能源结构、以重化工为主的产业结构尚未发生根本性转变，我国钢铁、水泥、平板玻璃等产量仍然占世界产量的50%以上，机动车保有量也快速增长，产销量已连续8年保持世界第一。这些基本特点造成大气污染物排放量、排放强度依然很大，再加上冬季采暖排放，在遭遇大范围、长时间持续不利的气象条件时，区域性重污染难免再次出现。二是不利气象条件。1月以来，我国部分地区出现大范围、长时间静稳天气，边界层高度低，连续多日出现逆温，大气扩散条件持续不利，污染物排放量大并持续累积，客观上加重了空气污染的程度。

监测数据表明《大气十条》确定的目标任务已全面完成。但我国大气环境形势依然严峻，距离打赢蓝天保卫战的目标差距仍然很大，大气污染防治工作任重道远，还需要作出艰苦的努力。希望媒体朋友们继续给予支持，谢谢。

继续完善法规标准和技术体系，推动出台《排污许可管理条例》

华夏时报记者：请介绍一下排污许可制度改革工作进展及下一步工作安排。

刘友宾：制定实施排污许可制度是贯彻落实党的十九大报告精神、落实中央生态文明体制改革的重要任务，也是提高管理水平、改善环境质量的重要制度保障。按照国务院办公厅《关于印发控制污染物排放许可制实施方案的通知》要求，环境保护部按行业分步推进排污许可制度改革。实施一年以来，总体工作进展顺利。

一是逐步建立健全法规体系。发布《排污许可管理办法（试行）》，出台《固定污染源排污许可分类管理名录（2017 年版）》，启动《排污许可管理条例》（草案）编制。

二是基本完善技术体系框架。发布钢铁、水泥等 15 个行业排污许可证申请与核发技术规范、10 项自行监测技术指南以及其他配套技术规范。

三是实施固定污染源信息化管理。建成全国排污许可证管理信息平台，实现统一平台、统一编码、精准定位、信息公开。目前，河北、上海等地正在试点排污口信息化管理，通过一个二维码融合排污许可、在线监测及执法监督信息。

四是推动环境管理制度衔接整合。有机衔接环评、总量控制、环境监测等环境管理制度，强化执法信息化、规范化，加快形成以排污许可为基础、精简高效的固定污染源环境管理制度体系。

五是建立国家、省、地市三级工作机制，推动排污许可证核发。形成国家总体指导、省级总体协调、地市负责核发三级工作机制，加大技术支持服务，分行业、分阶段推动排污许可证核发工作。

2017 年 6 月底完成全国火电、造纸行业企业排污许可证核发，2017 年 10 月底完成“2+26”城市钢铁、水泥等高架源排污许可证核发。截至 2017 年 12 月 31 日，全国核发钢铁、水泥等 15 个行业排污许可证两万余张。

下一步，环境保护部继续推进排污许可制度改革。一是继续完善法规标准和技术体系，推动出台《排污许可管理条例》，制定发布其他重点行业排污许可申请与核发技术规范。二是加大无证排污监管执法力度，公开曝光典型违法案例。三是继续强化排污许可信息化水平，推动形成统一的固定污染源信息平台。四是继续推动重点行业排污许可证的申请与核发，逐步实现固定污染源的全覆盖。

2017 年全国地级及以上城市集中式饮用水水源地水质达标率为 95%

经济观察报记者：饮用水安全直接关系到广大人民群众的身体健康，请问环境保护部门是如何开展集中式生活饮用水水源水质监测的？目前水源水质状况如何？会不会及时向公众公开有关信息？

刘志全：谢谢你的提问。按照国务院印发的《水污染防治行动计划》，也就是《水十条》的要求，环境保护部把饮用水安全作为一项重中之重的工作，切实保障老百姓饮水安全。

一是关于饮用水水源地水质监测方面。环境保护部印发了《全国集中式生活饮用水水源地水质监测实施方案》，对全国31个省（区、市）辖区内的338个地级及以上城市，以及2 856个县级行政单位所在的城镇，开展所有在用集中式饮用水水源的水质常规监测和全指标分析工作，每年要开展一次109项全指标分析。

地级及以上城市在用饮用水水源地共950多个，每月监测一次；县级城镇在用饮用水水源地共3 500多个，其中，地表水水源水质每季度监测一次，地下水水源水质每半年监测一次。如果发现异常情况，要开展加密监测。饮用水水源地水质监测的监测项目、监测方法和评价标准，均严格执行《地表水环境质量标准》和《地下水环境质量标准》等相关要求。

二是集中式饮用水水源地水质状况。2017年全国地级及以上城市集中式饮用水水源地水质达标率，就是达到或优于Ⅲ类水质标准的比例为95%。其中，地表水水源水质达标率为93.7%，主要超标项目为硫酸盐、铁和总磷；地下水水源水质达标率为85.1%，主要超标项目为锰、铁和氨氮。需要强调的是，我刚才介绍的是水源地水质情况，水源地的水经过自来水厂处理后，才能输送到千家万户。自来水水厂有一整套处理要求，达到生活饮用水水质标准的要求，才能进入城市自来水管网用于居民生活饮用。

三是关于你刚才提到的信息公开情况。环境保护部高度重视饮用水水源地水质信息公开工作，为进一步推进集中式生活饮用水水源地水质监测信息公开工作，提高公众对水源保护工作的监督，强化社会和舆论监督，落实地方政府饮用水水源保护责任，环境保护部组织制定了《全国集中式生活饮用水水源水质监测信息公开方案》，要求各省（区、市）环保厅（局）

根据这个方案的要求，自 2016 年 1 月起按月公开地级及以上城市集中式生活饮用水水源地水质监测信息，这个信息 2016 年各地就已经公开了。2018 年第一季度起将按季度公开县级城镇集中式生活饮用水水源地水质监测信息，就是 2 856 个城镇饮用水水源水质信息，要求从今年开始公开，届时请大家关注。

各省（区）正在制定整改方案，待报党中央、国务院批准后统一实施

南方周末记者：第四批中央环境保护督察反馈通报了一些问题，请问目前这些问题整改情况如何？能否举几个例子？

刘友宾：第四批 8 个中央环境保护督察组已完成向被督察省（区）的反馈。相关省（区）高度重视督察反馈意见，均表态要对问题一抓到底，整改到位。目前，各省（区）正在制定整改方案，待报党中央、国务院批准后统一实施。与此同时，针对一些受到高度关注的突出环境问题，相关省（区）也立行立改，取得了初步进展。

例如，吉林省取缔长白山违规建设高尔夫球场项目，拆除相关设施，并已启动问责工作，严肃追究相关人员责任。海南省组织相关部门对违法违规填海项目进行全面清查。山东省滨州市加大过剩产能淘汰力度，开展电解铝行业违法违规项目清理整顿专项行动，关停产能 269.2 万吨。

下一步，我们将在中央统一领导下督促地方整改，对督察整改方案严格审核把关，确保措施有力；定期清单化调度整改工作进展，督促各地

按时完成整改任务；针对突出问题，进行点穴式督察，推动有关地方扎实解决问题；并适时对整改不力的地方，采取函告、通报、约谈和问责等措施，传导压力，压实责任。同时通过公开督察报告主要内容、公开整改方案、公开整改落实情况，加强整改情况宣传报道，强化社会监督。也欢迎新闻界的朋友们一如既往地支持中央环境保护督察工作。

最后，我再向大家通报一个情况。为了进一步加大信息公开力度，2016 年，环境保护部开通了微博微信公众号，去年 1 月开始，又建立了例行新闻发布制度，得到了新闻界朋友的大力支持。环境保护部党组对环境宣传工作高度重视，李干杰部长要求我们一如既往地做好例行新闻发布工作，不断优化发布工作，不断提升例行新闻发布工作质量和水平，更好地满足新闻界朋友们对环境保护部新闻信息的需求。同时今年我们还要求省级环境保护部门建立健全环境新闻发言人制度，完善例行新闻发布工作，要求地方每两个月至少召开一次例行新闻发布会，及时通报当地环保工作进展情况，回应环境热点问题。

今天我们在这里首次向社会公布 31 个省（区、市）环境保护部门新闻发言人名单和联系电话，大家可以通过“环保部发布”微博微信、环境保护部官方网站以及明天的中国环境报，了解到 31 个省（区、市）环境保护部门新闻发言人名单及联系方式。记者朋友们对地方有什么采访要求，可以及时与各地新闻发言人联系。

中国人民的传统佳节——春节马上就要到了，提前祝记者朋友们新春快乐，幸福安康！

主持人刘友宾：今天的发布会到此结束，谢谢大家！

2月例行新闻发布会实录

2018年2月27日

2月27日，环境保护部举行2月例行新闻发布会。环境保护部大气环境管理司司长刘炳江，国家大气污染防治攻关联合中心副主任、中国工程院院士贺克斌介绍大气污染防治工作进展情况，环境保护部新闻发言人刘友宾主持发布会，通报近期环境保护重点工作进展情况，三人共同回答了记者关注的问题。

2 月例行新闻发布会现场 (1)

重点工作

2018
27/02

○ 圆满完成 2017 年人大建议和政协提案的办理工作

○ 环境影响评价改革持续稳步推进

2 月例行新闻发布会现场 (2)

关键看点

主持人刘友宾：新闻界的朋友们，上午好！欢迎参加环境保护部 2 月例行新闻发布会。

习近平总书记在党的十九大报告中指出，持续实施《大气污染防治行动计划》，打赢蓝天保卫战。大气污染防治工作一直得到全社会的高度关注。今天的新闻发布会，我们邀请到环境保护部大气环境管理司司长刘炳江，国家大气污染防治攻关联合中心副主任、中国工程院院士贺克斌教授，介绍我国大气污染防治有关情况，并回答记者朋友们关心的问题。

下面，我先通报两项重点工作情况。

一、圆满完成 2017 年人大建议和政协提案的办理工作

全国人大代表和政协委员对生态文明建设和生态环境保护工作高度关注。2017 年，环境保护部承办人大建议 538 件、政协提案 314 件，共 852 件。环境保护部将建议提案办理作为常态化年度重点任务，强化督办考核，切实提高办理质量与实效，圆满完成人大建议和政协提案办理工作，实现办理沟通率、按时办结率和代表委员满意率 3 个 100%。

代表委员所提建议提案内容丰富，涉及水、大气、土壤污染防治，加强生态保护，开展生态补偿，推进生态文明体制改革，加大环境执法力度等各个方面，具有较强的针对性和可操作性，对深化生态环保领域改革、强化环保法治保障、解决突出环境问题、加大生态保护力度等方面发挥了积极作用。

下一步，环境保护部将深入学习贯彻党的十九大精神，按照国务院常务会议及全国人大、全国政协交办会的部署要求，继续在制度完善、政

策转化、代表委员沟通、信息公开等方面下功夫，争取建议提案办理工作取得更大成效。

二、环境影响评价改革持续稳步推进

近期，环境保护部采取了一系列举措，持续深化环境影响评价制度改革，进一步加强源头预防，推动高质量发展和绿色发展。

一是印发《“生态保护红线、环境质量底线、资源利用上线和环境准入负面清单”（简称“三线一单”）编制技术指南（试行）》。强化对区域发展的空间布局约束、污染物排放管控和环境风险防控，构建环境分区管控体系。目前，这项工作已经在长江经济带和长江源头青海等共 12 个省（市）全面推开。工作重点就是以地市级行政区域为单元编制“三线一单”，划好环保“框子”，通过环境保护硬约束引导地方加快转方式、调结构，避免新的布局性环境问题。

二是进一步加强事中事后监管。印发《关于强化建设项目环境影响评价事中事后监管的实施意见》，加大对环评违法违规行为的惩戒力度。部署开展了全国环评改革专项督导工作，目前已经完成第一批 10 个省（区）的现场督导，发现了一批对环评制度认识不到位、重“放”轻“管”、规划环评主体责任不落实，以及项目环评把关、监管中存在的不严不细等问题，环境保护部正在向地方反馈，要求提高认识、严肃整改。对其他 21 个省（区、市）和新疆生产建设兵团的现场督导工作也已接近尾声，将以此为契机加强环评监管，防范环评制度在改革落实中变形走样。

三是加强环评机构环评质量监管。环评质量是环评工作的基础，直接影响环评效力发挥。环境保护部通过开展环评文件技术复核，抽查了26个省（区、市）200余家环评机构的470多份环评文件，发现了一批质量较差环评文件，将依法依规对相关环评机构予以处罚并公开曝光。2017年，各级环境保护部门共对存在问题的162家环评机构进行了处罚和行政处理。下一步，环境保护部将把环评文件抽查复核常态化，扎扎实实地把环评质量提上来。

下面，请刘炳江司长介绍情况。

环境保护部大气环境管理司司长刘炳江

全国空气质量总体改善，但形势依然严峻

刘炳江： 新闻界的各位朋友，大家上午好！

首先，我谨代表环境保护部大气环境管理司，对大家长期以来对大气污染防治工作的大力支持表示衷心感谢！

北京市空气质量目前已达到重度污染级别，大雾高湿度，是东部传输和本地积累综合作用的结果。气象局已发布大雾预警，北京市启动重污染黄色预警。这个污染过程在预料之中。今天北京市的污染物浓度是自去年 10 月 1 日开展攻坚行动（《京津冀及周边地区 2017—2018 年秋冬季大气污染综合治理攻坚行动方案》）以来比较高的一天。今天的气象条件和 2017 年元旦期间“爆表”那一天比较类似，但目前来看，北京市没有出现爆发性增长，是缓慢的积累过程，峰值明显下降。这充分说明我们当前采取的措施是有效的，本次过程预计在后天凌晨结束。空气质量好的时候，我们要有忧患意识，不好的时候要有坚定的信念，来打赢蓝天保卫战。

借此机会，我就《大气十条》实施五年来的情况作一个简要介绍。

2013 年，党中央、国务院颁布实施《大气十条》，这是党中央、国务院推进生态文明建设、坚决向污染宣战、系统开展污染治理的重大战略部署，是针对环境突出问题开展综合治理的首个行动计划。《大气十条》实施 5 年来，全国空气质量总体改善，重点区域明显好转。突出表现在三个方面：

第一，全面实现空气质量改善目标。2017 年，全国地级及以上城市

PM_{10}平均浓度比2013年下降22.7%，京津冀、长三角、珠三角等重点区域$PM_{2.5}$分别比2013年下降39.6%、34.3%、27.7%；珠三角区域$PM_{2.5}$平均浓度连续3年达标，这是一个难得的成果；北京市$PM_{2.5}$平均浓度从2013年的89.5微克/立方米降至2017年的58微克/立方米；《大气十条》确定的各项空气质量改善目标得到实现。

第二，支持这些空气质量改善的重大工程和重大措施超额完成，解决了多项大气污染防治难题。

一是从能源结构来看，全国煤炭消费总量这5年持续下降，煤炭占一次能源消费的比重由67.4%下降至60%左右。淘汰城市建成区10蒸吨以下燃煤小锅炉20余万台，“2+26”城市完成“煤改气”“煤改电”470多万户。全国燃煤机组累计完成超低排放改造7亿千瓦。

二是加快淘汰落后产能。全国全面完成淘汰落后产能、化解过剩产能任务，1.4亿吨地条钢全部清理完毕；“2+26”城市在去年一年清理整顿涉气“散乱污”企业6.2万余家，实现环境效益、经济效益和社会效益多赢。

三是推进重点行业提标改造。制修订水泥、石化等重点行业排放标准20多项，实施了一轮污染治理设施提标改造工程。1万多家国家重点监控企业全部安装在线监控，实现24小时实时监管；企业排放达标率大幅度提升。

四是加强“车、油、路”统筹。5年淘汰黄标车和老旧车2 000多万辆。实施国五机动车排放标准，基本实现与欧美发达国家接轨。车用汽柴油品质5年内连续两级跳，这是其他国家不可想象的一件事，“2+26”城市机动车排放标准从国四跃升到国六。环渤海港口不再接收公路运输煤炭，改由铁路运输。

五是大气环境监管能力明显增强。建成国家环境空气质量监测网，2012 年之前国家还没有 $PM_{2.5}$ 的例行监测站点，目前 1 436 个国控监测站点全部具备 $PM_{2.5}$ 等 6 项指标监测能力，且已完成国家环境空气质量监测事权上收。形成覆盖区域、省、市三级空气重污染预测预警体系，基本实现 3 天精准预报和 7 天潜势分析，实现重污染天气应急区域联动。强化大气污染治理科技支撑，启动大气重污染成因与治理攻关项目。

第三，初步建立了大气污染防治体制机制。

一是齐抓共管的治理格局初步建立。细化分解任务，层层压实责任，并实施年度考核。对 31 个省（区、市）开展中央环境保护督察；开展“2+26”城市大气污染防治强化督查。“党政同责”“一岗双责”得到有力有效落实。

二是区域联防联控实现重大创新。在京津冀、长三角等重点区域建立大气污染防治协作机制，打破了行政区划界限，着力破解大气污染长距离传输、区域间相互影响的世界性难题。

三是环境法治保障更加有力。《环境保护法》和《大气污染防治法》相继修订出台，按日计罚、停产限产、查封扣押等执法手段更加丰富。组织冬季大气污染防治专项执法检查，严厉打击超标排放等环境违法行为。

四是完善环境经济政策。国务院有关部门发布环保电价、提高排污收费征收标准等 22 项配套政策。设立大气污染防治专项资金，中央财政已累计下达 528 亿元专项资金和 100 多亿元中央预算内投资。

五是全社会环境意识有所增强。积极倡导文明、节约、绿色的消费方式和生活习惯，广大群众参与环保的积极性高涨，“同呼吸、共奋斗”成为全社会行为准则。

这些成绩的取得，得益于以习近平同志为核心的党中央的坚强领导，得益于习近平新时代中国特色社会主义思想的科学指引，得益于各地区、各部门的大力支持和超常执行力，得益于全社会的齐心协力共同奋斗。同样，也得益于新闻媒体的大力支持、监督和鼓励，在此，对大家再次表示衷心感谢。

在看到成绩的同时，我们也清醒地认识到，当前大气环境形势依然严峻。从气候的角度看，我国多位顶级气候专家研究表明，在全球气候变暖的大背景下，南北温度梯度差变小，东亚冬季风在减弱，东亚大槽在变浅，京津冀地区静稳天气增多，这些因素的共同作用将导致重污染天气更加频繁地发生。

再看排放量，二氧化硫、氮氧化物、烟粉尘、挥发性有机物（VOC_S）等大气污染物排放量仍然处于千万吨级高位，远超环境容量，实现空气质量达标需要削减排放 50%以上；其中 VOC_S 排放仍然呈现增长态势，减排任务尤为艰巨。多数城市环境空气质量超标，2017 年全国 338 个地级及以上城市中只有 99 个城市达标，仅占 29.3%。重污染过程仍然多发，今年以来京津冀及周边地区已发生 4 次重污染过程，重度以上污染天数比例为 13.8%；目前正在经历第 5 次重污染过程。部分地区存在对大气污染防治重视不够、压力传导不到位等问题，一些基层政府及其组成部门的环保责任不落实、主动性不够、责任心不强。

总之，我国大气污染防治工作已经进入攻坚期，传统煤烟型污染与

$PM_{2.5}$、臭氧污染等新老环境问题并存，生产与生活、城市与农村、工业与交通环境污染交织，末端治理减排空间越来越小，环境压力居高不下，产业、能源、交通运输结构调整和生产、生活方式转变更加迫切。

下一步，我们将按照党的十九大部署和中央经济工作会议要求，深入总结《大气十条》成功经验，研究制定打赢蓝天保卫战作战计划，明确具体战役及其时间表和路线图，持续改善空气质量。

下面，我很高兴接受大家的提问。

主攻方向是解决产业结构、能源结构和交通结构问题

中央电视台记者：打赢蓝天保卫战三年计划有没有一些具体的措施，目标是什么？和之前的《大气十条》相比，这些措施有哪些特点？有哪些变化，会不会更加着重于深层次结构方面的调整？

刘炳江：《大气十条》确实有许多成功的经验，在下一步治理工作中这些成功的经验、措施会进一步固化。按照十九大报告关于“坚持全民共治、源头防治，持续实施大气污染防治行动，打赢蓝天保卫战”的总体要求，环境保护部正在抓紧研究起草蓝天保卫战的三年作战计划，确立具体的战役，一个战役接着一个战役打。

关于目标，《国民经济与社会发展第十三个五年规划纲要》中明确规定了空气质量的约束性指标，中央经济工作会议又提出了更高要求：大幅度降低主要污染物排放量，进一步明显降低 $PM_{2.5}$ 浓度，明显减少重污染天数，明显改善大气环境质量，明显增强人民的蓝天幸福感。下

一步改善目标要进一步深入论证，有的地方可能要提高要求，与人民的期盼相符合。

在具体措施方面，这涉及主攻阵地、主攻方向和突破点。主攻阵地就是京津冀及周边等重点区域，这些地方污染比较重。主攻方向就是着重解决产业结构问题、能源结构问题、交通结构问题。突破点就是联防联控，重点解决重污染天气，因为人民群众最不满意的就是重污染天气。

在产业结构方面，重点是继续开展"散乱污"企业综合整治，淘汰落后产能并化解过剩产能，还有城区内重污染企业的搬迁等。大家如果看各个地方政府工作报告，就能看出来，有的省化解过剩产能的数量已经明确列出来了。我们会在全国范围内继续排查"散乱污"企业，进行综合整治，同时加强环保执法监管，提高污染物排放标准，目前"2+26"城市重点行业大气污染物特别排放限值已经颁布实施。

在能源结构调整方面，重点是治理散煤，重点地区推行清洁取暖，以此作为突破口，持续推进重点地区的煤炭消费总量控制。

在交通结构方面，重点是进行大宗物流由公路运输向铁路运输调整，并通过车油路联动措施提高机动车排放控制水平。

这涉及的都是深层次问题，目前都有所突破，但还没有取得显著进展，后面3年要有新的时间表。

除了三大结构问题，还要更加有效应对重污染天气。重污染天气应对在京津冀已经实现了重大突破，大幅减少了持续时间较长的重污染过程，联防联控取得实效。其他很多地区还没有实现这种联防联控。此外，要提高预测预报的准确度，完善重污染应急启动标准。

最后就是面源污染。大家看到在京津冀地区，空气质量较往年好，没有像以前出现扬尘污染很重的情况，这些地区真正把责任压实到了村、乡、镇，治理还是比较到位的。下一步要切实提高城乡的精细化管理水平，压实责任，切实解决扬尘和秸秆焚烧等面源污染。

北京市去年 $PM_{2.5}$ 下降 15 微克 / 立方米，人努力贡献七成

华夏时报记者：《大气十条》实施以来，我国环境空气质量逐步改善，其中京津冀及周边等重点地区改善幅度大、效果明显，但我也听到一些声音，认为是因为气候条件比较好，风比较大。您认为成效的取得有几分靠天、几分靠人？

国家大气污染防治攻关联合中心副主任、中国工程院院士贺克斌

贺克斌：谢谢你的提问。针对空气质量改善，网上有一个说法叫“人努力、天帮忙”，用它来简单概括改善的原因。这个说法我们在研究大气污染原因的时候，也经常提到，内因是排放，外因是气象。2016年年初，按照国务院要求，中国工程院组织了50多位院士专家，针对《大气十条》实施前3年的情况进行了中期评估。当时对《大气十条》实施的结果做了一个预判，到2017年年底全国和重点地区完成《大气十条》的空气质量改善的颗粒物浓度降低目标是没有问题的，但是存在两个非常突出的问题：第一个问题是北京市要完成$PM_{2.5}$年均浓度降到60微克/立方米左右，难度很大，必须要下决心采取更强有力的措施，全面推进区域联防联控；第二个问题是冬季的重污染天气非常突出，必须下大力气降低采暖期的重污染峰值。提出这两个问题以后，也提出了包括散煤治理在内的10条政策和措施方面的建议。

针对评估结果和建议，环境保护部当时会同相关部委和省市，加紧研究相关措施。大家可能还记得，2016年年底和2017年年初，我们经历了一个跨年的长时间重污染过程之后，迅速推出了两个工作方案。第一个是《京津冀及周边地区2017年大气污染防治工作方案》，第二个是《京津冀及周边地区2017—2018年秋冬季大气污染综合治理攻坚行动方案》。在这两个方案的起草过程中，组织了专家对方案实施效果预评估，我本人也参加了评估工作。

当时预评估的结果表明，如果我们假定2017年的气象条件与2016年的情况基本相当，那么全面落实两个方案之后，北京市的$PM_{2.5}$平均浓度可以由2016年的73微克/立方米降到62～65微克/立方米，平均到63

微克 / 立方米左右，也就是说，如果气象条件一样的话，2017 年通过这两个方案的实施可以基本实现《大气十条》的目标，包括工程院中期评估提出的难点，就是北京市 $PM_{2.5}$ 平均浓度达到 60 微克 / 立方米左右。

大家知道，后来实际上北京市 2017 年 $PM_{2.5}$ 的平均浓度降到 58 微克/立方米，从 73 微克 / 立方米降到 63 微克 / 立方米是减排措施的结果，而从 63 微克 / 立方米进一步下降到 58 微克 / 立方米，超过了当初预判结果，主要原因是 2017 年的气象条件和 2016 年相比更加有利作出的贡献。

也就是说，就北京市而言，2017 年 $PM_{2.5}$ 平均浓度下降了 15 微克 / 立方米，这 15 微克里面，人努力大约占了 70%，而天帮忙的贡献大约占了 30%。

最近，有关气象、环境、能源多个领域的专家、院士们对大气污染防治重点区域，比如京津冀、长三角地区，也开展了空气质量改善的气象因素定量分析。

初步的结果是这样的：第一个就是近 5 年，2013—2017 年，如果按照最近几十年的长周期来分析的话，是京津冀、长三角区域气象条件比较差的时期。但是这 5 年本身的年际波动也有明显变化，简单说和 2013 年相比，2014 年、2015 年的气象条件是较差的，而 2017 年略有好转。通过模型做这样的分析，相对于 2013 年，2017 年因为气象条件略有转好，可以使 $PM_{2.5}$ 在京津冀下降 5%，在长三角下降 7%。刚才刘司长已经介绍了，实际上从监测数据表明，这 5 年京津冀下降了 39.6%，而长三角下降了 34.3%。从这两组数据来看，这两个重点区域在最近 5 年降幅当中，人努力占了 80% 以上，而天帮忙在 20% 以下。

攻坚战最大的特点是超强的执行力

中国青年报记者：我们对去年那场“跨年霾”印象深刻，当时大家都觉得大气治理目标很难完成，但最后却完成了，这一年我们采取了哪些措施确保完成？同时，这也引发了另一个讨论，我们前几年的源解析是不是不到位？

刘炳江：这其实提了两个问题。我知道大家都很好奇，北京市 2017 年“跨年霾”出现以后，作为大气司司长感觉压力很大，因为这 7 天北京市的 $PM_{2.5}$ 累计相当于 1 800 多微克，如果平均分摊到 365 天，每天就增加了 4 微克多。也就是说，北京市要从 73 微克 / 立方米降到 60 微克 / 立方米左右，其实从年初开始要从 78 微克 / 立方米降到 60 微克 / 立方米左右。前 4 年从 89.5 微克 / 立方米降到 73 微克 / 立方米只降了 16.5 微克 / 立方米，这一年就要下降 18 微克 / 立方米，到 60 微克 / 立方米，任务十分艰巨。

但是往往就是这个样子，没有压力就没有动力，就不会取得更大的胜利。“跨年霾”发生后，大家治霾的信心也都受到了影响，辛辛苦苦的 4 年，结果在收官之年，一开始就出现了大幅污染反弹。所以在这种背景下，出台了《京津冀及周边地区 2017 年大气污染防治工作方案》和《京津冀及周边地区 2017—2018 年秋冬季大气污染综合治理攻坚行动方案》。

第一，针对“散乱污”企业整治。针对在京津冀及周边地区存在着郊区县大气污染比城区重的问题。经全面调查研究发现，“散乱污”企业是重要原因。因此，我们提出来抓大不放小，坚决打击“散乱污”，采取“拉单挂账”的方式，整治涉气的“散乱污”企业 6.2 万家，效果也非常好。

第二，针对燃煤污染。每次重污染天气来的时候，燃煤污染贡献非常高。这就是我们要划定一个“散煤禁燃区”的主要原因，开展散煤替代，清理燃煤小锅炉。一年下来，“2+26”城市完成“煤改气”“煤改电”394 万户，替代散煤 1 000 多万吨。

第三，针对机动车污染。针对冬季二氧化氮浓度居高不下的问题，开展机动车综合治理。一是加大重型柴油车的执法力度，公安和环境保护部门联手进行执法处罚。二是交通结构调整，也是关键的一条，所有环渤海的港口全部停止接收运煤大卡车，北京市过境的车辆每天少了 4 000 多辆。三是机动车排放标准跃升国六，实现“两级跳”，有效降低了机动车污染排放。

第四，针对尘污染。过去几年，北京市 PM_{10} 浓度总是居高不下，降尘污染严重，这主要是城市精细化管理问题。关键是压实责任，村乡镇都压实责任，动员全社会参与。如北京市提出来不摘“黑帽子”就摘“乌纱帽”，降尘控制非常到位。原来我们说学习天津市，每月每平方千米降尘达到 9 吨左右，现“2+26”城市都达到了，原来都是 15 ~ 20 吨的样子，这个效果是比较明显的。

第五，针对错峰生产。质量改善是刚性的，居民采暖保障也是刚性的。冬季居民采暖导致大气污染物增加 30%，为此我们提出来工业企业错峰生产和交通错峰运输，抵消居民采暖刚性增加的排放量。

第六，针对重污染天气应对。以往各地重污染天气应对过程中，普遍存在减排清单不实的情况，一些地方政府不主动采取实实在在的减排措施，坐等风来。我们用 3 个多月的时间，将减排清单从区县开始，一家一家地过，清单企业由 9 000 多家增加到 5 万多家。清单确定后，加强督查，保证措施全部落实到位。当出现涉及多省市的区域性重污染天气过程时，由国家发布预警提示，各省、城市统一行动，按照当地应急预案及时启动预警。

一分部署，九分落实。攻坚战最大的特点就是超强的执行力，大家都知道 5 600 人的强化督查，就是像扶贫的工作队伍，开展驻地督查，发挥震慑作用，责任压实，而且提出了量化问责。李干杰部长提出“头拱地也要把这场大仗、硬仗、苦仗拿下来。”各个部门以及各级政府，还有环保系统全力以赴，把责任压实了，把执行落实到位，探索出来一条怎么打好污染攻坚战的路子。这是刚才第一个问题。

第二个问题，你感觉到 2017 年力度非常大，效果比较好，前几年干什么去了？需要给大家介绍的是，空气质量的改善，是一项复杂的系统工程，是日积月累的效果。2017 年的空气质量改善，也是基于前几年一系列减排工程。精准治霾、靶向施措、科学应对，也需要一个较长时间的探索过程。另外，2017 年治污的工作力度也很大。举一个例子，北京市现在完成了 90 多万户的散煤替代，2013 年完成 0.45 万户，2014 年完成 1.96 万户，2015 年完成 5.5 万户，2016 年完成 25.6 万户，2017 年一年“煤改电”就完成了 45.6 万户，再加上 14.2 万户“煤改气”，2017 年完成数量几乎是前 4 年总和的两倍。可以说，正是有了连续几年不懈的努力，才换来了 2017 年的空气质量大幅改善。

重污染成因与治理攻坚项目实现科研组织机制重大创新

中新社记者：环境保护部前段时间启动了大气重污染成因与治理攻关项目，昨天开了交流会，请介绍一下攻关项目最新进展和取得的成果。

贺克斌：谢谢你的提问。这个问题提得很及时，刚才你提到昨天的交流会是刚刚开了一个攻关项目的交流会。大家都知道，大气重污染成因与治理攻关项目是去年两会期间李克强总理专门提出来，要支持攻克重污染天气的难关。

在去年9月初正式启动以来，环境保护部会同科技部、农业部、卫计委、中国科学院、气象局等有关部门和地方，认真贯彻落实党中央和国务院的决策部署，强化组织实施，到目前为止大概半年的工作，取得了积极的阶段性进展。主要体现在两大方面：

第一大方面，实现了科研组织机制的重大创新。

第一，成立了国家大气污染防治攻关联合中心，这个中心打破了部门单位界限，建立了由1 500名左右优秀科学家和一线科技工作者组成的攻关队伍，成立了28个跟踪研究工作组，这28个工作组针对“2+26”城市，一个城市一个工作组，我们叫“一市一策”，有500多名工作者深入到“2+26”城市的一线，长期驻点研究、提供技术指导。包括刚才刘司长介绍，去年进入冬季以来的治理工作，这些工作组已经开始发挥作用。

第二，初步建立了京津冀和周边地区“天地一体化”的综合立体观测网络和数据共享平台，突破了长期以来的共享难题。我们知道有很多的科研单位，由于部门单位的界限，数据资源和科研资源共享和集成是一直以来的难题。应该说通过这个组织正在突破共享的难题。

第三，形成了对重污染天气的预测预报、会商分析、预警应急、跟踪监测和效果评估以及专家解读，这样一个全链条的科学应对工作模式。通过这个模式发挥的作用，应该是显著提升了重污染天气的联合应对能力，也就是说在重污染的时候，区域联防联控发挥的作用，通过这种模式得到了非常显著的加强。

这是第一大方面，在科研组织机制方面的进展。

第二大方面，在科研的工作内容上取得阶段性成果，一共有 3 个方面的内容。

第一个阶段性的成果，就是第一次针对“2+26”的城市，通过统一的技术方法和工作模式建立了城市一级，并且精确到区县一级精细化的污染源排放清单，初步分析可以看出“2+26”城市在全国占的面积不到 3%，但是排放了全国 10% 以上的二氧化硫、15% 的氮氧化物和一次颗粒物，排放强度高出全国平均水平的 3 ~ 5 倍，这是“2+26”城市排放比较重要的特征。

第二个阶段性的成果，进一步探明了秋冬季节大气重污染的来源，进一步确定燃煤、工业生产和机动车是京津冀和周边地区秋冬季重污染的主要来源，其中燃煤排放是冬季的首要来源，对重污染期间 $PM_{2.5}$ 的贡献，包括一次排放和二次转化的贡献可以达到 30% ~ 50%，有个别城市燃煤的贡献可以达到 50%。

第三个阶段性的成果，进一步深化了对大气重污染成因的认识，秋

冬季 $PM_{2.5}$ 的快速增长成因可以初步概括为本地积累、区域传输、二次转化这 3 种形式。第一种形式，比如在对污染物排放强度比较大的城市，例如石家庄、唐山、邯郸这样的城市，一旦出现气象不利的条件，首先会形成本地积累型的污染；第二种形式是形成的高浓度 $PM_{2.5}$ 污染气团，会沿着下风向输送，导致下风向城市出现区域传输型的污染；第三种形式就是二氧化硫、氮氧化物这类气态污染物在一定适宜条件下会反应生成硫酸盐、硝酸盐，进一步加剧 $PM_{2.5}$ 的污染。在北京市出现这种快速 $PM_{2.5}$ 增长，特别是在冬季，往往是这 3 种形式的叠加，北京市的特点相对来讲，就是 3 种情况都有，这是初步阶段性地摸清了这样一些情况。

同时研究还发现，通过这个化学成分的变化，在“2+26”城市范围内，2017 年有一个新的现象，我们以前重污染出现的时候，往往硫酸盐在二次成分里占的最多，从最近冬季的情况看，硝酸盐已经取代了硫酸盐成为秋冬季重污染二次成分里最重要、占比最高的成分。这说明了两个问题，由于区域燃煤治理，因为硫酸盐是燃煤排放的标志性成分，应该说治理取得了比较显著的成效，在硫氮都治理的情况下，对硫的治理走的步伐更快；因此，氮氧化物的百分比贡献进一步凸显出来，也说明对氮氧化物需要下一步加大力度减排。

攻关研究项目，下一步要全面深入实施，要做到按照 2019 年的时间周期来安排，要深入实施这个攻关项目，特别是要更紧密地结合指导“2+26”城市，来制定“一市一策”的三年作战计划。刚才刘司长讲了，环境保护部在国家层面要做三年作战计划，京津冀这个区域，特别是“2+26”城市每一个城市也要做三年作战计划，而这个工作机制里，特别是 28 个工作组，现阶段的首要任务就是要帮助地方迅速把城市一级的三年作战计划做出来，以及研究京津冀区域中长期空气质量改善的路线图。应该说，这个任务是为打赢蓝天保卫战提供一个强有力的科技支撑。

全国所有 278 个垃圾焚烧厂都装上了自动在线监测装置

今日俄罗斯国际通讯社记者：《科学》杂志报道称，个人卫生用品及化妆品产生的排放量是汽车排放量的两倍，您是否赞同这样的研究结果？中国垃圾处理过程产生的大气污染和中国的汽车尾气污染哪个更严重？

刘炳江：谢谢您的问题。对于第一个问题，个人用品和化妆品的排放量是否比汽车排放还大，我不知道这篇报道所说的科学研究边界条件是什么，如果你能提得更详细一点，我会回答得更准确一点。因为各个国家的污染结构不一样，我不能说这种观点是对还是不对，我对此赞同还是不赞同。我只能介绍一下中国的情况，个人用品及化妆品主要排放的是 VOC_S，中国现在 VOC_S 主要来源是工业涂装、石化化工、交通运输、涂料使用等排放，这是我们关注和监管的重点。对于个人用品和个人化妆品，目前还没涉及。据我们了解，国外主要是从产品质量的角度来进行控制的。

第二个问题，关于垃圾焚烧和机动车的排放进行对比，这个很有意思。中国的机动车现在是每年增加近 3 000 万辆，占全世界年增长量的 30% 左右，而且持续在增长，现在机动车保有量已经达到了 3.1 亿辆，其中汽车是 2.17 亿辆，增长速度和排放量确实比较大，氮氧化物和 VOC_S 的排放是比较大的。我国二氧化氮的浓度，为什么现在下降幅度非常缓慢？我们现在主要工业产品都处于相对平稳期，只有油品的消费保持较高幅度的增长。机动车氮氧化物排放量在全国氮氧化物排放总量中的占比逐年上升，目前已达 1/3 左右。$PM_{2.5}$ 来源解析表明，机动车排放已成为许多大中城市的首要空气污染来源，北京等城市的移动源排放贡献率在 30%左右，是 $PM_{2.5}$ 的首要来源。

全国一共有 278 个垃圾焚烧厂、679 个焚烧炉。去年开始，我们要求全国所有垃圾焚烧厂开展“装、树、联”工作，“装”就是垃圾焚烧厂要依法安装污染物排放自动监控设备，对烟气主要污染物排放情况进行监控；“树”就是垃圾焚烧厂要在厂区门口或便于公众查询的显著位置设立电子显示板，实时公示污染物排放数据，接受公众监督；“联”就是垃圾焚烧厂的自动监控设备要与环境保护部门联网。去年一年，全国所有的 278 个焚烧厂都装上了自动在线监测装置，全部与环境保护部门实现联网。现在，到任何垃圾焚烧厂，都能看到有大屏幕，排放浓度、达标情况都可以看到。

“2+26”城市 $PM_{2.5}$ 不仅下降 15%，很多城市下降了百分之二三十

每日经济新闻记者：近日环境保护部公布了秋冬季大气污染综合治理攻坚行动量化问责首起案件，引起广泛关注。攻坚行动要求“2+26”城市在今年 3 月底前实现 $PM_{2.5}$ 平均浓度要同比下降 15%以上，重污染天数同比下降 15%以上。请问为实现“双降”目标，环境保护部采取了哪些措施？效果如何？

刘炳江：谢谢。我向你报告，效果很好。双15%不仅仅是每个城市下降15%，还分6个档次，像北京市、石家庄市都是下降25%，还有下降10%等档次，这6个档次，总体平均是15%。

第一个是$PM_{2.5}$平均浓度下降15%。我们每个月都公布，现在马上进入3月，最后一个月的冲刺。如果像今天这种重污染过程多几天，这个成果就不见得能保住，所以各级政府是高度重视。几个市长，都在抓这几个数据，从最新的数据看，$PM_{2.5}$平均浓度不仅下降15%，很多城市下降了百分之二三十。

第二个是重污染天数下降更喜人。关于重污染天数，各个城市有各个城市的数据，总体如下：从2017年10月1日到现在，28个城市平均的严重污染天数，平均每个城市只有两天，上一采暖季同期严重污染天数平均是9天，降幅是一目了然，远远超过15%；重度污染天数上一采暖季平均是27天，现在是10天，这个比例更远远超过15%，所以效果是不错的。

至于为落实"两个15%"采取了什么措施，刚才中青报记者的问题我已经回答了，我把几个数据快速说一下：第一，清理整顿了6.2万家涉气的"散乱污"企业；第二，完成了394多万户的"煤改气""煤改电"；第三，彻底淘汰了5.6万台燃煤小锅炉；第四，环渤海港口的运煤大卡车全部停止运行；第五，一些企业在进行错峰生产；第六，5万多家涉气的企业全部纳入重污染天气应急减排措施清单。当然还有更多的措施。最关键的是，这些措施得到了落实，发挥作用的是出台量化问责办法。刚刚公布第一例案例，就是因为错峰生产没有得到落实。问责有两类，一类是任务型，一类是结果型，完不成都要问责。

强化督查本身就是长效机制的具体体现

新华社记者：去年，环境保护部采取了强化督查等一系列强有力的环保执法行动，虽然取得成效，但人们也担心这种“运动式”执法能够维持多久。请问，如何才能建立起环境执法长效机制？

刘友宾：最好的长效机制就是严格依法办事。强化督查不是“运动式”，更不是“一阵风”，它本身就是长效机制的具体体现。

2017 年，环境保护部启动了为期一年的大气污染防治强化督查工作。强化督查实施以来，建立了京津冀及周边地区 6.2 万家“散乱污”企业、6.4 万台燃煤锅炉、8 919 家错峰生产企业及清洁供暖改造等 4 本台账；截至 2018 年 2 月底，28 个督查组对 21 万个企业（点位）进行执法检查，发现各类涉气环境问题 3.6 万个，督办突出问题两万件；有效应对重污染天气，纳入应急预案的企业从 9 000 多家增加到 5 万多家，极大地减轻重污染天气的影响，得到社会广泛关注，也有效保障了《大气十条》的圆满收官。

强化督查是环境执法的有益探索和实践。2015 年 1 月 1 日实施的《环境保护法》（2014 年修订），被人们称为“史上最严环保法”。社会各界对《环境保护法》（2014 年修订）的实施寄予厚望，希望《环境保护法》（2014 年修订）“长出钢牙利齿”。可以说，强化督查正是《环境保护法》（2014 年修订）长出的“钢牙利齿”，《环境保护法》（2014 年修订）赋予环境执法的权力和手段得到比较充分的运用，推动解决了一批群众反映强烈的环境问题，对打击违法排污、改善空气质量、促进产业结构调整，都发挥了重要作用。

强化督查至少有三个特点：

一是突出执法重点。在区域上突出京津冀及周边这个大气污染防治重点地区，在时间段上聚焦于秋冬季这个特殊时段，在行业上紧盯涉气“散乱污”企业。

二是提高执法效率。通过异地执法、交叉执法、优化执法方式，调整执法策略，既让环境执法人员互相学习，也有效破解了地方保护主义。强化督查使用网格化管理，借助科技手段，提高执法精准度。

三是切实传导压力。强化督查的督查、交办、巡查、约谈、专项督察“五步法”，环环相扣，较真碰硬，“咬定青山不放松”，严肃责任追究，有效地震慑了各类环境违法行为。

强化督查积累的有益经验，可复制、可推广，相信在今后的环境执法中，这些好的做法一定能够得到继续推行，用环境执法新常态促成环境守法新常态，捍卫法律威严，让人民群众拥有更多的环境质量获得感。

刘炳江：第一个问题我稍微补充一下，理论上说污染越严重、治理任务越重的地区越应该配置更多、水平更高的执法人员，即执法资源的优化配置理论。目前，还不是根据质量改善要求和治理任务的繁重程度来配置执法人员。去年的强化督查调集 5 600 人，就是执法人员的优化配置，实际上就是一种有益的尝试，是一次理论的实践应用。

另外，打攻坚战就要把各项措施落实到位，大家都知道扶贫攻坚战有驻地工作队，什么时候脱贫什么时候撤。6.2 万家“散乱污”企业及集群为什么长期得不到解决？ 5.6 万台燃煤锅炉为什么一直淘汰不了？环境保护部深深知道“纸上得来终觉浅，绝知此事要躬行。”这次就是“一竿子插到底”，督促彻底清理干净，某种程度上这是一种建立长效机制的探索。空气质量不改善，这种方式会成为一种常态。另外，环境保护部现在的做法不像以前“大撒网”执法，而是一年确定几个重点任务，不干则已，一干就干到底。

第二个问题说这一轮的污染是不是有所放松，我现在还没看到数据。如果回顾过去的情况，每到季节交换的时候，都容易出现重污染过程。虽然说有的城市可能会感觉前 5 个月改善得很好，后面 1 个月不怎么改善也能完成既定目标，可能个别地区会有所放松，但总体上不会放松。党中央布置了打赢蓝天保卫战的任务，“2+26”城市又有空气质量改善的新目标，如果现在放松，全年的目标可能就完不成。

环保执法打击的是违法企业，是黑色的 GDP；扶植的是合法企业，是绿色的 GDP

凤凰卫视记者：为治理空气污染，环境保护部组织大规模督查执法活动，效果很好，但是民间有一些说法认为，一些企业停产限产遭受的经济损失过大，是不是我们付出的经济成本、人力的代价太大了？如何平衡治理污染和经济发展之间的关系？

刘炳江：这个问题从来就没断过，一直以来都有很大的争论。我想大家都感觉到2017年是环保执法力度最大的一年，也是清理整顿“散乱污”企业力度最大的一年。在如此大的执法力度下，我国宏观经济尤其是工业经济表现怎么样？这里我给大家共享一组数据。看待环境与经济问题的时候，大家一定要从宏观上看，从整体上看，从长远来看。2017年全国工业生产增速扭转了自2011年以来连续6年下降的态势，呈现企稳向好的发展态势，主要工业产品产量出现积极的变化，这是第一个结论；2017年工业产能利用率为77%，同比回升3.7个百分点，结束了自2012年以来连续5年的下降态势。大家会认为受冲击最大的是钢铁行业，统计显示黑色金属冶炼和压延加工业产能利用率提高了4.1个百分点。我想环境与经济的关系大家一目了然。

据国家统计局对全国574种主要工业产品实物产量统计，2017年产量实现增长的数量为408种，较2016年提高了4.4个百分点；从企业的利润看，2017年1—11月全国规模以上工业企业利润率同比增长21.9%，增速较上年提高了13.4个百分点。如果像你说的那样，对经济造成了大的损失，那么宏观上看这些数应该都是负的，而事实上恰恰相反，都呈现的是大幅度增长，企业利润率大幅度增长，产能利用率明显改善。

我们再来看一下“散乱污”企业。2017年，我们重点对“2+26”城市开展了“散乱污”企业综合整治，涉及6.2万家。我们说的“散乱污”企业综合整治，是“扶、堵”结合，扶持环境绩效好的企业，打击非法、“黑色”企业。我们也组织做过深入分析，如果“散乱污”企业全部安装高效治污设施，那么这些企业不仅挣不到钱，甚至还得赔本。这些企业之所以能长期存在，就是以牺牲环境为代价，环境成本内部化没得到落实，所以赚的都是污染环境的钱。

“散乱污”企业综合整治，换来了环境质量改善，促进了动能转换，提升了城市品位，从更深层次激活了生产要素，达到“一石多鸟”的目标，具体如下：

一是据专家估算，2017 年“2+26”城市“散乱污”企业整治对 $PM_{2.5}$ 浓度下降贡献率达 30%，切实解决了人民群众身边的污染问题，群众对“散乱污”企业投诉量是最大的。

二是推动了供给侧结构性改革，促进了产业转型，解决了“劣币驱逐良币”的问题。举个例子，河北省廊坊市文安县原有 2 000 多家胶合板企业，原来年纳税额只有两亿多元，综合整治后，规模以上企业数量从 39 家增加到 100 多家，纳税额也翻番了。你们可以去那里看一看，原来企业周边环境脏乱差，现在发生了翻天覆地的变化，群众普遍叫好。

三是落实全面依法治国，营造公平、公开的市场环境。这里有一个例子，就是邯郸市永年区的特色产业——标准件产业，整改前有 9 000 多家，通过集群整治，市场环境得到优化，国内外客商云集永年区，引进了 21 个高端标准件项目，总投资达到 230 多亿元，实现产业向中高端迈进。我们现在整治“散乱污”企业，与国家提出的推动高质量发展是一脉相承的。

环保执法打击的是违法企业，是黑色的 GDP，扶植的是合法企业，是绿色的 GDP。在执法过程中，肯定会对一些违法企业、不达标企业造成较大冲击，甚至关停淘汰，我想这是经济发展的必然规律，历史欠账总是要还的。“散乱污”企业综合整治还要进一步向全国推广，请大家客观理性地看待这个问题。

大气污染防治重点区域实行联防联控

科技日报记者：大家都知道今年京津冀及周边地区空气质量在好转，但是长三角地区貌似有所反弹，公众对东北三省、汾渭平原的大气情况也比较关注。我想问一下未来对这些区域会采取哪些大气污染防治举措？

刘炳江：你观察很细致，今年1月长三角地区的空气污染有所反弹，确实是事实。我想告诉大家的是，空气质量受气象因素影响较大，一个月的反弹、一个季度的反弹是很正常的，北京市去年1月 $PM_{2.5}$ 增长70%，而全年下降了20%。1月全国空气质量总体是改善的，但长三角地区 $PM_{2.5}$ 增长了20%左右，因为1月长三角地区出现不利气象的天数比较多，大气污染物扩散条件比前几年要糟糕，气象条件是恶化的。

从国际经验看，空气质量往往是采用3年连续滑动的数据进行评价。我们说珠三角地区是不是达标，不是说一年达标了，而是看连续3年达标。所以一个月、一个季度，甚至半年、一年空气质量波动有时候都是很正常的。我们要客观理性地看待这个问题，目标完成就行，中间波动一下很正常。

说到京津冀地区的改善，大家可能联想到长三角地区还有东北三省大气污染的问题。全国《大气十条》5年任务都圆满完成了，但是京津冀地区取得的成绩比较大，其他地区就显得落后了。东北三省主要是供热和秸秆焚烧的问题，小锅炉清理不到位，秸秆综合利用率低，问题的关键非常清楚。长三角地区是重点区域，改善也非常明显。汾渭平原是倒L型的，污染团就在渭河平原和汾河谷地里相互传输，城市之间受影响还是比较明显的，涉及陕西、山西和河南3个省。许多专家在呼吁，要对其进行集中治理。我们也专程去做了调研，一个城市一个城市做调研。

下一步，我们会进一步加强研究，力争将汾渭平原纳入国家重点控制区域，实行联防联控。在进行三年蓝天保卫战的时候，一年一个战役，一个战役接一个战役，推动空气质量不断改善。

环境保护部对未批先建违法行为一直保持高压态势

第一财经日报记者：近日环境保护部发函明确关于建设项目“未批先建”违法行为法律适用问题，表示“未批先建”两年内未被发现的，不再给予行政处罚。请问这是出于什么样的考虑？是否纵容了“未批先建”行为？

刘友宾：“未批先建”是严重的环境违法行为，《环境保护法》（2014年修订）、《环境影响评价法》《建设项目环境保护管理条例》等法律法规都进一步加大了对“未批先建”的违法行为的处罚力度。

环境保护部对“未批先建”违法行为一直保持高压态势，发现一起查处一起，坚决打击，绝不姑息。特别是近年来，结合去产能政策和强化督查行动，清理处罚了一大批“未批先建”项目。

这次环境保护部发函，明确“未批先建”有关法律问题。

一是严格执行《行政处罚法》第二十九条规定，即“违法行为在二年内未被发现的，不再给予行政处罚。”坚持依法行政。

二是配合排污许可制度实施，按照核发一个行业、清理一个行业、规范一个行业的原则，进一步加大对建设项目监管力度，决不允许任何“未批先建”违法项目游离于环境监管之外。

三是对“未批先建”项目持续保持高压态势，即使“未批先建”违法行为在两年内未被发现，对其关联的无证排放、超标排放、未履行“三同时”制度等环境违法行为严惩不贷，决不纵容。

我们注意到，社会各界包括法律界人士在内，对有关“未批先建”法律问题高度关注，充分体现了社会各界对环境保护法治进程的关心。我们将坚持依法行政，坚持依法从严打击“未批先建”等各类环境违法行为。

北方地区冬季清洁取暖规划已经制定，会坚定不移贯彻落实好

界面新闻记者：进入采暖季后，陆续有媒体报道在京津冀区域的一些村庄和社区，出现了天然气气量不够、来气不稳等情况，环境保护部对此怎么看？

刘炳江：去年“煤改气”是大家关注的热点，报道也非常热烈。2016年年初《大气十条》中期评估认为，散煤治理到了必须要治理的阶段，发达国家治理大气污染也都采取了这条行之有效的措施。1吨散煤排放的大气污染物相当于1吨电煤排放的15倍以上，专家一直在呼吁，要加大散煤治理力度。习近平总书记在中央财经领导小组第十四次会议上提出，要推进北方地区冬季清洁取暖，相关规划已于2017年印发实施。2017年政府工作报告中也明确了要完成“煤改气”“煤改电”300万户以上。2017

年“2+26”城市完成了394万户，其中70%左右是“煤改气”，其他的为“煤改电”。

针对去年部分“煤改气”“煤改电”地区供暖得不到保障的问题，环境保护部积极行动。你们也看到了，也报道了，环境保护部抽调2 000多人对涉及“煤改气”“煤改电”的2.5万个村庄（社区）开展大督查。排查下来，实际问题不像媒体报道的那么严重。可以负责任地说，环境保护部开展这么大规模的排查，基本做到全覆盖。结果我们发现仅有不到1%的村庄出现供不上气、供气不稳定影响取暖的问题。对于发现的问题，我们要求督查人员就地督促当地政府解决，什么时候解决，人员什么时候撤回来，这个问题已得到圆满解决。

这次“气荒”暴露出很多问题，比如供应问题，比如储气能力不足问题，再如管网互联互通不到位问题、“压非保民”不到位问题，以及天然气供应利用体制机制价格等一系列问题。要相信我们国家的制度优势，发现问题后，大家以问题为导向，逐一提出解决方案。

专家一致表明，“煤改气”“煤改电”方向是正确的，要坚定不移推下去，这是当前中国治理散煤污染最经济有效、最现实的途径。当然我们也会推进地热资源、可再生能源等利用，但毕竟资源量很有限，主要措施还是得要依靠“煤改气”“煤改电”。目前出现的问题更多还是统筹不够的问题，我们将在部际协调机制下加大解决力度。北方地区冬季清洁取暖规划已经制定，目标也非常清晰，对“2+26”城市专门提出了目标任务，我们会坚定不移贯彻落实好，“不以事艰而不为，不以任重而畏缩”，积极稳妥有序推进。

全国的钢铁产量增长了 5.7%，江苏省下降了 6%，没有出现转移

路透社记者：刚才有人问到长三角地区空气质量的问题，我们看到，一月长三角地区的 $PM_{2.5}$ 浓度上升，有一种观点认为是受气象条件影响从北方传输过来的，也有人认为是北方企业南迁导致的，请问您是否认同？此外，如果长三角地区污染问题非常严重的话，环境保护部会不会像治理京津冀地区空气污染一样采取一些特别的措施？

刘炳江：谢谢。1 月甚至 2 月长三角地区空气质量在恶化，这是事实。大家这么关心，我们团队也在分析，比如恶化 20%，有多少是气象原因造成的，有多少是排放量增加造成的。刚才贺克斌院士介绍，北京市 $PM_{2.5}$ 平均浓度从 73 微克 / 立方米下降到 58 微克 / 立方米，70% 是人努力的结果，30% 是天帮忙的结果。北京市 $PM_{2.5}$ 浓度下降是看“人努力天帮忙”对 $PM_{2.5}$ 下降的贡献，这个是看 $PM_{2.5}$ 增加的原因，目前我们正在进行详细分析，分析完了才能得出结论。

京津冀地区确实有一些过剩的产能在限产，就是错峰生产。但是，全国看一个行业总产能的利用率，肯定各地有高有低。我们利用环境容量进行宏观调整，充分利用不同区域的大气环境容量来优化布局，我觉得这是科学的。我看了一下统计数据，全国的钢铁产量增长了 5.7%，河北省的产量下降了 0.7%，江苏省下降了 6%，没有出现转移。这实际就是一种倒逼机制，污染严重地区的高耗能、高排放产品、产量向其他地区转移。

我们也将会同长三角地区制订未来三年打赢蓝天保卫战的实施方案。

有人说长三角地区的污染是北方吹过去的，我觉得这是一种不负责任的说法。自己治理不下功夫，非要去怨别人，耽误了自己治理大气污染的机遇。如果大家都有这种思想是了不得的。更何况长三角地区和京津冀地区是两个不同的空气流场。

所以第一个问题，可能我们要做深度分析。第二个问题即谁传输给谁、谁吹给谁的这种思想要不得。自己要做好自己的工作，地方人民政府对本地的环境质量负责，不能怨天尤人，总是说别人传输给你，就把治理大气污染的机遇给耽误了。

下一步可能会基于不同区域的实际情况设置不同的 $PM_{2.5}$ 浓度作为目标

人民日报记者：未来还会不会制定类似“京 60”的 $PM_{2.5}$ 浓度目标来推动大气污染防治呢？

刘炳江：您提了一个很好的问题。“京 60”给我们一个很重要的经验，北京市 $PM_{2.5}$ 实现 60 微克 / 立方米的浓度目标，这是与人民群众感受直接相关的，人民群众的蓝天幸福感更多是从具体数字上看，老百姓不在乎下降比例多少，更在乎绝对值是多少。就是因为有“京 60”这样一个绝对值，推动去年开展了以打击“散乱污”企业为主的督查行动、“公转铁”的交通结构调整。因为这个成功经验，专家也强烈建议用好绝对值目标。

去年《京津冀及周边地区 2017—2018 年秋冬季大气污染综合治理攻

坚行动方案》我们也改变了做法，也是第一次对每个城市都设立了一个年度目标和一个采暖季目标，都是 $PM_{2.5}$ 浓度绝对值。这个值深刻地记在当地政府领导心里，他们倒算要达到这个值要付出多少努力，这非常好，正是我们所希望的。当然要测算这个目标值需要非常细致艰苦的研究，我们背后也有很多科学团队支持这项工作。因此，下一步可能会基于不同区域的实际情况设置不同的 $PM_{2.5}$ 浓度作为目标。

机动车排放是当前北京市 $PM_{2.5}$ 的第一来源

北京晚报记者：之前一直认为机动车排放是重要的大气污染源，可是去年在没有采取单双号限行等措施下，大气治理仍然取得了明显成效，这是否意味着机动车污染被“夸大”了？北京市今年把大气治理的重点放在机动车治理上，这个方向是否正确？

刘炳江：当前北京市的污染结构已经发生了重大变化。先看几组数据，从这些数据中就可以了解这些变化。北京市能源结构中煤炭消耗量的占比只有个位数，平原地区已基本实现无煤化；产业结构中第三产业占了80%以上，也就是说，已经和发达国家的产业结构基本上相同了。经过5年艰苦卓绝的治理，北京市 5 500 家“散乱污”企业清零，油品质量也从国四提高到国六，黄标车也全部淘汰完了。但即使这样，北京市 $PM_{2.5}$ 平均浓度现在还是只达到了 58 微克 / 立方米，离标准 35 微克 / 立方米还有距离，离 2035 年北京空气质量彻底改善的要求差距还很远。

北京市去年空气质量明显改善，没有单双号限行，既有几年来自身的不懈努力，也应该感谢周边“2+26”城市共同作出的贡献。各地重污染天气应急预案的减排量大幅增加，橙色预警的工业企业减排力度相当于以前红色预警。除北京市、天津市等工业占比较低的城市以外，其他城市橙色预警各种大气污染物排放量要下降30%以上。正是因为区域的污染排放量大幅度下降，也因为北京市持续调整能源结构，使得自身的排放强度也大幅度下降。我们知道，每次启动红色预警，对于人民群众的交通出行会有较大的影响，因此红色预警是在极端不利的情况下采取的最后手段。

目前，北京市已经从工业煤炭为主的排放，转向了以生活为主的排放，当主要矛盾变化的时候，机动车排放影响就进一步凸显出来了。多个国家级团队就北京市污染构成进行研究，所有的研究结果都有一个共同的结论，那就是机动车排放是当前北京市 $PM_{2.5}$ 的第一来源，现在拉高北京市 $PM_{2.5}$ 浓度的首要污染源就是硝酸盐，已经远远超过了硫酸盐，这是我们要着力解决的问题。

据了解，北京市把机动车污染治理作为今年工作的重点，我认为是精准施策、靶向治霾，对此我完全赞同。谢谢。

主持人刘友宾：今天的发布会到此结束，谢谢大家！

3 月例行新闻发布会实录

2018 年 3 月 29 日

3 月 29 日，生态环境部举行 3 月例行新闻发布会。第二次全国污染源普查工作办公室主任洪亚雄介绍第二次全国污染源普查工作进展，生态环境部新闻发言人刘友宾主持发布会，通报近期生态环境保护重点工作进展，并共同回答了记者关注的问题。

3 月例行新闻发布会现场 (1)

重点工作

2018
29/03

○ 第二批中央环境保护督察7省（市）公开移交案件问责情况

○ 生态环境部等七部委联合启动“绿盾2018”自然保护区监督检查专项行动

○ 9个国控空气质量监测站点受到喷淋干扰，多名责任人受到严肃处理

3月例行新闻发布会现场(2)

关键看点

主持人刘友宾：新闻界的朋友们，上午好！欢迎参加生态环境部3月例行新闻发布会。

从去年开始，原环境保护部建立了例行新闻发布制度。一年多来，例行新闻发布工作得到新闻界朋友们的大力支持，我们深表感谢！生态环境部高度重视新闻发布工作，根据李干杰部长指示，我们将继续施行例行新闻发布制度，希望得到大家一如既往的关心和支持！

为加强生态环境监管，为打好污染防治攻坚战提供科学决策支持，国务院决定开展第二次全国污染源普查。今天的发布会，我们邀请到第二次全国污染源普查工作办公室主任洪亚雄，介绍有关情况，并回答大家关心的问题。

下面，我先通报三项重点工作情况。

一、第二批中央环境保护督察7省（市）公开移交案件问责情况

经党中央、国务院批准，第二批7个中央环境保护督察组于2016年11—12月组织对北京、上海、湖北、广东、重庆、陕西、甘肃等7省（市）开展环境保护督察，并于2017年4月完成督察反馈，同步移交91个生态环境损害责任追究问题。

7省（市）党委、政府高度重视，均责成纪检监察部门牵头，对移交的责任追究问题全面开展核查，严格立案审查，扎实开展问责工作。为发挥警示教育和震慑作用，回应社会关切，经国家环境保护督察办公室协调，7省（市）于3月29日统一对外公开督察移交生态环境损害责任追究问题问责情况。经汇总7省（市）问责结果，主要情况如下：

从问责人数情况看，7省（市）共问责1 048人，其中省部级干部3人（甘肃省祁连山生态环境破坏问题），厅级干部159人（正厅级干部56人），处级干部464人（正处级干部246人）。7省（市）在问责过程中，注重追究领导责任、管理责任和监督责任，尤其强化了领导责任。

从具体问责情形看，7省（市）被问责人员中，诫勉谈话211人，党纪政务处分777人，组织处理49人次，通报问责22人，移送司法机关10人，组织审查1人，其他处理10人。总体来看，7省（市）在问责工作中认真细致，实事求是，坚持严肃问责、权责一致、终身追责原则，为不断强化地方党委政府环境保护责任意识发挥了重要作用。

从问责人员分布看，7省（市）被问责人员中，地方党委36人，地方政府209人，地方党委和政府所属部门644人，国有企业107人，其他有关部门、事业单位人员52人。被问责人员基本涵盖环境保护工作的相关方面，体现了环境保护“党政同责”和“一岗双责”的要求。

分析上述移交问题，涉及环境保护工作部署推进不力、监督检查不到位等不作为、慢作为问题占比约40%；涉及违规决策、违法审批等乱作为问题占比约30%；涉及不担当、不碰硬，甚至推诿扯皮，导致失职失责问题占比约25%；其他有关问题占比约5%。

3月28日下午，习近平总书记主持召开中央全面深化改革委员会第一次会议，审议通过了《关于第一轮中央环境保护督察总结和下一步工作考虑的报告》。会议高度肯定第一轮中央环境保护督察取得的显著成效，明确要求要以解决突出环境问题、改善环境质量、推动经济高质量发展为重点，夯实生态文明建设和环境保护政治责任，推动环境保护督察向纵深发展。

生态环境部将认真贯彻落实习近平总书记重要讲话和会议精神，坚决扛起生态文明建设和环境保护的政治责任。一是紧紧围绕打好污染防治攻坚战，特别是打赢蓝天保卫战，开展第一轮环境保护督察“回头看”；二是再用 3 年左右时间，完成第二轮中央环境保护督察全覆盖；三是针对污染防治攻坚战的一些关键领域，每年组织机动式、点穴式环境保护专项督察；四是建立中央和省两级督察体系，不断完善环境保护长效机制，推动经济高质量发展。

二、生态环境部等七部委联合启动“绿盾 2018”自然保护区监督检查专项行动

生态环境部、自然资源部、水利部、农业农村部、国家林业和草原局、中国科学院和国家海洋局联合启动“绿盾 2018”自然保护区监督检查专项行动。这是国务院机构改革方案出台后，新组建的生态环境部等 7 部门联合开展的一个重要专项行动。

这次专项行动在“绿盾 2017”专项行动的基础上，进一步突出问题导向，将检查对象扩展到了所有 469 个国家级自然保护区和 847 个省级自然保护区存在的突出环境问题，主要内容包括对“绿盾 2017”专项行动问题整改进行“回头看”、坚决查处自然保护区内新增违法违规问题、重点检查国家级自然保护区管理责任落实不到位的问题、严格督办自然保护区问题排查整治工作等四方面，坚决制止和惩处破坏自然保护区生态环境的违法违规行为，严肃追责问责，落实管理责任，始终保持高压

态势，对发现的问题扭住不放、一抓到底，充分发挥震慑、警示和教育作用。

依照时间进度，2018年3月底和5月底前，生态环境部分别印发《国家级自然保护区和省级自然保护区最新遥感监测问题清单》《各省（区、市）制定本省（区、市）专项行动工作方案》，全面启动相关工作。7月底前，各省（区、市）将本省（区、市）专项行动结果同时报送生态环境部及有关行政主管部门。8—9月，7部门将联合组成巡查组，对各地自然保护区问题排查整治工作进行巡查督办，检查各地政府和保护区管理机构专项工作实施情况。对查处和整改问题不力或仍存在较大问题的自然保护区所在市县级人民政府及省级自然保护区相关主管部门进行公开约谈或重点督办，督促其整改。今年年底前，7部门编制本次专项行动总结报告，向国务院报告，并向全社会通报专项行动工作情况及结果。

本次专项行动要求各地公布举报电话和信箱，公开征集问题线索，鼓励公众积极举报涉及自然保护区的违法违规行为，定期向社会公开专项行动进展情况，努力营造社会公众积极参与的良好氛围。

3月27日，7部委联合召开了部署视频会。生态环境部部长李干杰表示，持续深入开展绿盾专项行动，给自然保护区来一个“大扫除”，保护好自然保护区的“天生丽质”，还自然以宁静、和谐、美丽。

三、9 个国控空气质量监测站点受到喷淋干扰，多名责任人受到严肃处理

2017 年 12 月—2018 年 1 月，原环境保护部对国家环境空气质量监测网自动监测站点（以下简称国控站点）组织检查时，发现 9 个国控站点受到喷淋干扰。现通报如下：

2017 年 11 月 26 日，云南省红河州污水处理厂国控站点被雾炮车喷淋干扰。经调查，红河州蒙自市环卫部门雾炮车喷雾作业时，干扰了国控站点正常监测。

2017 年 11 月 27 日，江西省吉安市红声器材厂国控站点被雾炮车喷淋干扰。经调查，长沙玉诚环境景观工程有限公司吉安分公司实施喷雾降尘时，干扰了国控站点正常监测。

2017 年 12 月 6—7 日，湖南省邵阳市一中、市化工厂国控站点被雾炮车喷淋干扰。经调查，邵阳市城管局使用雾炮车实施喷雾作业时，干扰了国控站点正常监测。

2018 年 1 月 15 日，有 7 人擅自进入湖南省常德市白鹤山国控站点采样平台。经调查，其中有 2 人隔着栅栏用水瓢向采样头洒水。

2017 年 12 月 4—8 日，江苏省徐州市鼓楼区政府、农科院国控站点被雾炮车喷淋干扰。经调查，徐州市鼓楼区城管局、徐州市经济技术开发区综合行政执法局使用雾炮车进行喷淋降尘时，干扰了国控站点正常监测。

2017 年 12 月 7 日，湖北省襄阳市航空路国控站点被雾炮车喷淋干扰。经调查，襄阳市襄州区城管局使用雾炮车喷雾抑尘作业时，干扰了国控站点正常监测。

2017 年 12 月 24 日，广西壮族自治区玉林市监测站国控站点所在楼顶有自动喷淋装置正对绿植和周围喷水。经调查，玉林市环保局使用自动喷淋系统浇灌周围绿植时，干扰了办公楼顶国控站点正常监测。

生态环境部分别责成上述省（区）环境保护部门严肃查处。目前，各地已对相关责任人员分别给予免职、行政降级、行政记过、警告、诫勉谈话和辞退等严肃处理，并在当地主流媒体公开曝光。生态环境部将持续开展环境监测质量随机检查，对监测数据弄虚作假行为零容忍，发现一起、查处一起，对构成犯罪的，依法移交司法机关追究刑事责任。

下面，请洪亚雄主任介绍情况。

第二次全国污染源普查工作办公室主任洪亚雄

去年主要是做前期工作，今年主要完成普查入户调查

洪亚雄： 新闻界的各位朋友，大家上午好！

很高兴出席生态环境部组建以后的首场新闻发布会。首先，我谨代表第二次全国污染源普查工作办公室，对大家的到来表示衷心感谢！借此机会，我就第二次全国污染源普查工作开展情况作简要介绍。

第二次全国污染源普查是在我国步入全面建成小康社会决胜阶段，下决心去产能、调结构，补齐生态环境突出短板，打好污染防治攻坚战的大背景下，依法进行的一次重大国情调查。同时，也是全面摸清建设美丽中国生态环境家底的一次实际行动。党中央、国务院高度重视污染源普查工作。习近平总书记在中央政治局第 41 次集体学习时，就引用了第一次全国污染源普查的数据，充分体现了党中央、国务院对污染源普查的高度重视。国务院专门成立了由各相关部门参加的领导小组，协调领导污染源普查工作。普查办自 2017 年 3 月正式组建以来，围绕党中央、国务院和部党组的决策部署，全面开展工作。

一、重点工作完成情况

按照工作的总体安排，2017 年主要是做前期准备工作。包括：

（一）编制普查方案。在广泛征求各方面意见、评估第一次全国污染源普查成果应用的基础上，编制完成《第二次全国污染源普查方案》。2017 年 9 月，由国务院办公厅印发。

（二）做好各项准备。一是开展各类污染源产排污核算方法研究；二是获取全国污染源基本单位名录库信息；三是组建普查咨询委员会、普查技术专家组；四是初步完成普查技术规定和报表制度等编制工作；五是印发普查工作要点、普查员和普查指导员选聘及管理工作指导意见等文件。

（三）组织清查与试点。编制《第二次全国污染源普查清查技术规定》，确定17个地区（市和县），正式启动试点工作。

（四）督促地方加快进度。在31个省（区、市）、新疆生产建设兵团等省级普查办全部成立的基础上，推进市县两级落实机构、人员、办公条件和经费等。

（五）加强宣传报道。与中宣部联合印发加强第二次全国污染源普查宣传工作的文件，推动各界关注、支持和参与。

二、下一步工作安排

2018年主要完成普查入户调查。包括：

（一）指导各级试点。试点工作开展后，将进一步完善普查技术规定、报表制度、污染物排放核算方法等，并指导各省（区、市）开展试点。

（二）组织清查建库。各级普查机构划分普查小区，组织开展实地排查，建立基本单位名录库。

（三）开展入户调查。督促各地开展入户调查，采集有关数据。

（四）组织审核与汇总。督促各级普查机构按要求开展数据质量审核和汇总工作，上级普查机构要加强对下级普查数据质量的抽样审核。

（五）进行质量核查。逐级开展质量核查，重点为普查对象覆盖是否全面，抽样样本是否科学、是否具有代表性。

（六）加强工作督办。定期调度各地普查机构清查建库、入户调查等情况。

（七）建立污染源档案。地市级以上普查机构分别建立工业、规模化畜禽养殖、集中式污染治理设施等各类污染源档案信息。

（八）开展宣传培训。加强新闻发布，动员社会力量参与；完成全国普查管理骨干和技术人员师资培训。

第二次全国污染源普查进展的基本情况就介绍这些。下面，我愿意接受新闻界朋友的提问。

这次污染源普查主要是服务于环境管理需求

光明日报记者：请问第二次全国污染源普查的整体工作思路是什么？基于什么样的考虑确定这样的思路？最终会有怎样的成果产出？

洪亚雄：谢谢。依据国务院《全国污染源普查条例》和工作部署，全国污染源普查目前开展了两次，第一次全国污染源普查于2007—2009年开展，第二次全国污染源普查在2017—2019年开展。

为什么要进行污染源普查？

污染源普查的目的是为环境管理服务。第一次全国污染源普查开展的时候，当时的环境管理是以总量控制为中心，所以普查要把总量控制的几项主要污染物的环境家底情况摸清楚是非常重要的。应该说，第一次全国污染源普查较好地达到了这个目的。

经过了 10 年，生态环境形势发生了很大变化，污染物排放也发生了很大的变化。这个阶段，环境管理的重点在环境质量的改善，所以我们这次普查整体的逻辑思路是服务于这个管理需求。

污染源普查要查什么?

第一步，对环境质量进行一个深刻分析，确定影响环境质量的主要污染物有哪些。大家知道，无论是水环境，还是大气环境，表达环境质量的指标都非常多，如果对每个污染物都进行普查，那么工作量会非常大。所以，污染源普查必定要聚焦到影响水、大气等要素环境质量的主要污染物，同时，有一些指标在环境中非常敏感，比如某些重金属污染物，一旦出现就有可能超标，所以也要考虑。因此，最后确定普查的污染物是影响环境质量的主要污染物和敏感污染物。

第二步，根据这些污染物，再去找这些污染物的排放源，将其确定为普查调查对象。

第三步，根据这些污染源，调查它们的基本信息和活动水平。基本信息包括在什么地方、生产什么东西、需要什么原料等。活动水平包括生产了多少产品、消耗了多少原料、排放了多少污染物、采用了什么样的治理手段。

根据基本信息和活动水平，我们再来核算它的污染物的排放量，由这个污染物的排放量再回头看能不能说清楚所在区域的环境质量。这样，我们就形成了污染源普查的逻辑思路，也就是由环境质量确认污染物，由污染物追溯污染源，由污染源来调查它的基本信息和活动水平，由基本信息和活动水平核算它的排放量。有了排放量的集合，再建立它们与区域环境质量的关联，形成闭合循环，这是一个整体思路。

普查达到的成果，必须围绕服务环境管理这一目标，以下的几个成果是必须的：

第一个成果，通过普查最终获得一套可以反映影响环境质量污染物排放源的基本信息、活动水平和排放水平数据。

第二个成果，形成一套可以动态更新的污染源名录库，并通过数字地图予以表达。污染源普查和其他普查不太一样，其他普查如经济普查、人口普查，把调查对象的数量搞清楚非常重要，但是污染源普查除了要搞清楚数量指标，还要了解污染物排放去向和排放方式，最后管理还是要溯到源上去，因此这个源在什么地方是很重要的。

第一个成果和第二个成果都要在一张图上予以表达，这一张图是数字地图。在我们软件系统准备阶段，就要围绕能在这一张图上表达来设计。将来汇总以后，对于任何一个区域（省、市或县），点击这张图的对应区域，它的源全部可以表达出来：在什么地方、生产什么、排放什么。如果围绕某些要素，如水、大气等，区域环境质量出现问题，那么可以在这张图上筛选出这个区域里影响水质或大气环境质量的污染源。

第三个成果，形成一套科学的污染物产生量和排放量的核算方法。污染源普查不同于其他普查，经济普查、农业普查、人口普查大都是实物量的加和。但是污染源普查所需要的污染物产生量和排放量都必须是计算出来的。比如，排到水中的氨氮、化学需氧量，排到空气中的二氧化氮、二氧化硫等，这些指标都必须通过一套科学的核算方法进行核算才能获得。所以，有一套科学的污染物产生量和排放量核算方法，是这次污染源普查的第三个重要成果。

还有一些成果可以通过二次开发获取。比如，根据企业生产原料和产品，可以筛选环境风险源，确定风险等级。这样的二次开发有很多，包括建立环境统计平台等，但这次普查最直接的成果就是上述三个。

做好普查工作需要三个条件：专业知识、工作能力、有责任心

澎湃新闻记者：普查需要大量的人员参与，请问这些普查员都是什么人？从什么地方来？对他们有什么具体要求？

洪亚雄：谢谢。我们这次污染源普查确实需要大量的工作人员，这些工作人员除管理人员以外，还包括普查员、普查指导员和第三方机构等。第一次全国污染源普查大概用了 57 万名普查员。因为这一次工作量比第一次大，初步估计普查员数量需要 60 万名左右。这些普查员怎么筛选？

第一个力量，我们考虑普查工作实际需要，以及当前生态环保工作基础，现在全国有比较多的环保网格员，或者是环境管理员，他们对自己负责区域里面的污染源状况比较清楚，让他们参与有利于摸清各个网格（普查小区）的污染源状况，所以我们期望将他们作为普查员优先选取的对象。这是利用网格员开展普查的第一个优势。第二个优势是，网格员队伍相对稳定，能够为今后普查数据更新提供直接支持。刚才在回答第一个问题中关于成果时，我们期望有一个能动态更新的污染源名录库的成果。但是污染源普查工作只有 3 年时间，3 年结束以后这个临时机构就要撤销。这个

机构就没有了，那么怎样才能做到名录库动态更新呢？那就要依靠这些网格员，继续从事污染源的整理工作。我们在采集软件设计中就要提出这样一个要求，留出这样的接口，就是当网格员发现新的污染源，可以马上通过一定的程序将其增补入名录库。我们大家想一想，全国这么多的网格（普查小区），如果每个网格员都能发动起来的话，就能够随时把新出现的污染源及时整理上报。为此，我们期望这些人参加到普查工作中。

第二个力量，期望能有高中以上文化，特别是大中专生，他们能进入普查队伍里面来。我们分析了一下，这也是可能的。据统计，现在在校大中专生大概有 3 700 万，有 1%的参与进来，就有 30 多万（37 万）人，再加上网格员，基本上能满足 60 万人的要求。这些人有什么好处呢？刚才讲这次污染源普查要采用先进的手段，使用先进的工具。这次现场采集要用手持移动终端（PDA）。普查可能要用国内一些先进的 PDA 产品。这些大中专生群体是善于使用这种工具的。如果这两方面充分结合起来，基本上能满足普查员的要求。

至于对普查员的具体要求，我想做好普查工作需要有三个条件：第一要有专业知识，要求他们要懂得一定的环境专业知识。第二要有一定的工作能力，能把这些专业知识用到工作上去。第三要有责任心、有专业知识和工作能力，不想干好工作、没有责任心的普查员是不称职的，所以责任心很重要。

我们期望能选聘符合这些条件的人来做污染源普查工作。

此次普查大致有 900 万个源，对工业源要求全覆盖

路透社记者： 在第一次全国污染源普查的时候发现了 590 万个污染源，您预测在第二次普查中污染源的数量会有什么变化？普查是否能反映出中国环境质量改善情况？还有您刚才说可能会用一些手持移动终端，或其他类似产品服务普查工作，那是不是意味着 60 万人人手一台？

洪亚雄： 谢谢。你记得非常清楚，第一次全国污染源普查确实是 592 万家的污染源，第二次全国污染源普查的对象和范围，和第一次全国污染源普查有所区别。所以在污染源的各个门类里面，虽然数量不尽相同，但是总量要比第一次普查多。

第一，根据初步筛选结果，工业源大概是 740 万家，农业源大概是 100 万家，生活源、集中式污染治理设施调查对象加起来大约是 50 万个。综合来看，大致有 900 万个源需要入户调查。这些数据都要在清查中予以确认。所以这次普查从数量上来说，要比第一次普查多得多，尤其对工业源要求全覆盖，所以这个量增加非常大。

第二，污染源普查数据真实反映环境质量状况，这是我们的工作要求。在污染源普查初步设计时，刚才和大家报告了，最后的排放量要用第三方校核，方法有很多。比如，从微观来说，企业的排放与生产经营状况和治理水平是不是相一致，如果从微观上相一致，再从中观层面来说，这个污染物排放量与所在区域里面社会经济活动水平是不是相一致，如果社会经济活动很活跃，排放量又很少，就需要我们进一步核查校验。

第三，要看这个污染物排放数据与环境质量有没有一个很好的耦合关系。如果汇总起来的排放量很低，环境质量很差，就说明排放量和环境质量指标之间耦合关系不好。所以需要充分利用各种技术手段，力求这次污染源普查数据能够真实可靠，为改善环境质量提供支持。

关于手持移动终端（PDA），国家统计局在开展经济普查和农业普查时应用了PDA。这次普查，根据我们的整体设计方案需要进行PDA的采购，具体数量根据我们普查员数量和入户调查时间确定。

手持移动终端不是每个普查员人手一个，是按照普查小区分配。因为每个普查小区，去普查的普查员不是一个，一般是两个或两个以上。应该说是一个普查小组有一个手持移动终端。需要多少台呢？要根据工作量，因为普查经费保障是分级保障，信息化建设是按照“两级部署、五级应用”的方式来布置的，这次主要是地方采购招标。最终有多少，目前还没有一个确数，但是有一个估数，30万台左右。

普查工作事情多、杂、难，问题和难点要一个一个克服

新京报记者：第二次污染源普查相比第一次有什么难点，针对这些难点有何对策？尤其是在国务院机构改革后，生态环境部职能得以强化，在这个前提下，和第一次普查相比，这次普查有什么不同？普查结果有什么意义和用途？

洪亚雄：谢谢。从前年12月底的时候，部党组让我担任普查办主任，我就在一直思考这个问题。去年做了一年的工作，正如你所说，普查工作我

总结了这么几个字，就是“普查工作事情多、事情杂、事情难”。对这次新闻发布会，我还是稍微准备了一下，我一直在思考这个问题，就是如果有记者问污染源普查工作的难点在哪里，我该如何回答。我思考了很长时间，发现这个问题很难回答，因为它的难点太多，贯穿整个工作的始终，每一个阶段都有每一个阶段的难点。我刚才很简单地说的一句话，里面就包括了很多的工作和难度，比如围绕环境质量确定要普查的污染物，这件事情就要做大量的工作，要对全国的环境质量进行深入分析，才能确定这次污染源普查的污染物是哪些；然后如何由这些污染物来确定污染源，工作过程中我们想了很多办法，最后找到比较可行的方法。许多事情都是在具体工作推进中发现问题，发现难点，然后在具体实践中探索出较好的方法来解决。当前工作进行到清查阶段，我们已经把数据下发到地方去清查，现在地方正在开展清查，这个阶段也将会陆续出现一些难点。正在进行的试点，也会不断发现问题和难点。下一步入户调查，会出现什么样的问题？有什么样的难点？现在还不知道。总之，普查工作就是不断发现难点并不断解决难点的过程。普查办为了解决这些问题，建立了一个全国污染源普查大群，在这个大群里面大家都可以提问，提完问题以后我们收集，收集完了以后能回答的就在群里面回答，不能回答的下来研究，研究完了以后再去告诉大家如何去干。所以，这些问题和难点是一个一个地发现，一个一个地克服。

关于与第一次全国污染源普查的区别，一般来说，在普查对象、普查范围、普查工作方法、普查结果成果上都有一些差别。刚才已经介绍了成果里面除了有一套数据，还有一个可以用数字地图进行表达一张图和一套科学的核算方法。应该说和第一次全国污染源普查还是有比较多的区别。

把“散乱污”企业查清楚是这次污染源普查工作要做的一件事情

中国青年报记者：您谈到获得了700多万家污染源数据，包不包括“散乱污”企业？另外，我发现，统计局等部门每年都会有一些污染物数据统计，在“十二五”“十三五”等时间节点，也会有一些减排数据公布，如果这些数据跟普查数据有较大出入怎么办？

洪亚雄：谢谢。这个问题提得非常好。污染源普查要全覆盖，就像人口普查一样。户籍人口都有登记，关键是那些非户籍人口怎么办，也要查清楚。污染源普查也是一样，工商行政管理部门和税务部门登记的企业比较好办，都是正规的，都有法人代表。最怕的是“散乱污”企业，这些企业的排放往往没有经过治理，是正规企业排放的十几倍甚至几十倍，所以，把这些“散乱污”企业查清楚，是这次污染源普查工作力图要做的一件事情。怎么解决呢？

刚才已经讲了，这次污染源普查汇集了各个部门的数据，将这些数据拿来以后，通过清洗比对，会发现一些行业是不排污的，比如律师事务所或会计师事务所，要将这类对象筛选掉，清洗完之后有将近740万家的数据。下一步非常重要的工作，就是通过清查进行摸排。我们已经把初步清洗的数据根据地区代码下发到各省，各省再把数据下发给市和县，由他们进行摸排，主要做两件事：一是去粗存真，二是查漏补缺。所谓去粗存真，就是清查名单下发后，把倒闭的和不生产的企业剔除，留下来的就是

2017 年在生产的。所谓查漏补缺，就是把不在名单中的企业加上来。这就是为什么希望那些网格员来参加的原因，因为他们对所属小区的情况非常清楚，将清单里面没有而又实际存在的企业按程序补进来，清查软件里都留有去粗存真和查漏补缺的接口。清查目的就是期望这些“散乱污”企业都能够补充进来。

对于部门数据与普查数据有没有矛盾这个问题，我觉得像工商总局、税务总局、质检总局等这些部门提供的数据里，没有排放的数据，所以不存在与排放数据相矛盾的地方。但是有这样的问题，这个数据里面你有的我没有，我有的你没有，我们的态度是兼收并蓄。为什么要把所有的数据拿过来，因为要做并集。最后形成的数据是各个部门数据的一个并集，在这个基础上去筛查污染源的名录。

关于普查数据跟统计部门的排放数据以及与“十二五”“十三五”减排数据是否有矛盾。首先，国家统计局没有一个专门负责环境方面的统计队伍，统计部门公布的排放数据都来自日常环境统计，数据来源相同，所以不存在矛盾。其次，“十二五”和“十三五”减排数与普查也没有矛盾，因为口径不同。减排是基于过去已经掌握的情况，减排任务和减排量是实实在在、一家一家累加出来的。这次普查增加了调查范围和内容，调查口径不同，通过这次普查，把新的污染源找出来，然后再纳入环境管理中，这之间是不矛盾的。谢谢。

新组建的生态环境部进一步增强了监管方面的四大职能

中央电视台记者：生态环境部组建后，新部门职能相比过去有哪些变化？下一步，还将有哪些机关内部调整的变化？

刘友宾：关于生态环境部的职责问题，李干杰部长在十三届全国人大一次会议记者会上，已经向大家做了很好的解释和说明。从环境保护部到生态环境部，变化的不仅仅是名称，这是中央全面深化改革的一个重大举措，也是推进生态文明建设领域治理体系和治理能力现代化的一场深刻变革和巨大进步，对建设美丽中国具有十分重要的意义。

生态环境部把原来分散的污染防治和生态保护职责统一起来，整合了环境保护部原有全部职责和其他 6 个部门相关职责，很好地解决了长期以来在生态环境保护体制机制方面存在的职责交叉重复、监管者和所有者没有很好分开等突出问题。正如李干杰部长在记者会上所概括的，实现了“五个打通”，即打通了地上和地下，打通了岸上和水里，打通了陆地和海洋，打通了城市和农村，打通了一氧化碳和二氧化碳。

新组建的生态环境部还进一步增强了监管方面的四大职能：一是制定生态环境政策、规划和标准；二是监测和评估生态环境变化状况；三是对生态环境违法行为进行执法检查，统一行使生态和城乡各类污染排放监管与行政执法职责；四是对地方政府以及相关部门进行督察和问责。这四大职能既包括污染防治，也包括生态保护。可以说，监管领域进一步扩展了，监管职能进一步增强了。

下一步，我们将按照党中央、国务院统一部署，不忘初心，牢记使命，积极配合做好生态环境部“三定”方案拟订工作，保证新老机构平稳过渡，做到思想不乱、队伍不散、工作不断、干劲不减，不断增强生态环境队伍凝聚力、向心力、战斗力、落实力，确保尽快实现新机构高效运行，切实担负起党中央赋予的新使命、新职责和新任务。

利用有专业水平、有专业能力、有责任心的第三方专业队伍提高普查数据质量

第一财经日报记者：第二次全国污染源普查方案指出，借助购买第三方服务和信息化手段，提高普查效率。借助第三方力量进行普查工作有什么意义？如何保障第三方服务的可靠性、专业性？

洪亚雄：谢谢。污染源普查所有的工作都是围绕怎么样提高普查数据质量进行的，李干杰部长对污染源普查工作非常重视。2017 年 6 月 9 日视察普查办时，对普查工作提了三点要求：一是普查成果要科学实用；二是普查数据要真实有效；三是要充分利用第三方力量做好数据核查。

为什么要提这样的要求？我刚才跟大家报告时就说过，污染源普查不同于其他任何普查，每个数据都要科学计算，这个计算过程是需要一定技术水平的。举一个例子，餐饮业厨师炒菜，你要问他炒了几个菜，他很明白，但是你问他倒的洗锅水里排放了多少化学需氧量，他肯定不知道。很多企业主都处于这样的一个状态，你问他生产了多少产品，他很清楚，你问他排放了多少化学需氧量、多少二氧化硫，他不知道。因为污染物排

放核算的专业性是非常强的。这就要求：

第一，要建立一套科学的污染物排放量核算方法。但是，这个核算方法不是每个人都能掌握的，大家知道市县一级的力量相对比较薄弱。因此，将专业素质比较高、对核算方法比较了解的队伍，作为我们的第三方力量帮助地方做好普查工作，主要是基于专业技术要求的考虑。

第二，要提高普查数据质量，从微观来说，第三方能够帮助企业核算排放量，保障普查数据的科学、准确、真实。我们期望建立一个第三方队伍，对于这些市级、省级最后汇总的数据，要想能够反映经济社会发展水平和反映区域环境质量，需要有一个高专业水平的队伍来做。

基于这样的考虑，这次引入第三方的要求很高，总体要求还是刚才说的，有专业水平、有专业能力、有责任心把工作干好，让这些第三方进来。关于这些，有专门的相关文件予以规范，这个文件可以去查阅。谢谢。

各省、市、县也要成立工作机构，落实人员、落实办公条件、落实经费

北京晚报记者：根据《国务院关于开展第二次全国污染源普查的通知》，2016 年第四季度至 2017 年年底为普查前期准备阶段。能否介绍一下前期准备阶段具体做了哪些工作？

洪亚雄：谢谢。需要做的准备工作非常多，总结来讲有两个方面，一个是管理方面，一个是技术方面。

管理方面，这次污染源普查工作涉及经济社会方方面面，从组织层

面来说，没有一个得力的组织机构很难推进这项工作。所以，管理层面上，第一件事情是要成立机构。机构有两方面：

一是领导机构，国务院非常重视，成立了由国务院副总理担任组长、有关部门负责人参加的领导小组，具体协调这项工作。省、市、县都要成立相应的领导机构，有相关部门参加，因为这不是环境保护部门一家单打独斗能干成的，必须也有相关部门来参加。所以，要求省、市、县都要成立领导机构。

二是工作机构。工作机构从国家层面来说，就是普查办。各个省、市、县也要成立工作机构，落实人员、落实办公条件、落实经费，这是前期工作管理方面的要求。

同时，准备工作里有非常多的技术要求，比如，刚才讲污染物的确定是前期工作，污染源的筛选及清查也是前期工作，包括在这个过程当中，要出台一些清查工作等相关的技术规定，都是前期技术方面的工作。还有污染源确定了以后，怎样组织入户调查，这里面就有普查员的选定管理等。另外，还包括普查软件开发相关的一些工作。污染源排放量的核算方法，是技术工作中工作量最大的，也是普查经费使用过程中体量比较大的一个方面。因为涉及经济社会的方方面面，每一个行业、每一个产品的排放量都要确定一套科学的核算方法。这项工作也在紧锣密鼓地开展。此外，报表制度的确定也是前期工作中一项很重要的部分。所以，这一年大量地在做这方面的工作，都是非常杂的事情。

正好趁这个机会，有这么多的媒体朋友，我想请大家帮助我们普查办做一个宣传。去年，我们到地方去调研检查前期工作情况，不是很乐观。我用两句话来形容：一是“起了大早，赶了晚集”。有的准备工作准备得比较早，但是最后那些准备工作起步早的，后面我们去检查时都落后了。二是“上面热下面冷”，尤其是市一级和县一级，准备工作薄弱。我们分析了这个情况，造成这种情况不是市一级的政府不重视，不是市政府主管市长不重视，也不是县一级的县长不重视。主要还是他们不知道污染源普查这项工作是专业性非常强的工作，尽管它很重要，但由于专业性极强、技术性极强，很多主管市长、主管县长不是很清楚。所以，请在座的报纸杂志、电台、电视台的朋友给我们做一个宣传，让地方各级政府、各部门能了解污染源普查工作，能重视污染源普查工作。谢谢。

这次普查的质量要求是 6 个字，即全面、真实、一致

中新社记者： 刚才您讲到有 900 多万个源的入户调查，这是包括各类普查对象吗？怎么保证普查数据的真实和准确，会不会有一些单位或者个人为了避免处罚人为降低污染源数量或填报虚假信息？

洪亚雄： 首先说这个 900 万家是我们估算的，但是从结构上和第一次普查有点不大一样。第一次全国污染源普查里的工业源是 150 多万家，但是生活源、移动源比较多。这次普查，生活源、移动源加在一起是 50 万家，差在什么地方？我们认为，像餐饮业等，了解它的排放量是很重要的，但我们可以通过宏观测算获得。所以，在这方面入户调查数量少了。这次工业源是将近 740 万家，第一次是 150 多万家。所以，数量上有这样一个差别。

关于质量方面，你这个提问非常好。质量是在污染源普查初步设计过程当中就关注、重视的，我们反复分析从哪方面来抓。《统计法》对数

据质量有 8 个字要求，即真实、准确、完整、及时。李干杰部长对普查数据质量提出了很高的要求，就是普查结果要科学实用，数据真实有效。我们反复分析《统计法》、李干杰部长的要求和工作的实际情况。我们认为，统计法里面“及时”这两个字可以不用提及，为什么？我们于 2017 年年初就开始进行普查前期准备工作，这本身就是一种及时的反映。其他的 3 条我们反复分析，最后确定这次普查的质量要求是 6 个字，即全面、真实、一致。全面，体现在两方面，就是反映环境质量的污染物必须全面，排放污染物的污染源必须全面；真实，也是两方面，就是污染源排放量的核算方法必须是科学的，污染源调查的数据必须要真实；一致，也是两方面，就是与经济社会的活动水平一致，与区域环境质量一致。这是我们对环境质量、对这次污染源数据调查质量的一个总体要求。

怎么样保证质量？首先从技术上保证，刚才讲了像清查、试点、核算方法，我们要花大力气，保证其科学性。同时，在管理方面，提出全员控制、全过程控制。全员控制要求我们要对这些污染源普查技术工作人员做大量的培训。我们设计了很多培训班，但这个培训班不可能将 60 多万人全部培训到。国家层面侧重于对省一级的培训，省再对市县培训，要让他们具备做污染源普查的业务素质，这是全员控制。全过程控制，像现在进行的清查，我们马上就要下去了，对地方的清查进行抽查。清查数准不准，我们有一定比例抽查，来判定清查的质量。下一步入户调查，我们也要进行现场抽查、现场核查，进行全过程管理，强化每一个过程的管理。

最后就是结果管理，所有的数据上来以后，我们也要通过第三方进行抽查核查，尤其是对汇总的数据也要抽查。通过这样一些措施来保证普查工作质量，这个质量就是污染源数据质量，是贯彻我们工作始终的一条主线，必须紧紧抓住这条主线，质量不好、不科学、不真实，普查工作就是白做的。谢谢。

环保社会组织和环保志愿者是生态环境事业的同盟军，是一支重要的力量

界面新闻记者：近日有媒体报道称，环保志愿者雷萍因对广东茂名信宜市茂源石场的污染调查，而被当地公安机关拘留，引发舆论广泛关注。请问您对此有何评论？

刘友宾：环保社会组织和环保志愿者是生态环境事业的同盟军，是一支重要的力量。许多环保社会组织和志愿者，积极投身生态环境事业，举报环境违法行为，依法维护公众环境权益，是政府力量的有效补充。

原环境保护部每两年组织一次“绿色中国年度人物”评选活动，其中有不少先进人物来自环保社会组织和志愿者队伍，这些人有理想、有情怀，事迹令人感动。

总体上看，中国的环保社会组织还处在培育、发展阶段，专业化水平还不太高，力量还不够强大。我们认为，对环保社会组织和志愿者要多一些理解和包容，多一些关心和支持。同时，环保社会组织和志愿者也要依法依规开展活动，坚持实事求是，建设性地促进环境问题解决。大家可能注意到，今年环境日的主题是“美丽中国，我是行动者”，就是希望推动社会各界和公众积极参与生态文明建设，携手行动，从我做起，共建天蓝、地绿、水清的美丽中国。

核算方法初步考量有法律认可的监测数据、物料衡算的方法、产排污系数等

封面新闻记者：普查数据准确性是衡量普查成功与否的主要标准。请问，在保证普查数据的真实性、准确性和数据获取的及时性方面，将采取哪些措施？

洪亚雄：谢谢。大家都关心我们数据的质量，非常好！

污染源普查数据都是算出来的，核算方法的科学性非常重要。当前，我们在核算方法方面做了很多工作，这次核算方法初步考量主要有 3 种，它们组成了我们的核算方法体系。

第一，法律认可的监测数据，比如在线监测、监督性监测，这都是法律认可的数据。我们可以利用监测数据来核定排放量。

第二，没有监测数据，我们就要用物料衡算的方法来核算。什么叫物料衡算？简单来说，工业生产当中进去了多少物料就必须出来多少，物料是平衡的。如果进入了多少，没出来，去哪里了？必定是排放了。比如，石油化工中进去多少油，出来多少成品，如果少了，去哪里了？有可能那些低组分通过阀门等跑掉了。所以像这样一些适合用物料衡算的数据，我们采用物料衡算的方法。

第三，既没有监测数据，也没有适合物料衡算的数据，就采用产排污系数。这是什么意思？就是通过科学的抽样，归纳出产排污系数，由产排污系数核定排放量。像这一类的企业特别多，每一个都去监测，工作量

非常大，所以，要用产排污系数法来核定。

以上这些组成了一整套的核算方法体系，这个核算方法体系的科学性是数据质量一个非常重要的方面。

要强调的就是，如果现场调查数据不准的话，这个数据也不准。所以，要加强入户调查的质量管理，这就要求普查员和普查指导员有高水平的现场工作能力。普查员是具体做现场工作，普查指导员是要在普查员的工作基础上，指导、监督他们，在数据采集的时候，提高数据质量。通过这些措施来保证数据的准确性。谢谢。

另外，关于有人拒报、瞒报等怎么办，我们这次污染源普查是依法进行的一项调查，按照有关法律要求，污染源普查对象有义务接受污染源普查机构和普查人员进行的调查。应该如实按时填报污染源普查报表，而且不能拒绝、推诿、阻挠调查，不得虚报、瞒报和拒报，不得转移、隐匿、伪造、篡改原始材料。按照法律要求，如果有这些违法行为的话，将要承担相应的法律责任。

生态环境部将继续推广使用强化督查积累的经验，全面启动七大专项行动

新华社记者：为期一年的强化督查即将结束，这是一项创新性工作，成效明显，但也有舆论担忧：这种抽调五六千人的大规模督查，恐怕难以持久。请问，下一步强化督查还有哪些部署和考虑？

刘友宾：2017 年，原环境保护部从全国抽调较多的力量投入到京津

冀及周边地区，开展大气污染防治强化督查工作。一年来，在社会各界以及新闻媒体朋友们的大力支持下，这项工作取得了积极进展，成效是明显的，效果是显著的。

强化督查是落实《环境保护法》（2014年修订）的具体实践，公众称“新环保法”是“史上最严”，李干杰部长在今年的两会记者会上讲，这个法不虚此名。这一年的强化督查让这部法律真正展示了威力，产生了效率，取得了效果。

强化督查是在过去工作基础上进行了优化和改进的、新的环境执法长效机制，绝不是短期行为，绝不是一年之后我们就鸣锣收兵了。我们认为，强化督查至少有三方面的特点：

第一个特点是突出执法重点，在区域上突出京津冀及周边大气污染防治重点地区，在时间段上聚焦秋冬季这个特殊时段，在行业上紧盯涉气“散乱污”企业。

第二个特点是更加注重执法效率，通过异地执法、交叉执法、优化执法方式，调整执法策略，有效避免了地方保护主义，让环境执法人员互相学习，取长补短。同时，强化督查还采用网格化的手段，增强执法的科学性，让环境执法目标更加清楚、更加有效。

第三个特点是切实传导压力，这就是李干杰部长概括的强化督查的“五步法”：督查、交办、巡查、约谈、专项督查。这五步环环相扣，织成了一张非常严密的执法网络体系，让任何环境违法行为都很难逃脱这个法网，不仅发现问题，而且要严肃追责问责，“咬定青山不放松”，让发现的问题切实得到解决。应该说这些经验、这些做法、这些探索是有益的，而且这些经验也是完全可以复制和推广的。

新组建的生态环境部今年将继续推广使用强化督查积累的这些经验。目前，正在研究制定相关工作方案，今年将全面启动七大专项行动，作为全面打好污染防治攻坚战的标志性工程。这七大专项行动，除了我刚才已经跟大家介绍的，已经启动的“绿盾 2018”自然保护区监督检查专项行动，还包括重点区域大气污染综合治理攻坚、落实《禁止洋垃圾入境推进固体废物进口管理制度改革实施方案》、打击固体废物及危险废物非法转移和倾倒、垃圾焚烧发电行业达标排放、城市黑臭水体整治及城镇和园区污水处理设施建设、集中式饮用水水源地环境整治这六项，共七大专项行动，集中力量打歼灭战、攻坚战。

今年这七大专项行动将集中人力、物力，力量会更强，方法会更加有效，要求也会更加严格，目标也会更加精准。当然我特别想解释一下，我们所谓的配强力量、增加人员，是指优化执法方式，全国环境执法力量还是那些力量，通过不同的组合、发挥更好的作用，取得更好的效果，以努力满足人民群众对生态环境质量的更高期待和要求。

普查工作不是环境保护部门单打独斗的事情，各个部门、各级政府都要担负起责任

每日经济新闻记者：按照通知，今年年底将完成普查全面入户调查。我们注意到，各地已陆续发布了普查工作实施方案，启动普查工作。请问，普查工作中，各级政府、各部门如何分工？对于各地的普查工作如何加强

统筹协调?

洪亚雄：谢谢。按照普查方案，今年年底要完成入户调查，入户调查是从7月底、8月初开始，8月、9月、10月、11月这几个月要进行入户调查，时间非常紧。我们现在所有的工作都是按照这样的工作安排，一环扣一环地开展。

这项工作正如你所说，需要相关部门的配合，需要各地政府的支持。污染源普查是按照“全国统一领导、部门分工协作、地方分级负责、各方共同参与”原则来开展的。从国家层面来说，国务院的16个部门都加入了领导小组。因为各个地方可能机构设置不一样，可能参加的部门稍微多一点，但是各有关部门必须参加。

再一个就是地方政府，因为污染源普查是属地责任，县一级以上的政府必须担负起污染源普查这份责任。至于部门分工，因为从国家层面来说，我们部门的分工配合都非常好。前一阶段，在前期准备的过程中，跟相关部门配合、协调的时候都比较顺利。我们希望地方各级政府、各个部门也要相互配合，把这项工作做好。

总的来说，这项工作不是环境保护部门单打独斗的事情，各个部门、各级政府都要担负起自己的责任。至于部门分工，在国务院办公厅发了普查方案后，全国污染源普查领导小组发了一个文，里面对各个部门分工有明确的要求。各地方的政府、各部门要比照这个分工，确定他们的责任。

因为这是最后一个问题，回答完以后，我想谈一点感想。污染源普查工作比较难也比较重要，所以，我想借用朱熹的两句诗表达一下我对污染源普查的感想。

第一句诗是："问渠那得清如许？为有源头活水来。"只要源干净了、管住了，我们的环境就干净了，说明污染源普查是一项非常重要的工作。

第二句诗是："向来枉费推移力，此日中流自在行。"外部环境好了，事情的推动就非常顺利。污染源普查工作也是这样，当前外部环境非常好，党中央、国务院对污染源普查工作高度重视，各部门、各级地方政府对这项工作积极支持。还有社会各方积极地参与，包括媒体界的朋友，都积极参与。所以，我相信，有这么好的环境，污染源普查工作一定能够顺利地开展。

借这个机会，再拜托一下媒体朋友，因为污染源普查涉及经济社会的方方面面，所以宣传工作非常重要，请大家帮助大力宣传。主要是三方面的宣传：第一，宣传污染源普查工作的重要性。现在很多地方政府可能还没有充分重视这件事情，请大家帮我们多多宣传。第二，解读污染源普查技术方案。很多技术方面的事情，需要各级普查人员懂得、明白。第三，及时报道污染源普查工作过程当中的好人、好事。谢谢大家。

主持人刘友宾：今天的发布会到此结束。谢谢大家！

4月例行新闻发布会实录

2018年4月19日

4月19日，生态环境部举行4月例行新闻发布会。生态环境部水环境管理司司长张波介绍水污染防治相关工作，生态环境部新闻发言人刘友宾主持发布会，通报近期环境保护重点工作进展，并共同回答了记者关注的问题。

4 月例行新闻发布会现场 (1)

重点工作

2018

19/04

- 秋冬季大气污染综合治理攻坚行动目标超额完成
- 生态环境部等四部委联合调整进口废物管理目录
- 生态环境部将联合湖南省人民政府举办六五环境日主场活动

4 月例行新闻发布会现场 (2)

关键看点

主持人刘友宾：新闻界的朋友们，上午好！欢迎参加生态环境部 4 月例行新闻发布会。

党和国家高度重视水污染防治工作。中央财经委员会第一次会议指出，打好污染防治攻坚战，要打几场标志性的重大战役，并对水污染防治战役进行部署。今天的新闻发布会，我们邀请生态环境部水环境管理司司长张波，介绍我国水污染防治工作取得的进展及下一步工作安排，并回答大家关心的问题。

下面，我先通报三项重点工作情况。

一、秋冬季大气污染综合治理攻坚行动目标超额完成

为切实做好大气污染防治工作，2017 年，生态环境部联合 9 部委和京津冀及周边 6 省（市）人民政府共同启动了京津冀及周边地区 2017—2018 年秋冬季大气污染综合治理攻坚行动，确保 2017 年 10 月—2018 年 3 月，京津冀大气污染传输通道城市（以下简称“2+26”城市）$PM_{2.5}$ 平均浓度同比下降 15% 以上，重污染天数同比下降 15% 以上。

在 9 部委和 6 省（市）人民政府以及社会各方共同努力下，攻坚行动进展顺利。

一是以“散乱污”综合整治为重点，优化产业结构。“2+26”城市共排查整治涉气“散乱污”企业 6.2 万家，据估算，对 $PM_{2.5}$ 浓度下降贡献率达 30% 左右。

二是以散煤清洁化替代为重点，优化能源结构。2017 年，“2+26”城市淘汰燃煤小锅炉 5.6 万台，完成“双代”（“煤改气”“煤改电”）

394 万户，共替代散煤 1 000 万吨左右。

三是以公路转铁路为重点，优化交通结构。2017 年，环渤海港口铁路运输煤炭同比增加近 20%，全面完成集输港煤炭“公转铁”。

四是全面开展重点行业综合治理，加强无组织排放管理。全面推进排污许可管理，重点领域重点治理，实施工业源全面达标排放行动计划，烟气排放自动监控全覆盖；对“2+26”城市钢铁、焦化、铸造、电解铝、化工等行业实施错峰生产、错峰运输。

五是准确预报重污染，及时妥善应对。实现空气质量 3 天准确预报和 7 天潜势分析，污染过程预报准确率接近 100%，污染级别预报准确率 75% 以上；“2+26”城市统一预警、联动应对，夯实预案清单。据测算，通过开展重污染天气应对，实际空气质量污染程度均比预测结果降低了 1 ～ 2 个级别。

六是加强科学研究，支撑精准施治。启动大气重污染成因与治理攻关项目，“一市一策”跟踪研究，开展精细化来源解析，提出可操作性强的城市大气污染防治综合解决方案和区域总体解决方案。

监测数据显示，2017 年 10 月—2018 年 3 月，“2+26”城市 $PM_{2.5}$ 平均浓度为 78 微克 / 立方米，同比下降 25.0%，重污染天数为 453 天，同比下降 55.4%，均大幅超额完成下降 15% 的攻坚行动目标。

二、生态环境部等四部委联合调整进口废物管理目录

近日，生态环境部、商务部、国家发展改革委、海关总署联合印发《关于调整〈进口废物管理目录〉的公告》，分批调整《进口废物管理目录》：

将废五金、废船、废汽车压件、冶炼渣、工业来源废塑料等16种固体废物调整为禁止进口，自2018年12月31日起执行；将不锈钢废碎料、钛废碎料、木废碎料等16种固体废物调整为禁止进口，自2019年12月31日起执行。

2017年7月，中国政府发布《禁止洋垃圾入境推进固体废物进口管理制度改革实施方案》（以下简称《实施方案》），明确提出“分批分类调整进口固体废物管理目录”“逐步有序减少固体废物进口种类和数量”。2017年年底原环境保护部会同有关部门已将生活来源废塑料、未经分拣废纸、废纺织品、钒渣等4类24种固体废物调整为禁止进口。此次目录调整是推进固体废物进口管理制度改革的又一项重要改革措施。

限制和禁止固体废物进口是贯彻落实新发展理念、着力改善生态环境质量、保障国家生态安全和人民群众健康的一项重大举措。党中央、国务院高度重视，党的十九大报告明确将加强固体废物和垃圾处置作为着力解决突出环境问题的重要内容，今年的政府工作报告把加强固体废弃物和垃圾分类处置、严禁“洋垃圾”入境作为今年的一项重点工作。

下一步，生态环境部将会同有关部门全面贯彻落实党的十九大精神和政府工作报告要求，认真落实党中央、国务院决策部署，坚定不移、从严把握、不折不扣地落实好《实施方案》，确保各项改革措施落地见效，严禁“洋垃圾”入境。

三、生态环境部将联合湖南省人民政府举办六五环境日主场活动

今年6月5日是《环境保护法》（2014年修订）规定的第4个环境日。

生态环境部近日发布今年环境日主题：美丽中国，我是行动者。该主题旨在进行广泛社会动员，推动社会各界积极参与生态环境事务，尊重自然，顺应自然，保护自然，知行合一，像爱护眼睛一样爱护生态环境，像对待生命一样对待生态环境，共同打好污染防治攻坚战，携手建设天蓝、地绿、水清的美丽中国。

今年六五环境日，生态环境部与湖南省人民政府将联合在长沙市举办主场活动，将发布《公民生态环境行为准则》，揭晓2016—2017年绿色中国年度人物，启动“美丽中国，我是行动者”主题实践活动。

下面，请张波同志介绍情况。

生态环境部水环境管理司司长张波

水污染防治取得积极进展，但形势依然十分严峻

张波： 新闻界的各位朋友，大家上午好！

各位长期以来都十分关注、关心、支持我国水污染防治工作，可以说，我们取得的每一点进步，都与大家的关注和支持是分不开的。在此，我代表我的同事们向大家表示衷心感谢！下面，根据新闻发布会的安排，我先通报一下水生态环境保护工作有关情况，之后再回答大家关切的问题。

党中央、国务院一直高度重视水污染防治工作，尤其是党的十八大以来，习近平总书记就加强水生态环境保护提出了一系列新理念、新思想、新举措。党的十九大对生态文明建设和生态环境保护进行了系统总结和重点部署，我国的水生态环境保护工作也迎来了难得的机遇。《深化党和国家机构改革方案》整合了7项涉水职责，中央财经委员会第一次会议明确作出打好污染防治标志性重大战役的决策部署，为我们打好污染防治攻坚战提供了根本遵循和行动指南。

生态环境部会同各地区、各部门认真贯彻落实《水十条》和《水污染防治法》（2017年修正），全国水污染防治初步取得积极进展。总体来讲，主要有三个方面。

一是明确目标，分解责任，传导压力。受国务院委托，生态环境部与31个省（区、市）人民政府签订水污染防治目标责任书，会同相关部门建立了全国水污染防治工作协作机制，推动京津冀及周边地区、长三角、珠三角分别建立水污染防治联动协作机制。扎实开展中央环境保护督察，

夯实地方主体责任。各地积极建立河（湖）长制，“党政同责”“一岗双责”的治理格局基本建立。

推动《水污染防治法》等法律法规制修订工作，为打好水污染防治攻坚战提供了有力的法律依据和保障。会同相关部门印发实施《重点流域水污染防治规划（2016—2020年）》《近岸海域污染防治方案》《关于推进水污染防治领域政府和社会资本合作的实施意见》《城市黑臭水体整治工作指南》等20项配套政策措施，有效指导各地《水十条》相关工作扎实开展。逐月开展水环境形势分析，打好预警通报、专项督导、信息公开、督察问责组合拳，推动落实地方主体责任，努力补齐短板。

二是重点任务取得积极进展。截至2017年年底，全国338个地级及以上城市集中式饮用水水源保护区中，97.7%完成保护区标志设置。完成长江经济带319个地级及以上城市饮用水水源地490个环境违法问题清理整治。全国295个地级及以上城市共排查确认黑臭水体2 100个，94.3%已经开工整治。指导北京市、河北省开展密云水库上游流域生态保护补偿合作。协调天津市、河北省签订引滦入津上下游横向生态补偿协议，河北省清理潘大水库网箱养鱼4万多箱，天津市于桥水库水质明显改善。清查各类入海水流，清理完成584个非法或设置不合理入海排污口。指导各地完成2.8万个建制村环境整治年度目标任务。全国关闭或搬迁畜禽养殖禁养区内养殖场（小区）和养殖专业户25万多个。全国涉及废水排放的省级及以上工业集聚区中已有93%建成污水集中处理设施。《水十条》实施以来，共推动建成514座园区污水处理设施，新增工业污水处理能力近1 000万吨/天，园区污水处理基础设施短板正在加速补齐。

三是水环境质量持续改善。2017 年，全国地表水国控断面Ⅰ～Ⅲ类比例为 67.9%，同比增加 0.1 个百分点；劣Ⅴ类比例为 8.3%，同比减少 0.3 个百分点。全国水环境质量总体保持了持续改善的势头。

尽管我国水污染防治初步取得积极进展，但面临的形势依然十分严峻。一些地方还没有牢固树立“绿水青山就是金山银山”的绿色发展理念，发展方式粗放的问题还没有根本解决，城镇和园区环境基础设施建设欠账较多、面源污染控制尚未实现有效突破，流域水生态破坏比较普遍，水环境风险隐患突出，年度水质目标完成压力很大。

下一步，我们将全面贯彻落实《水十条》和《水污染防治法》（2017 年修正），围绕生态环境改善目标，坚持山水林田湖草系统治理，污染减排和生态保护两手发力，加快生产、生活等污染源减排和水生态系统保护修复，坚决打好城市黑臭水体治理、渤海综合治理、长江保护修复、水源地保护、农业农村污染治理等标志性重大战役。

谢谢大家！

再难也要打好黑臭水体整治攻坚战

经济日报记者：黑臭水体是城市环境治理的“顽疾”。我们了解到，生态环境部将联合住房和城乡建设部于 5 月初启动 2018 年黑臭水体整治环境保护专项行动，并作为污染防治攻坚战的七大标志性战役之一，请问生态环境部就打好这一战役有何打算？

张波：谢谢您的提问，黑臭水体问题实质是污水、垃圾直排环境问题，

“根子”在于城市环境基础设施不合格，城市环境基础设施建设是“老大难”问题，也是城市转型发展必须迈过的一道坎。党中央、国务院高度重视黑臭水体整治，不久前召开的中央财经委员会第一次会议把黑臭水体整治作为打好污染防治攻坚战的标志性重大战役，而且涉水的5个攻坚战中黑臭水体整治是“当头炮”。整治黑臭水体最重要的目标就是以黑臭水体整治为抓手，倒逼城市环境基础设施建设，加快补齐短板，改善城市水环境质量，推动城市的转型升级。

整治黑臭水体是我们贯彻落实党中央决策部署的必然要求，是改善城市水环境质量的客观需要，同时也是人民群众的殷切期盼，再难我们也要打好、打赢这个攻坚战。为了推动黑臭水体整治工作，生态环境部联合住房和城乡建设部等有关部委，主要做了两方面的工作：

一是顶层设计，立规立标。我们联合10部委印发了《水污染防治行动计划实施情况考核规定（试行）》，明确了黑臭水体治理的具体任务、目标，联合住建部门印发了《城市黑臭水体整治工作指南》等文件，为地方黑臭水体整治工作提供了指导和规范。

二是加强监督，定期调度。我们与住房和城乡建设部联合建立了定期调度制度，利用公众举报和卫星遥感手段，对工作进展缓慢的地区予以监督和指导。截至去年年底，通过城市黑臭水体监管平台共受理6 400多条公众举报的信息，通过卫星遥感发现疑似黑臭水体327个。经过排查，全国地级及以上城市建成区内共确认黑臭水体2 100个，其中直辖市、省会城市、计划单列市，也就是我们所说的36个重点城市排查确认黑臭水体681个，这就是我们打攻坚战需要整治的对象。

各级党委和政府认真贯彻落实《水十条》，总体取得了积极进展，截至去年年底，已有 1 980 个黑臭水体开工整治。为扎实推进黑臭水体整治工作，生态环境部与住房和城乡建设部于 4 月 12 日联合印发了《关于开展 2018 年城市黑臭水体整治环境保护专项行动的通知》。下个月，两部将组织 10 个工作组对广东、广西、海南、上海、江苏、安徽、湖南、湖北等首批 8 个省（区、市）开展专项督查。这次督查有五个特点：

一是形式督查和实质督查相结合，力戒形式主义。一方面感官上不黑不臭，老百姓认可是一个指标；另一方面，水质监测结果符合标准也是一个指标，这两方面是形式督查的重要指标，主要看面上有没有完成任务。实质督查要检查污水直排环境问题是不是有效解决？污水是不是收集起来？收集起来排到哪里去了？是不是得到有效处理？把污水收集起来又直接排到下游去的做法是不允许的。再就是垃圾收集转运及处理处置体系是不是有效建立了？把收集起来的垃圾异地违规倾倒也是不允许的，这不算是实质性解决了问题。这次督查的特点，就是形式督查和实质督查有机结合，力戒形式主义。

二是把群众是否满意作为首要标准，公众全程参与。专项行动之前，公众可以通过城市黑臭水体监管平台举报疑似黑臭水体，截至 2017 年年底我们已经收到了 6 400 多条举报信息，给我们排查黑臭水体提供了很重要的信息；专项行动期间我们还会公布举报电话、公众举报微信公众号，方便公众反映问题；专项行动结束以后，公众依然可以通过城市黑臭水体监管平台和公众举报微信公众号对黑臭水体整治工作进行监督。公众参与是全过程的，公众满意度是这次专项行动的首要标准。

三是加强联动，形成合力。这次专项行动是由生态环境部联合住房和城乡建设部一起开展，两部发挥各自的优势形成合力，针对36个重点城市和部分抽查城市开展专项行动。各个省还要参照国家的工作机制开展本行政区的黑臭水体整治专项行动，这就形成了上下联动形成合力的工作机制。

四是"五步法"系统推进，落实责任。专项行动将借鉴"五步法"——督查、交办、巡查、约谈、专项督察的经验，9—10月还要对交办的问题整改情况进行巡查，提出约谈建议，对约谈后依然整改不力的，将会纳入中央环境保护督察进行问责。

五是滚动管理，不获全胜不收兵。专项行动结束之后，我们还要实行滚动管理，凡是黑臭现象反弹的，群众有意见的，经过核实重新列入黑臭水体清单，继续督促整治，直至黑臭水体彻底解决，长治久清。这个问题我就回答到这里。

将尽快形成统一的排污口技术管理规范

澎湃新闻记者：去年水利部和生态环境部联合针对长江经济带开展了排污口的专项检查，我想问一下排污口这次检查以后发现了哪些问题，对这些问题咱们采取了哪些措施？

张波：排污口管理是控制污染的关键环节。《海洋环境保护法》《水污染防治法》（2017年修正）《水法》等法律法规都对排污口的管理作出了相应的规定。刚才您提到的长江经济带排污口专项排查，是水利部门牵头、我们参与的。实际上还有沿海的入海排污口排查整治工作。

机构改革以前入河排污口管理职能散落在多个部门，各相关部门立足各自职责开展了大量工作，有许多好的经验、好的做法。但是由于各部门对排污口的理解不同、定义不同、统计的口径也不尽一致，导致排污口管理不够规范，在一定程度上也制约了水环境质量的改善。这次机构改革包括排污口设置管理在内一共有 7 项职责并入生态环境部，下一步我们将按照党中央的改革部署，会同各兄弟部门落实转隶工作，尽快履职尽责。在各相关部门前期工作的基础上，继承发扬好各部门的好经验，进一步做好排污口的管理工作。主要有四方面的考虑：

一是各部门都有管理技术规范，要在现有的各类排污口管理规定的基础上，尽快形成统一的排污口技术管理规范。

二是组织开展排查，摸清底数，为每一个排污口登记建档。

三是明确各类排污口的责任主体，排污口是谁的，责任主体要明晰。

四是分类整治，通过取缔一批、规范一批、完善一批，不断提高排污口管理水平，为水环境质量改善发挥积极的作用。

一些工业园区环境基础设施没有建立起来或没有有效运行起来

中央广播电视总台记者： 城市工业集聚区的设立本意是更好地服务于环境治理。但我们了解到，一些工业园区废水处理能力较低、违法乱排等环境违法问题严重，违背了初衷。请问贵部对此有何针对性举措？

张波：工业园区已经成为我们国家工业发展的载体，现在新上的项目都要进园区，这是一个规矩。2016 年国家级的园区经济总量就达到了 17 万亿元，占当年全国 GDP 的 23%，这还只是国家级。各级各类工业园区经济总量占全国 GDP 的 60% 以上，应该说园区为促进我们国家的经济发展发挥了很大的作用，作出了很大的贡献。

但是，有一些工业园区重发展轻环保，环境基础设施长期没有建立起来，或者没有有效运行起来。环境污染事件时有发生，这已成为制约我们水生态环境改善的一个突出短板。《水十条》对工业园区环境管理有明确的规定：到 2017 年年底，工业聚集区应按规定建成污水集中处理设施，并安装自动在线监控设施；京津冀、长三角、珠三角等区域提前一年完成，逾期没有完成的一律暂停审批和核准其增加水污染物排放的项目，依照有关规定撤销其园区资格。《水十条》的要求非常清楚，而且是很有权威性的，一定要严格贯彻落实。

2016 年生态环境部会同相关部门重点推动京津冀、长三角、珠三角三个重点区域省级以上工业聚集区的工作。到 2016 年年底，根据地方上报，三区（京津冀、长三角、珠三角）共 597 家省级以上工业聚集区，97% 的园区按规定建成了污水集中处理设施。对未完成任务的园区经生态环境部联合国家发展改革委、工业和信息化部等部门抽查核实后，三部委联合限批了 6 家园区，其他由地方进行了限批，河北省还撤销了一家省级工业园区。

2017 年，我们会同相关部门进一步加大了督导力度，根据目前调度数据，截至今年 3 月底，全国有工业废水排放的省级以上工业聚集区 2 356 家。其中 94% 的园区按规定建成了污水集中处理设施，92% 安装了自动在线监控设施，仍有188家园区未完成任务。对于未完成任务的园区，我们已经要求各省严格落实《水十条》规定实行限批，绝不允许在没有污水收集处理设施的情况下，新增水污染物排放项目。据我们了解，各地正在积极落实，比如安徽省限批了12家园区，河南省刚刚限批了7家园区。下一步生态环境部将会同有关部门对工作滞后地区加大抽查的力度，对谎报园区数量等弄虚作假行为，纳入中央环境保护督察范围严格督察。

将抓紧制定渤海综合治理攻坚战作战计划

封面新闻记者：中央财经委员会第一次会议提出要打好污染防治攻坚战七大标志性战役，其中包括了渤海综合治理。我们了解到，本轮机构改革后，海洋环境治理职责已经从国家海洋局转移到生态环境部。请问生态环境部在渤海综合治理方面将会采取哪些举措？

张波：渤海是上承海河、黄河、辽河三大流域，下接黄海的半封闭内海，水体交换与自净能力比较差。同时，渤海沿海地区又具有发展经济的便利条件和区位优势，环渤海"三省一市"在经济社会快速发展过程中，也给渤海带来较大的生态环境压力。一是一些地区产业结构偏重，粗放型经济增长方式还没有完全转变过来，大规模填海造地损害海洋生态系统的问题突出。二是海洋资源开发等经济活动对海洋生态环境造成较大压力，比如海水养殖规模非常大，由于饲料、药品等投入量比较大，对养殖水域造成了污染，另外，还存在过度捕捞问题，海上的石油开采也需要在环境保护方面进一步加强监管。三是海岸线附近区域有很多重大环境风险源，存在较大的生态环境隐患。

下一步，我们将全面贯彻中央财经委员会第一次会议决策部署，坚持陆海统筹，以改善海洋生态环境质量为导向，实行治理污染与保护生态两手发力，贯彻《海洋环境保护法》《水污染防治法》（2017 年修正）、《水污染防治行动计划》《近岸海域污染防治方案》，会同各有关部门和环渤海三省一市抓紧制定渤海综合治理攻坚战作战计划。

总体上，我们会加强以下四方面重点工作：

一是加强陆域污染治理，以入海排污口和不达标的入海河流为重点，推动渤海陆源污染综合整治。

二是加强海洋生态保护，严格控制围填海和占用自然岸线，对受损的近岸海洋生态进行保护修复，加大滨海湿地的保护力度。

三是加强港航污染治理。今年国家发布了《船舶水污染物排放控制标准》，按照相关规定，不达标的船舶要进行改造或限期淘汰，同时港口码头要增强污染防治能力，对船舶的污水、垃圾要有接收的能力，接收之后要与地方的污染治理建立联动机制，使船舶和港口码头的污水垃圾能够得到有效处理。

四是推动绿色发展。积极做好涉海重点行业的清洁生产，从全过程减少资源能源消耗，减少污染物产生和排放。如果发展方式粗放的问题解决不了，单靠生态环境末端监管，其效果也是难以持久的。希望各级各部门、各行各业都要负起保护海洋环境的主体责任，积极参与渤海综合治理。

将会加强督办企业违法违规排放废渣、污水问题

中央广播电视总台记者：最近媒体曝光了多家企业违法违规排放废渣、污水等现象，想问一下，怎么看待还有一些企业明目张胆违法排污现象？怎么建立长效机制进行监管？

张波：作为一名环境管理工作者，每次看到这样的情况都特别气愤，和大家一样。

第一，在这里我想首先感谢我们新闻界的朋友，把这样的丑陋现象摆到桌面上来，摆到桌面上来大家都看到了，就会很有力地促进整改。信息公开是生态环境保护工作一个很重要的方面，所以首先要感谢新闻界朋友在这方面付出的辛苦，你们的努力是很有价值的。

第二，《环境保护法》（2014 年修订），媒体称“史上最严的”“长了牙齿的”。《环境保护法》（2014 年修订）生效以来，各地按照该法的要求采取了一系列措施，应该说力度不可谓不大，成效是明显的，您刚才提到中央环境保护督察，也是力度很大，成效很明显，这在生态环境质量改善上就能充分体现出来。但是你讲的这些现象也给我们提出一个严峻的事实，就是总体上在生态环境保护取得积极进展的背景下，环境保护、环境监管不平衡、不协调的问题依然相当严重。千万不能被一些积极进展蒙蔽了双眼，看不到薄弱环节。对此，我们必须高度警惕，高度重视，而且要举一反三来解决好这些问题。这是我想讲的第二点。

第三，根据我了解的情况，江苏省的同志已经连夜组成工作组赶赴

现场进行调查，我相信很快就会有一些调查结果出来，会向大家通报有关情况。生态环境部也会持续关注这件事情，并加强督办，确保这件事情得到依法处理。

正在制定农业农村污染治理攻坚战作战方案

中央广播电视总台记者：我们注意到这次机构改革将监督指导农业面源污染治理职责划转到了生态环境部，农村污染防治问题涉及乡村振兴战略的实现，生态环境部在这方面有什么安排和部署？

张波：治理农业农村污染，是实施乡村振兴战略的一项重要任务，事关全面建成小康社会，事关农业农村生态文明建设。农业农村生态环境搞好了，“米袋子”“菜篮子”“水缸子”也就有了可靠的保障，城乡居民都是受益者。党中央、国务院高度重视农业农村污染治理，中央财经委第一次会议也把农业农村污染治理列为污染防治攻坚战的标志性重大战役。农村生态环境保护，不同于城市和工业的生态环境保护，农村生态环保应当以“用”为核心，要做好“用”这篇文章。

不能简单地把工业和城市污染的治理模式搬到农村来，要努力让农民在“用”的过程中受益，在受益的同时履行应当履行的生态环保责任。如何做好“用”这篇文章，可能要发挥好“两个作用”。一个是政府要更好地发挥作用，像生态环境保护部门就要加强监督管理，通过“以堵促疏”，来倒逼农业农村废弃物资源化利用。同时，有关部门、地方政府，也要做好“一岗双责”的工作，为废弃物的综合利用创造有利条件。另一个是要充分发挥市场的决定性作用，培育发展农村环境治理市场主体，推动建立农村有机废弃物收集、转化、利用三级网络体系，探索规模化、专业化、社会化的运营机制。所以，农村生态环保要“疏”“堵”结合，“以堵促疏”。生态环境保护部门的监督管理很重要，但是“用”恐怕还是一篇更核心的文章，这是总的看法。

围绕农业农村污染治理，近年来生态环境部主要做了以下工作：一是治理农村生活污水垃圾，改善农村人居环境。二是强化饮用水水源地保护，保障农村饮水安全。三是推进畜禽养殖污染防治，减少农业面源污染。四是加大环境执法监管力度，防止污染向农村转移。截至2017年年底，中央财政累计安排农村环保专项资金435亿元，完成13.8万个村庄环境综合整治，整治后的村庄人居环境明显改善，近2亿农村人口受益。

当前，我国农业农村生态环境保护与全面建成小康社会要求和农民群众期待还有较大差距。

下一步，生态环境部将重点做好以下工作：一是会同有关部门制定农业农村污染治理攻坚战作战方案。明确目标任务，细化整治重点和政策措施，做到按图施工、挂图作战，确保农业农村污染治理三年时间明显见效。二是配合有关部门推进农村人居环境整治三年行动。指导各地紧密结合《全国农村环境综合整治“十三五”规划》的实施，优先整治重要饮用水水源地周边和水质需改善控制单元内村庄的生活垃圾、污水，确保到2020年实现新增完成13万个建制村生态环境综合整治的目标任务。三是加大农业面源污染防治监督指导力度。坚持“疏”“堵”结合、“以堵促疏”，推动农业清洁生产和绿色发展，实现农业投入品减量化、生产清洁化、废弃物资源化、产业模式生态化。四是加强农村环境执法监管。依法查处环境违法行为，防止工业和城市污染向农村转移，切实维护农民群众的权益，增强农民群众的获得感。

污水处理厂超标排放是运营管理不到位所致，大气污染防治既是攻坚战、也是持久战

人民日报记者： 我有两个问题，第一个问题是关于污水处理厂的，前几天生态环境部公布了 2017 年国控污染源超标情况，里面很多违规企业是污水处理厂，本应该是处理污水的污水处理厂成了污染源，您如何看待这个现象，该如何解决？第二个问题关于空气质量的，前几天生态环境部公布了 3 月空气质量，$PM_{2.5}$ 浓度反弹，今年以来又发生污染天气，我想问一下原因在哪里，该如何解决？

张波： 您这个问题也给我们两位提出一点小挑战，我们需要打通水和气来回答你这个问题。首先我回答前半段的问题，水上的问题。正常的城市污水处理难度并不大，污水处理厂超标排放实际是运营管理不正常的问题，运营管理不正常的原因是多方面的。

首先，有些地方运行经费不落实，这就出现了建设难、运营难的问题。建设难、运营难的背后是一些地方财政比较困难、地方债务比较高，不过更重要的是国家已经给了一些经济政策，但没落实到位，没发挥应有的作用。

在地方，污水处理费是与自来水费一起征收的，所以自来水厂能管

到的地方，征收污水处理费是没有问题的，基本上是足额缴纳。但是还有一部分水是从地下水自备水井取的，这部分的管理在一些地方比较薄弱，用了水之后污水处理费收不上来，有些地方地下水的比例还很大，能占到一半左右，这就使得污水处理厂污水量上来了，但是污水处理费上不来，得不到必要的污水处理费，可想而知，运营单位很难持续地支撑下去。

这里的问题关键在于政府要更好地发挥作用，要规范各类水资源的管理，该收的费用要足额缴纳，这样即使是财政困难的地方也能够支撑污水处理厂的运营管理费用，这是第一个原因，也是比较常见的。

其次，污水处理厂污水收集范围内可能有一些工业企业，当然我们是要求这些工业企业进入园区的，但是由于历史的原因，有些工业企业就在城区。所以城市污水处理的相当一部分是工业废水。《水污染防治法》（2017年修正）要求工业企业必须先进行预处理，达到城市污水处理厂能够接纳的水平之后才可以入网。这里就有一个监督管理的问题。

工业企业和城市污水处理厂首先要签订委托处理合同，生态环境部门按照相关的法规标准和委托处理合同确定的浓度，加强对工业企业的监督。如果工业企业入网的水达标了，污水处理厂超标责任在城市污水处理厂；如果工业企业入网的水超标了，那超标责任在工业企业。由于工业企业不是直排，而是通过污水处理厂排放污水的，这就使得责任关系有时候变得比较复杂，所以各地的生态环境部门一定要会同住建部门明晰工业企业和城市污水处理厂的责任，按照委托处理合同所规定的数值和国家有关规定严格依法监管。当然，对污水处理厂本身也要加强监督，对污水处理厂的拨款应当按照水质、水量拨付，不达标的不能给污水处理费。监督管理能到位的话，相信您刚才说的问题就会得到较好的解决。

刘友宾：第二个问题是关于大气环境治理。大气环境质量是社会高度关注的问题，今天是一次污染过程，大家也感觉到了污染程度应该说比过去要轻得多。3月虽然有些污染的天数，但是明显的污染峰值在降低，所以大家感受到的强烈程度比原来有所缓解。《大气十条》实施以来，通过社会各方面共同努力，大气污染防治工作取得成效，生态环境质量改善给人民群众带来真正的获得感。同时，要看到大气污染防治工作还受很多因素影响。大气污染防治既是攻坚战，也是持久战。可以分为三个阶段：

第一个阶段就是开始的“敌强我弱”阶段，这个阶段我们虽然付出很多努力，但是成效一时显现不出来，这时候需要坚定信心，持之以恒。

第二个阶段处于“战略相持”，这个阶段非常艰难困苦，我们的工作不断有成效，但是和人民群众的需求和期望仍然有差距，而且空气质量还会受到温度、气象条件影响，特别是在气象条件不利的时候，空气质量状况就会有波折、波动。

第三个阶段是通过更多的努力，我们能更好地摆脱气象条件的限制或约束，大气污染防治工作能取得更高阶段的胜利。

根据北京市的情况来看，专家们认为目前这个阶段应该是属于“战略相持”阶段，已经初步告别了“敌强我弱”的阶段，但还没有达到完全摆脱自然条件约束的境界，还需要付出更多的努力。

过去几年的数据表明，北京市的环境空气质量总体持续改善，但是单月波动还是比较明显的。2013—2017 年，北京市 1—3 月 $PM_{2.5}$ 平均浓度分别为124微克/立方米、114微克/立方米、93微克/立方米、69微克/立方米、84微克/立方米，平均为97微克/立方米。2018年1—3月，北京市$PM_{2.5}$平均浓度为57微克/立方米，同比下降32.1%；2013—2017年，北京市3月$PM_{2.5}$平均浓度分别为107微克/立方米、96微克/立方米、87微克/立方米、93微克/立方米、63微克/立方米，平均为90微克/立方米，2018年3月，北京市$PM_{2.5}$平均浓度为88微克/立方米，基本处于过去5年同期平均水平。

气象专家们对3月的北京市气象条件做了深入的分析。3月北京市的气象条件处于非常不利的状态，大气污染扩散条件是6年来历史同期最差，地面平均风速仅为1.2米/秒；中层北风频率仅为22.6%，远低于常年50%的水平；中层温度显著偏高，在3月11—15日这次污染过程中，北京市遭遇了近20年来最强的一次逆温，导致污染物快速积累。

同时，大家知道今年北方地区长时间没有有效降水，沙尘天气有所增加，3月北京市先后出现了两次沙尘天气，这是一个方面。另外一方面，3月中旬以来一些错峰生产的行业逐步恢复生产，工业污染物排放量增长较大。受以上两方面因素影响，3月$PM_{2.5}$浓度同比上升，但还是处于过去5年同期的平均水平。

3月北京市的空气质量变化，正说明了大气污染治理的长期性、复杂性和艰巨性，提醒我们应该持之以恒、坚定不移地打好污染防治攻坚战、打赢蓝天保卫战，不能因为《大气十条》取得一些进展而有任何松懈。一定要看到打赢蓝天保卫战是一场艰巨复杂的战役，现在到了啃“硬骨头”的时候。同时，也不能因为大气污染形势出现一些波动而丧失信心，一定要按照党中央的部署，持之以恒抓好大气污染防治工作。

天不帮忙，人更要努力。不管风云如何变幻，都要持之以恒做好自己的工作。

将推动高污染行业企业退出雄安新区

北京晚报记者：去年有媒体曝光雄安新区白洋淀水污染问题，您能否介绍一下白洋淀水污染防治的相关工作安排？

张波：设立雄安新区是以习近平同志为核心的党中央作出的一项重大的历史性战略决策，是千年大计。加强雄安新区的水污染防治工作对保护白洋淀及周边水生态环境，构建雄安新区生态城市具有十分重要的意义。但是现在看来，雄安新区水生态环境确实也面临许多需要攻克的难题。一是水资源严重短缺，这个流域上游有100多座水库，总库容量超过36亿立方米，大家一块蓄水，连汛期的水也下不来，河湖得不到必要生态流量的补充，何谈水生态。这个区域的水资源七成左右用于农业，农业水价比较低，在这样的水价下，大家对节水灌溉措施缺乏动力。二是工业、城市、农业等各方面的污染物排放量是比较大的，污染减排任务十分艰巨。三是水生态环境的承载力不足，由于生态流量得不到满足，河湖水生植被就难以谈起，水生态的破坏和水质的下降就形成了一种恶性循环，流域内的治污压力也会更大。

为坚决落实好党中央、国务院的决策部署，生态环境部成立了雄安新区生态环境保护工作领导小组，与河北省人民政府签订了《推进雄安新区生态环境保护工作战略合作协议》，先后指导河北省编制了《雄安新区生态环境保护规划》《白洋淀生态环境治理和保护规划》，制定了《大清河流域水污染物排放标准》，协调财政部安排2017年中央水污染防治专项资金5亿元，支持新区的“洗脸工程”，为白洋淀生态恢复打下良好基础。

下一步，我们按照坚决打好水污染防治攻坚战的部署，重点做好以下工作：

一是贯彻落实《水十条》和《水污染防治法》（2017年修正）各项要求，指导雄安新区完成必答题。

二是全面治理水污染，推动高污染行业企业退出，提升白洋淀周边区县城镇污水处理能力，完善城镇污水管网体系建设。

三是恢复和保护水生态，督促严守红线，严控开发行为，制定非法挤占水域岸线建筑限期退出的清单，重塑健康生态，构建良性循环的水生态系统。

我们将会同有关部门支持指导地方继续加大雄安新区的水污染防治工作力度，为雄安新区建设作出积极的贡献。

危险废物产生单位将一律纳入排污许可

新华网记者：近期媒体曝光多起跨省异地倾倒危险废物和生活垃圾事件，对流域或者水源地造成影响，这个问题怎么解决？生态环境部有什么部署或行动？

刘友宾：危险废物处理处置事关生态环境安全，生态环境部高度重视。

这些年来，在危险废物处理处置上，我们重点开展了以下工作：

一是着力推动利用处置能力建设。截至 2016 年年底，持危险废物经营许可证单位 2 149 家，核准利用处置能力 6 471 万吨 / 年（其中，处置能力 1 249 万吨 / 年），分别是 2006 年的 2.6 倍和 9.1 倍。

二是严厉打击危险废物违法犯罪。2015 年以来，原环境保护部会同公安部、最高人民检察院对 7 起环境违法案件实施联合挂牌督办，其中涉危险废物案件 4 起。2016 年联合公安部开展打击涉危险废物环境违法犯罪行为专项行动，有力震慑了环境违法犯罪行为。

三是强化危险废物全过程监管。持续开展危险废物规范化管理督查考核，督促企业严格落实危险废物各项管理制度。

但当前我国非法转移、处置危险废物事件仍时有发生，主要原因有四个方面：

一是企业主体责任落实不到位。少数企业出于利益驱使，逃避环境监管，非法转移、倾倒危险废物。

二是处置能力不平衡。虽然整体来看处置能力过剩，但部分地区、部分种类危险废物处置能力仍不能满足处置需求。

三是异地倾倒违法行为隐蔽，部门监管难度大，现场处置、调查取证和责任追究困难。

四是异地倾倒涉及不同地域、跨多个部门，查办工作有一定难度。

针对这些问题，下一步，生态环境部将采取以下措施：

一是源头防范，着力落实企业主体责任。建立企业环保信息公开平台，要求企业公开危险废物相关信息，建立有奖举报制度，调动社会力量参与监督。

二是严惩重罚，联合公安机关严厉打击涉危险废物违法犯罪行为，震慑环境违法企业。确立涉危险废物企业环境信用评价的法律制度，将涉危险废物企业环境违法信息记入社会诚信档案并向社会公开。

三是建立长效机制。进一步完善相关协调机制，指导各省级人民政府制定并实施危险废物集中处置设施建设规划。推进排污许可制度改革，明确将危险废物产生单位一律纳入排污许可。

为了做好这项工作，4 月 9 日，李干杰部长主持召开了生态环境部常务会议，审议通过了《关于聚焦长江经济带坚决遏制固体废物非法转移和倾倒专项行动方案》，生态环境部将开展打击固体废物及危险废物非法转移专项行动，坚持突出重点，标本兼治，以长江经济带 11 个省份为重点区域，排查沿江、沿岸固体废物，严格追究固体废物产生企业和所在地政府责任，督促建立健全废物处置机制，切实消除环境隐患。专项行动中发现的问题及时移交市、县政府限期解决，并将问题整改情况作为中央环境保护督察“回头看”重要内容。对整改不力的，进行督察问责。

今年将开展饮用水水源保护区“划”“立”“治”工作

南方都市报记者： 据了解，目前我国多个饮用水水源地仍存在环境污染隐患，威胁老百姓生活安全，请问生态环境部有哪些措施来保护饮用水水源？此外，我们注意到，生态环境部上个月印发《全国集中式饮用水水源地环境保护专项行动方案》，要求在 2018 年 3 月底前，县级及以上城市完成水源地环境保护专项排查。目前排查主要发现了哪些问题?

张波: 党中央、国务院历来高度重视饮用水水源的保护工作,《水十条》《水污染防治法》(2017 年修正)都专门针对饮用水水源保护作出了明确规定和要求。中央财经委第一次会议也把饮用水水源保护作为打好污染防治攻坚战的标志性战役。

加强水源地保护,需要开展两方面的工作:

一是加强规范化建设。按照有关的法规和技术规范要求,科学合理划定保护区的范围,保护区划定是水源地保护的基础,各地一定要高度重视,负起这个责任。保护区划小了不行,划大了也不行,不划更不行。现在的问题是有些地方或是划小了,无法有效保护水源水质;或是太随意划大了,监督管理没有可操作性。

二是加强监督管理。保护区划定以后就是划定生态红线了,各地要做好"守、退、补"的工作。所谓"守",就是一旦划定这条红线,就要坚决地守住它,绝不能建设有污染、破坏生态环境、有重大环境风险等法律法规不允许的项目。所谓"退",就是对保护区已有的违规项目,要创造条件限期退出来。当然这里面的情况也非常复杂,比如原来先有了企业,然后职工多了,家属多了,逐渐形成了城市,然后又在周边找了水源地。先有企业,后有水源地,而且已经形成了城区,要退出来就非常困难。所谓"补",就是由于历史等方面的原因,暂时难以退出的,一定要采取生态补救的措施,不能放任自由。在这方面各地要有底线思维,或调整饮用水水源地,或想办法把威胁水源安全的项目退出来,在这点上特别考验地方政府以人为本、生态优先、统筹兼顾的执政,总归要勇于担当。

2016—2017 年这两年，生态环境部组织开展了长江经济带饮用水水源地保护执法的专项行动，在这个专项行动中，地级及以上城市 319 个水源地共计排查发现了 490 个问题，我现在可以欣慰地告诉大家，这些问题截至目前已经全部整改完毕。一大批过去想解决而没有解决的“老大难”问题，得到了有效解决，取得了良好成效。

今年生态环境部还将联合水利部，督促各地开展饮用水水源保护区的“划”（划定）、“立”（标志设立）、“治”（违法问题整治）三方面工作，进一步提高全国饮用水水源环境安全保障水平。按照方案的要求，2018 年年底前，长江经济带 11 个省（市）要完成县级及以上城市饮用水水源地的整治，其他地区要完成地级及以上城市饮用水水源地的整治。2019 年年底前，全国县级及以上城市饮用水水源地要全部完成整治。毫无疑问，这是一场非常艰巨的攻坚战，期待这场攻坚战取得更好的成效。

纳污坑塘整治纳入日常监管，严厉打击向坑塘非法排污行为

界面新闻记者：去年天津市、河北省渗坑污染一事引发舆论高度关注，其他地区是否还有此类污染？生态环境部针对纳污坑塘环境问题采取了哪些举措？

刘友宾：2017 年 4 月，媒体曝光天津市静海区和河北省大城县存在工业渗坑环境问题，引发社会高度关注。当时，原环境保护部第一时间采取措施，对这两个地方进行了挂牌督办。同时，迅速部署在全国范围对纳

污坑塘环境问题开展排查整治工作。

天津市和河北省采取了多项措施进行整治，公布整治方案和整治进展，前不久两地申请解除挂牌督办。目前天津市静海区和河北省大城县工业渗坑已经整治完成，生态环境部和有关部门实地察看后，对这两个地方解除了挂牌督办。

同时，各省级生态环境保护部门结合本地实际情况，制订了工作方案，对排查标准、整治要求等进行了部署。6 月，纳污坑塘全面排查工作告一段落，各地陆续转入整治阶段，各省级生态环境保护部门在网站公布了本地纳污坑塘基本情况，并陆续公布了整治方案和整治进展等。

第一阶段排查统计，三类（工业类、生活类、养殖类）纳污坑塘 1 886 个。其中，工业类纳污坑塘 521 个，污染情况较为严重，部分坑塘污水呈强酸、强碱性，有些坑塘重金属超标；生活类纳污坑塘数量最多，达 806 个，主要分布在农村地区，以容纳生活污水为主，部分坑塘属于季节性坑塘；养殖类纳污坑塘数量为 559 个，这类坑塘污染物比较单一，以畜禽养殖废水排放为主。当然 1 886 这个数字是动态的，会随着排查和整治工作的推进发生变化。

纳污坑塘排查整治工作是一项长期性、动态性的工作，各地产业布局不同、地形地貌各异，纳污坑塘的污染特征、污染程度差异较大，需要各地根据实际情况，突出整治重点、明确整治目标，科学编制整治方案并实施，建立长效机制。生态环境部将进一步督促各地做好纳污坑塘整治工作，具体如下：

一是明确将工业类纳污坑塘作为整治重点，在控制污染物扩散的基础上，按照“一坑一案、限期治理”的总体要求，在切断污染源、管控环境风险的前提下，科学制定整治方案，明确整治责任主体和目标。

二是将纳污坑塘整治纳入日常监管，严厉打击向坑塘非法排污的环境违法犯罪行为，完善验收和销号程序，加大后续监管力度，杜绝污染问题反弹。

三是做好信息公开和公众参与。各省级生态环境保护部门要每半年向社会公开纳污坑塘整治相关信息，接受公众监督。

下一步，生态环境部将继续关注纳污坑塘排查整治工作，对纳污坑塘整治工作主体责任不落实、弄虚作假、整治进度严重滞后的地方，依法依纪进行责任追究。

张波：我补充两句，纳污坑塘实质是非法倾倒问题。一些地方纳污坑塘比较多，就说明这些地方非法倾倒比较猖獗。既然是违法问题，那就要按照《环境保护法》（2014 年修订）严厉打击形成震慑。我们希望一些地方在整治渗坑的同时，还能够看到依法处理了多少违法者，依法逮捕了多少人，通过严厉的执法，来遏制非法倾倒的猖獗行为。

主持人刘友宾：今天的发布会到此结束，谢谢大家！

5 月例行新闻发布会实录

2018 年 5 月 31 日

5 月 31 日，生态环境部举行 5 月例行新闻发布会。生态环境部环境监测司司长刘志全、中国环境监测总站副站长王业耀介绍了 2017 年全国生态环境状况，生态环境部新闻发言人刘友宾主持发布会，通报近期生态环境保护重点工作进展，并共同回答了记者关注的问题。

5 月例行新闻发布会现场 (1)

重点工作

2018

31/05

- 生态环境部认真贯彻落实习近平生态文明思想和全国生态环境保护大会精神

- 10 城市第一季度水环境质量达标滞后

- 长江经济带 12 省（市）全面推进“三线一单”编制工作

- “清废行动 2018”取得阶段性进展

5 月例行新闻发布会现场 (2)

关键看点

主持人刘友宾：新闻界的朋友们，上午好！欢迎大家参加生态环境部5月例行新闻发布会。

《环境保护法》（2014年修订）规定，国务院环境保护主管部门统一发布国家环境质量信息。今天的新闻发布会，我们邀请到生态环境部环境监测司司长刘志全、中国环境监测总站副站长王业耀，发布《2017中国生态环境状况公报》，并回答大家关心的问题。

下面，我先通报近期生态环境部重点工作情况。

一、生态环境部认真贯彻落实习近平生态文明思想和全国生态环境保护大会精神

5月18—19日，全国生态环境保护大会召开，习近平总书记出席大会并作重要讲话，李克强总理在会上讲话，韩正副总理作总结讲话。会议对全面加强生态环境保护，坚决打好污染防治攻坚战，作出了系统部署和安排。会议结束后，生态环境部作出如下安排：

一是第一时间召开部党组（扩大）会和干部职工大会。传达学习习近平生态文明思想和全国生态环境保护大会精神，并对下一步贯彻落实工作进行系统动员部署。李干杰部长指出，全国生态环境保护大会是生态环境保护历史上规格最高、规模最大、影响最广、意义最深的历史性盛会。大会最大的亮点就是正式确立习近平生态文明思想，这是标志性、创新性、战略性的重大理论成果，是新时代生态文明建设的根本遵循与最高准则，为推动生态文明建设、加强生态环境保护提供了坚实思想理论基础和具体实践动力。李干杰部长强调，要把学习好、宣传好、贯彻好全国生态环境

保护大会精神作为一项重大政治任务，确保大会精神在生态环境系统落地生根、开花结果。

二是迅速召开全国生态环境宣传工作会议。前天和昨天，我们用了一天半时间，举行了2018年全国生态环境宣传工作会议。会议强调，生态环境宣传工作的核心任务，是广泛深入宣传习近平生态文明思想和全国生态环境保护大会精神。李干杰部长特别指出，既要正面宣传报道党和国家保护生态环境的坚定决心和工作成效，也要主动曝光突出生态环境问题，以及一些地区和部门党政领导干部不作为、慢作为、乱作为的问题。进一步推动社会公众广泛参与生态环境保护，壮大生态环境保护事业统一战线，为坚决打好污染防治攻坚战营造良好舆论氛围。

三是做好顶层设计，谋划七大战役。生态环境部按照党中央、国务院的部署和要求，进一步明确攻坚战的重点任务，把解决突出生态环境问题作为民生优先领域，坚决打赢蓝天保卫战，打好柴油货车污染治理、城市黑臭水体治理、渤海综合治理、长江保护修复、水源地保护、农业农村污染治理攻坚战。

四是开展中央环境保护督察“回头看”。近日，第一批中央环境保护督察“回头看”全面启动。根据安排，5月30日，中央环境保护督察组已进驻黑龙江省，今天中央环境保护督察组进驻河北省，剩下的几个督察组也将于近日陆续实施督察进驻。

五是深入推进环保督查专项行动。面向打好污染防治攻坚战的主战场和重点领域、重点工作，启动并深入开展“清废行动2018”（打击固体废物环境违法行为专项行动）、水源地专项督查（全国集中式饮用水水源地环境保护专项第一轮督查）、2018 年城市黑臭水体整治等环保督查专项行动，严格环境执法，切实解决人民群众反映强烈的突出环境问题。

六是打造生态环境保护铁军。生态环境部坚决贯彻落实习近平总书记要求，全力做好生态环保机构改革，努力建设一支政治强、本领高、作风硬、敢担当，特别能吃苦、特别能战斗、特别能奉献的生态环保铁军。5 月 22 日，生态环境部召开了全国环境执法工作暨环境执法大练兵总结部署会议，总结执法经验，部署执法工作，锻炼执法队伍。

下一步，生态环境部将继续深入贯彻习近平生态文明思想，把习近平生态文明思想深刻融入生态环境保护工作各方面和全过程，抓紧出台打好污染防治攻坚战相关作战计划和方案，以改善生态环境质量为核心，着力解决突出生态环境问题，切实肩负起生态文明建设的政治责任，坚决打好污染防治攻坚战。

二、10 城市第一季度水环境质量达标滞后

2018 年第一季度，全国有 73 个地级城市地表水环境质量达标滞后。其中，达标滞后情况最为突出的 10 个城市（自治州）为铁岭市、延安市、吉林市、四平市、哈尔滨市、昆明市、信阳市、延边朝鲜族自治州、鞍山市、合肥市。2018 年第一季度水环境形势分析表明，全国部分地区水环境质量出现反弹，达标工作滞后，水污染防治工作短板突出。

为推动相关地区加快落实《水十条》确定的目标任务，5 月 15 日，生态环境部召开水环境达标工作调度会，全国 73 个水环境质量达标滞后

地区政府负责同志参加了会议，10个达标滞后情况最为突出的地方政府负责同志作了表态发言。

下一步，生态环境部将形成滚动调度管理的工作机制，上半年每季度、下半年每月召开水环境质量达标滞后地区调度会，并向社会公开发布有关情况。

三、长江经济带12省（市）全面推进"三线一单"编制工作

为进一步规范"三线一单"编制工作有关技术要求，生态环境部组织起草印发了《"三线一单"编制技术要求（试行）》《"三线一单"数据共享系统建设工作方案》《"三线一单"成果数据规范（试行）》等3份文件，进一步细化了《"三线一单"编制技术指南（试行）》的技术要求，目前正在根据地方反馈意见进行修改完善，即将印发各地实施。

生态环境部依托长江经济带战略环评工作，以长江经济带及上游12省（市）为重点，大力推进"三线一单"编制工作，目前12省（市）均成立了由副省长挂帅的协调小组，组建了技术团队，制定了工作方案和技术方案，相关工作已全面推进，"三线一单"工作开局良好。

下一步，生态环境部将进一步强化现场指导与示范带动，强化协调调度，力争在2018年年底前基本完成长江经济带及上游12省（市）"三线一单"编制工作，初步搭建信息应用管理系统。

四、"清废行动2018"取得阶段性进展

为认真贯彻落实习近平总书记在深入推动长江经济带发展座谈会上

重要讲话精神，5 月 7—15 日，生态环境部从各地抽调人员组成 150 个督查组，开展“清废行动 2018”，对相关的 78 个地级市开展全面排查。

各督查组共摸排 2 796 个固体废物堆存点，其中清单内点位 1 410 个，主动查找的点位 1 248 个，“12369”举报点位 138 个。经过现场核实，发现存在问题的有 1 308 个。

生态环境部对发现的各类问题进行分类处理：

一是生态环境部直接挂牌督办。对问题严重的 111 个案件由生态环境部直接挂牌督办。

二是省级环境保护部门挂牌督办。对于一般性的 1 197 个问题，由生态环境部登记后转地方，由省级环境保护部门挂牌督办。

三是向全社会公开全部问题。通过生态环境部网站、官方微博微信、中国环境报，将全部 1 308 个问题向社会公开，接受公众监督。

下一步，生态环境部将督促各地按照督办要求，对堆存的固体废物，抓紧组织清理处置，防控环境风险。及时研判固体废物属性，尽快查明倾倒废物来源。对企业环境违法行为依法查处，并追究主管人员和直接责任人的责任。对监管失职渎职人员，依法依规问责追究。同时，督促长江经济带 11 省（市）举一反三，开展为期 1 个月的全面排查固体废物非法倾倒和堆存的行动。

生态环境部将适时组织对挂牌督办问题整改情况巡查“回头看”，对整改不力的和巡查中新发现问题比较突出的，列入中央环保专项督察。

下面，请刘志全司长介绍情况。

生态环境部环境监测司司长刘志全

2017 年全国大气和水环境质量进一步改善，土壤环境风险有所遏制

刘志全：新闻界的朋友，大家上午好！欢迎大家参加新闻发布会，首先我谨代表生态环境部环境监测司，对大家长期以来对生态环境监测工作的关心和支持表示衷心的感谢！按照《环境保护法》（2014 年修订）的规定，生态环境部会同国家发展改革委、自然资源部等 11 个部门共同编制完成了《2017 中国生态环境状况公报》，今天正式向社会公开发布，这是反映我国生态环境状况的公开年度报告。借此机会，我就 2017 年全

国生态环境状况做简要介绍。

2017 年在大气环境质量方面，全国 338 个地级及以上城市中，有 99 个城市环境空气质量达标，占全部城市数的 29.3%。338 个地级及以上城市平均优良天数比例为 78.0%，$PM_{2.5}$ 平均浓度为 43 微克 / 立方米，同比下降 6.5%；PM_{10} 平均浓度为 75 微克 / 立方米，同比下降 5.1%，与 2013 年相比下降 22.7%。京津冀、长三角、珠三角区域 $PM_{2.5}$ 平均浓度分别为 64 微克 / 立方米、44 微克 / 立方米、34 微克 / 立方米，与 2013 年相比分别下降 39.6%、34.3%、27.7%。北京市 $PM_{2.5}$ 平均浓度为 58 微克 / 立方米，同比下降 20.5%，与 2013 年相比下降 35.2%。463 个城市（区、县）开展了降水监测，酸雨城市比例为 18.8%，酸雨频率平均为 10.8%。

在水环境质量方面，全国地表水 1 940 个国控水质断面中，优良水质断面比例为 67.9%，同比增加 0.1%；劣 V 类断面比例为 8.3%，同比下降 0.3%，大江大河干流水质稳步改善。地下水 5 100 个水质监测点位中，优良级、良好级、较好级、较差级和极差级点位分别占 8.8%、23.1%、1.5%、51.8% 和 14.8%。地级及以上城市 898 个在用集中式生活饮用水水源水质监测断面（点位）中，有 813 个全年水质均达标，占 90.5%。全海域海水符合第一类水质标准的海域面积占中国管辖海域面积的 96%。近岸海域水质基本保持稳定，水质级别为一般，417 个水质监测点位中，一类、二类、三类、四类和劣四类点位分别占 34.5%、33.3%、10.1%、6.5% 和 15.6%。

在自然生态方面，2 591 个开展监测的县域中，生态环境质量为“优”“良”“一般”“较差”和“差”的县域分别有 534 个、924 个、766 个、341 个和 26 个，“优”和“良”的县域面积占国土面积的

42.0%。全国现有森林面积 2.08 亿公顷，森林覆盖率 21.63%；草原面积近 4 亿公顷，约占国土面积的 41.7%。全国草原综合植被盖度 55.3%。

在声环境质量方面，开展监测的地级及以上城市区域声环境等效声级平均值为 53.9 分贝；道路交通等效声级平均值为 67.1 分贝；功能区声环境昼间监测点次达标率为 92.0%，夜间监测点次达标率为 74.0%。

在辐射环境方面，全国环境电离辐射水平处于本底涨落范围内，环境电磁辐射水平低于国家规定的相应限值。

在气候变化方面，全国二氧化碳、甲烷和氧化亚氮平均浓度分别为 404.4 毫克／升、1 907 微克／升和 329.7 微克／升；中国沿海海平面较常年（1993—2011 年）高 58 毫米。

总体来看，2017 年全国大气和水环境质量进一步改善，土壤环境风险有所遏制，生态系统格局总体稳定，核与辐射安全得到有效保障，人民群众切实感受到生态环境质量的积极变化。

以上是有关情况的介绍，下面我愿意接受大家的提问。

生态环境监测要实现“三个统一”“一个加强”

中央广播电视总台中央电视台记者：今年机构改革中，生态环境部的职能得到加强，实现了“五个打通”，目前改革进展如何？生态环境监测工作如何落实改革要求？在这个大背景下，今年发布的生态环境状况公报与之前相比有何不同？是否有新增加的数据和内容？

刘志全：谢谢你的提问。大家都知道，今年中央机构改革中，生态环境部的职能、职责范围得到进一步加强，在原环境保护部的基础上组建生态环境部，在职能上重点加强了生态环境制度制定、监测与评估、监督执法和督察问责等方面的职能。

刚才记者同志提到了“五个打通”，即地上和地下打通、岸上和水里打通、陆地和海洋打通、城市和农村打通、一氧化碳和二氧化碳打通，这“五个打通”体现了进一步整合职能，强化生态环境保护监管工作。现在这项工作正在按照中央的有关部署和安排有条不紊地推进。

按照机构改革要求，目前相关部委的有关司局已经划转到生态环境部，比如国家发展改革委的原气候变化司、国家海洋局的原海洋环境保护司、原南水北调办公室水保司已经到生态环境部办公，下一步将待中央批复生态环境部三定方案后，再进一步推进相关具体工作。

我想说，这次中央机构改革特别提出要统一生态环境监测与评估，这是第一次提出来由生态环境部统一负责生态环境监测与评估工作。对于如何落实党中央精神，我的理解是生态环境监测要实现“三个统一”“一个加强”。“三个统一”，即一是统一生态环境监测的规划布局和网络建设，建成“一张网”；二是统一生态环境标准规范，形成“一套标准体系”；三是统一生态环境监测数据共享和信息发布，实现生态环境监测信息发布“一个声音”。“一个加强”就是加强监督管理，确保生态环境监测数据质量。

今天，我们向大家发布《2017 年中国生态环境状况公报》，就是贯彻中央机构改革精神，统一发布生态环境监测信息的一个具体行动，这是第一个方面。

第二个方面关于《2017年中国生态环境状况公报》发布和往年比有何不同。今年很好地贯彻了中央机构改革精神，增加了编制部门，扩大了数据的来源，翔实地反映了2017年生态环境状况。与往年比，《2017年中国生态环境状况公报》发布主要有以下几个方面的不同：

一是公报的名称发生了变化，由环境状况公报更名为生态环境状况公报。不仅反映环境质量状况，同时更加突出了生态的状况，增加了生态方面的数据。

二是公报增加了气候变化的内容。公报中出现温室气体和海平面等内容，特别是公布了全国二氧化碳的平均浓度404.4毫克／升，甲烷的平均浓度1 907毫克／升，氧化亚氮的平均浓度329.7毫克／升，并和全球的水平做了一个比较。同时，公布了我国海域总体海平面变化水平，刚才我已经在介绍时提到了，中国沿海海平面较常年（1993—2011年）高58毫米，并且公布了渤海、黄海、东海、南海的具体变化。

三是增加了农业面源的内容，将粮食作物化肥利用率、农药利用率、畜禽粪污综合利用率、秸秆综合利用率纳入了公报内容，分别是37.8%、38.8%、64%和82%左右。

四是增加了国家重点生态功能区的内容，对818个县域的生态环境年际变化进行了评估，在公报里面都有相关的内容，我就不赘述了。

公报和往年不一样，重点体现在生态环境实际状况发生了变化，和往年在数值上不一样。总的看来，全国大气和水环境质量进一步改善，土壤环境风险有所遏制，生态系统格局总体稳定，人民群众切实感受到生态环境质量的积极变化。

今年将启动生态环境监测质量监督检查三年行动计划

中国青年报记者：在打好污染防治攻坚战过程中如何确保监测数据真实准确？5月9日，我国成功发射了“高分五号卫星”，请问卫星将在环境监测上发挥什么样的作用？如何与现有的监测手段有效衔接、配合？

刘志全：你提了两个问题。第一个是如何保证数据的质量。

数据质量是环境监测的生命线，客观准确的数据是环境管理科学决策、评价污染治理成效的重要依据，所以数据质量至关重要。党中央、国务院高度重视，2017年，中央全面深化改革领导小组审议通过《关于深化环境监测改革提高环境监测数据质量的意见》，并由中办、国办正式印发，目的就是加强生态环境监测数据的质量管理，实现两个“确保”，确保环境监测机构和人员独立公正开展工作，确保环境监测数据全面、真实、准确、客观。

为贯彻落实“两办”（中办、国办）《关于深化环境监测改革提高环境监测数据质量的意见》，以及全国生态环境保护大会中确保环境监测数据质量的有关要求，我们重点将从以下四个方面开展工作：

一是从法规上，加快生态环境监测条例的制定，从立法层面强化法规建设，明确各级党委政府、相关部门以及各级各类生态环境监测机构和相关人员的责任体系，规范监测行为，加强监测数据质量保障，强化对环境监测违法行为的处罚，这项工作我们正在抓紧推进。

二是从政策上，我们认真贯彻“两办”《关于深化环境监测改革提高监测数据质量的意见》，正在会同有关部门组织制定防范和惩治领导干部不当干预环境监测活动等有关规定，强化地方党委和政府的责任。各地已经发布或正在制定关于落实“两办”意见的实施方案，据了解，目前，已经有近一半省份发布。生态环境部将会同市场监管部门加强生态环境监测机构监督管理，以及监测机构资质认定评审要求。

三是从机制上，按照“国家监测、国家考核、数据共享”的原则，实现了空气、地表水环境质量监测事权上收，避免了地方行政干扰。

四是从监督管理上，组织实施《“十三五”环境监测质量管理工作方案》，依托6个省级环境监测机构承担六大区域质控任务，构建国家、区域、监测机构三级质控体系。制定并发布环境监测类方法标准，统一监测规范，保障监测数据的科学性和可比性。建立例行检查、飞行检查、专项检查制度。当前，我们正在制定生态环境监测质量监督检查三年行动计划，今年就将启动实施，重点针对环境监测机构、排污单位自行监测与在线自动监控以及运维机构等开展检查。

最后，对于环境监测弄虚作假和人为干扰行为，生态环境部的态度是零容忍的，发现一起、查处一起、通报一起，绝不姑息。大家可能了解到了，我们今年通报了9个案例，去年12月通报了两个案例，都是喷淋国控环境空气质量监测站点的人为干扰案例。

关于你提的第二个问题，我简单说一下。生态环境部是高分五号卫星的主牵头用户，5月9日成功发射高分五号卫星，这颗卫星是高光谱分辨率的对地观测卫星，主要搭载6个载荷：可见短波红外高光谱相机、全谱段光谱成像探测仪、痕量气体差分吸收光谱仪、大气主要温室气体探测仪、大气气溶胶多角度偏振探测仪、大气环境红外甚高分辨率探测仪。这些载荷在环保监测领域可用于监测气溶胶、二氧化硫、二氧化氮、二氧化碳、甲烷、水华、水质、核电厂温排水、陆地植被、秸秆焚烧、城市热岛等环境要素。这些载荷都是非常先进的，在国际上也是领先的，这颗卫星技术含量非常高。

卫星发射以后，将与现有的监测手段相结合，对于动态监测我国大气、水环境质量状况，加强生态监管将发挥重要作用。具体将实现三个结合：一是与现有在轨运行的环境一号A、B卫星以及后续将发射的高光谱观测卫星、高精度温室气体综合探测卫星等进行协同观测，进一步提高卫星覆盖能力和定量化遥感监测水平。二是与航空遥感监测结合，即与航空遥感无人机等结合，强化对突发环境事件和重点区域的监测能力。三是结合地面环境监测网络台站数据，对大气、水、土壤及生态等要素，开展卫星遥感与地面协同监测，加快推动我国生态环境监测由点向面发展、由静态向动态发展、由平面向立体发展，逐步形成“天地一体化”的生态遥感监测能力。

卫星发射上去了，下一步我们要会同有关单位进行在轨测试，完成在轨测试总结报告编写和评审。卫星交付使用后，我们将举办应用技术培训，扩大高分五号卫星的应用效果，我们已经做好了相关准备。

长江经济带总体水质好于全国平均水质

每日经济新闻记者：长江经济带水质状况怎么样？下一步针对长江经济带水质监测有没有新的打算？

刘志全：谢谢你的提问。长江经济带作为国家战略，水环境质量是长江经济带大保护的重中之重。根据最新监测结果：2018 年 1—4 月，长江经济带总体水质良好，11 个省（市）943 个考核断面中，Ⅰ～Ⅲ类水质类别比例为 72.4%，Ⅳ～Ⅴ类比例为 24.1%，劣Ⅴ类比例为 3.5%。应该说长江经济带总体水质好于全国平均水质。

生态环境部认真贯彻习近平总书记关于推动长江经济带发展“共抓大保护、不搞大开发”的战略思想，坚决打好长江保护修复攻坚战等七大标志性战役。目前生态环境部正在抓紧编制长江保护修复攻坚战实施方案，将通过狠抓污染治理，实施严格的流域空间管控，强化饮用水保护，深化污染减排，严厉打击固体废物非法转移和倾倒，加大水产养殖污染治理力度，严格执行《船舶水污染物排放控制标准》，加强生态保护修复等措施推动长江经济带生态环境质量明显好转。

下一步针对长江经济带水质监测工作，重点需要开展以下五个方面的工作：

一是加强国家考核断面水质自动站建设。2018 年 7 月底前，生态环境部将完成长江经济带 943 个国家考核断面水质自动站建设工作，自动监测的指标包括 9 个，再加一些特征性指标。自动监测的频次是每 4 小时一次，数据实时发布。同时积极推进与长江经济带各省控、市控地表水水质自动站实现互联互通，共享监测数据，为及时把握长江经济带水质状况、预警潜在的水环境风险提供坚强支撑。

二是研究制定并出台长江经济带水质监测预警办法。定期开展长江经济带水质状况的评估，全面客观反映水质变化情况，定期发布水质监测预警信息，及时通报省、市人民政府，督促改善水质状况，推动地方政府切实采取措施，改善水环境质量，从而推动长江经济带水环境质量持续稳定改善。

三是扎实做好长江经济带排污口和污染源监督监测。按照排查、整治、监测同步推进、分阶段实施的原则，先期在 8 051 个规模以上入河排污口开展监测，逐步建立覆盖长江经济带所有入河排污口的监测网络，同时加强污染源监督性监测，强化排污口的自动监测能力建设，建立完善入河排污口和污染源监测的信息公开制度。

四是加强长江经济带生态环境监测与评估，充分发挥“天地一体化”的监测网络作用，积极开展长江经济带生态监测和评估工作。

五是强化信息公开和社会监督，及时发布信息，鼓励公众、社会和媒体的参与和监督。

积极推进国家地表水监测事权上收，7 月底前将基本完成水质自动站建设

南方都市报记者：我们注意到，部分地区氮磷污染已经上升为导致水污染的重要原因。在今年的环境状况公报中有没有总磷、总氮的指标？下一步如何解决氮磷污染问题？还有一个关于水质监测的，我们关注到在公报当中，地下水评价结果水质的较差级和极差级超过六成，比 2016 年数字有所增长，请问一下原因是什么？能否就这个指标做一些分析？

刘志全：谢谢你的提问，我先回答第一个问题。按照国家《地表水环

境质量标准》，生态环境部每月组织对全国地表水环境质量开展监测工作。监测数据表明，2017 年全国 1 940 个评价、考核、排名断面中，Ⅰ～Ⅲ类水质比例为 67.9%，同比提高了 0.1 个百分点；劣Ⅴ类比例为 8.3%，同比降低了 0.3 个百分点。全国地表水总磷的浓度同比下降 11.5%，超标断面比例为 19.1%，超过化学需氧量、氨氮，成为影响全国地表水水质的主要污染物。全国重点湖库总氮平均浓度是 1.31 毫克 / 立方米，同比上升了 4%。

为解决氮磷污染突出问题，下一步我们将重点做好以下工作：

一是加强全国地表水氮磷监测。为深化环境监测体制机制改革，确保地表水监测数据真实、客观、准确，2017 年以来，生态环境部积极推进国家地表水监测事权上收工作，2017 年 10 月起全面推行采测分离模式，2018 年 7 月底前将基本完成水质自动站建设工作，水质自动站的基本指标为五参数、高锰酸盐指数、氨氮、总磷、总氮，根据不同流域污染特点，适当增加特征污染物监测。总磷、总氮将作为基本指标进行监测和评价，全面反映全国地表水总磷、总氮污染状况及变化情况，为地表水污染防治提供支撑。

二是加强氮磷污染源监督性监测，提升入河排污口氮磷自动监测能力，建立健全入河排污口和污染源水质监测以及信息公开制度。

三是推进重点流域、近岸海域治理，全面推进固定污染源氮磷达标排放，以重点行业企业、城镇污水处理设施、规模化畜禽养殖场氮磷排放达标为突破口，加强执法。另外，新建项目严格控制氮磷新增排放。

四是全面加强农业面源污染控制，深入推进农村环境整治，加强畜禽养殖、水产养殖污染治理和资源化利用。

这是第一个问题，关于第二个问题请王业耀副站长做一个说明。

中国环境监测总站副站长王业耀

王业耀：我把地下水监测情况跟大家做一个简要的介绍。按照本次机构改革前的职责分工，原环境保护部主要负责饮用水水源地中的地下水水质监测，原国土资源部和水利部按照职责分工分别开展地下水水质监测。地下水污染的原因主要包括工业污染、农业污染和生活方式污染。下一步，生态环境部将按照机构改革的最新要求，统一规划监测网络、统一标准规范、统一监测方法和统一评价方法，构建一套业务化运行体系，对我国地下水环境开展系统全面的监测并统一发布结果。

已经初步建成了国家土壤环境监测网，布设完成了38 880个点位

光明网记者：北京市最近公布的环境状况公报首次加入土壤监测内容，为什么在《2017年中国生态环境状况公报》中没有国家土壤环境质量相关内容，下一步有何计划？

刘志全：谢谢你的提问，我也是近两天注意到了北京市发布的环境状况公报里面有土壤环境监测的数据。北京市的土壤点位是国控土壤监测点位里面的一部分，北京市的工作是做在了前面，所以他们先行把土壤国控点位监测数据做了一个简要的分析和发布。

按照《土十条》的有关要求，生态环境部已经初步建成了国家土壤环境监测网，布设完成了38 880个点位，每5年监测一次。“十三五”全国土壤环境监测工作将在2020年完成，届时将收集、汇总土壤污染状况详查等结果和信息，按程序报批后，适时向社会公开。在土壤环境监测方面，我们重点做了以下几项工作：

一是制定并印发了《“十三五”土壤环境监测总体方案》。这个方案明确了土壤环境监测的总体思路和重点任务，主要内容包括建成国家土壤环境监测网，理顺生态环境系统内纵向联动和部门间横向协同的机制，完善土壤环境监测管理方法体系，加强土壤环境监测人才队伍、信息化水平和科技创新的能力。

二是初步建成了国家土壤环境监测网，全面开展土壤环境例行监测

工作。国家土壤环境监测网基本实现对所有土壤类型、县域和主要农产品产地全覆盖。2017 年我们组织开展了土壤环境例行监测工作，已完成了 13 611 个历史基础监测点位的采样工作和部分样品的测试工作，目前正在进行样品分析、数据整理，下一步我们将适时向社会发布。

三是生态环境部目前正在开展土壤污染状况详查，这是生态环境部土壤司在牵头开展的一项工作，目前正在按照总体方案和有关技术规范要求全面开展详查。目前已完成农用地详查布点 55 万多个、采样 54 万多份，计划 2018 年年底完成农用地详查的样品采集分析工作。整个详查工作计划在 2020 年年底前完成，届时会按照程序向社会公开。

四是加快完善土壤环境监测标准规范体系。生态环境部即将发布农用地和建设用地土壤环境质量标准，同时加快土壤环境监测标准规范的制修订工作。到 2020 年年底之前，我们要完成 45 项土壤方法标准制修订任务和 20 多项新型特异性污染物分析方法，开发土壤基体标准样品和分析校准标准样品等。

"回头看"既延续了原来好的经验和做法，也有一些新的探索和实践

新华社记者：昨天，中央第三环境保护督察组对黑龙江省开展"回头看"，意味着第一批中央环境保护督察"回头看"正式启动。请问此次"回头看"与之前相比，有哪些新特点？

刘友宾：经党中央、国务院批准，第一批中央环境保护督察"回头看"

已全面启动，6个督察组将陆续进驻河北、河南、内蒙古、宁夏、黑龙江、江苏、江西、广东、广西、云南等10省（自治区）开展督察“回头看”工作。昨天，中央第三环境保护督察组已进驻黑龙江省开展工作。

这次“回头看”与中央环境保护督察一脉相承，既延续了原来中央环境保护督察工作积累的一些好的经验和做法，也有一些新的探索和实践。

第一，在组织形式上，这6个督察组要完成对10个省（自治区）的督察，采取了“一托一”或者“一托二”的方式开展督察，有的督察组要到两个省开展督察工作。除全面督察工作之外，专门针对打好污染防治攻坚战的七大标志性战役和有关重点工作，结合当地的实际情况，同步统筹安排一个专项督察。专项督察和整个督察统一实施、统一报告反馈，但是对相关的问题线索进行分开移交移送。

第二，在督察的内容上，重点督察主要盯住督察整改不力，特别是整改中存在的形式主义、官僚主义的问题，重点检查列入整改方案的重大生态环境问题及其查处整改情况，重点督察人民群众身边生态环境问题立行立改的情况，以及地方落实生态环境保护“党政同责”“一岗双责”、严肃责任追究的有关情况。

第三，时间安排上，这次“回头看”进驻期间，省级层面督察只安排5天时间，其他的时间都要进一步下沉督察，现场核实问题是否得到整改。

有关中央环境保护督察“回头看”进展情况，我们将及时向社会公布。

我国臭氧污染以轻度为主，未发生严重污染，更没有出现“爆表”情况

人民日报记者：关于空气质量，最近生态环境部发布前4个月空气质量，部分地区有所恶化。我想问一下，相对于去年秋冬季，不少地区公众对空气质量感官改变了很多，是不是强化督查力度有所减弱？另外关于臭氧污染，公报里面2017年74城市臭氧作为首要污染物天数占到了43.1%。我想问一下针对臭氧污染，生态环境部会有一些措施吗？

刘志全：谢谢，我先回答第一个问题，关于今年1—4月空气质量。近期生态环境部向社会发布了1—4月空气质量情况：全国338个城市1—4月，总体上看，全国空气质量同比仍呈改善趋势，但从单月情况看，部分地区空气质量同比确实有所下降。2018年1—4月，338个城市优良天数比例平均为76.7%，同比提高0.9个百分点；$PM_{2.5}$平均浓度为52微克/立方米，同比下降7.1%。PM_{10}平均浓度为89微克/立方米，同比下降2.2%。京津冀地区$PM_{2.5}$平均浓度为69微克/立方米，同比下降18.8%，北京市$PM_{2.5}$平均浓度为59微克/立方米，同比下降22.4%。长三角地区$PM_{2.5}$平均浓度为55微克/立方米，同比上升1.9%，珠三角地区$PM_{2.5}$平均浓度为41微克/立方米，同比持平。所以全国338个城市总体来看，1—4月和2017年比是呈改善的态势，这是总体情况。

但是3月、4月部分地区空气质量有所下降，如你刚才所提的那样，从单月情况看，部分地区空气质量同比确实有所下降。如3月，京津冀

区域13个城市优良天数比例为50.5%，同比下降15.8个百分点，$PM_{2.5}$平均浓度为80微克/立方米，同比上升27.0%；其中北京市优良天数比例为46.7%，同比下降14.6%，$PM_{2.5}$平均浓度为88微克/立方米，同比上升39.7%。4月，京津冀区域13个城市优良天数比例为58.0%，同比下降13.7%，PM_{10}平均浓度为122微克/立方米，同比上升1.7%；其中北京市优良天数比例为56.7%，同比下降16.6%，PM_{10}平均浓度为116微克/立方米，同比上升11.5%。

生态环境部组织大气污染防治联合攻关中心对部分地区空气质量下降的原因进行了分析，具体如下：

一是污染排放量大是主要原因。长期以来，我国以煤为主的能源结构、以重化工为主的产业结构、以公路运输为主的交通结构尚未发生根本性转变，决定了大气污染物排放量、排放强度依然很大。根据国家统计局有关数据，4月全国规模以上工业增加值同比实际增长7.0%，东部地区增加值同比增长8.4%。工业活动增强使得二氧化硫、烟尘和氮氧化物等大气污染物排放量显著增加；同时各类建筑施工活动普遍增多，扬尘排放明显增多，进一步提高了PM_{10}的浓度。

二是不利气象条件是直接原因。气象研究表明，4月，全国平均气温较常年同期偏高，南北温差小，静稳天气显著增加，平均降水量较常年同期偏少，气象条件不利于大气污染物的扩散，部分区域和城市$PM_{2.5}$和PM_{10}平均浓度与去年同期相比明显升高。

三是沙尘天气频发导致大气粗颗粒物超标天数增加。受我国西部、西北部及蒙古国部分地区近年来降水减少、草地超载过牧等影响，4月沙尘天气频发，浮尘和扬沙使部分区域和城市 PM_{10} 浓度同比明显上升，导致优良天数减少、污染天数增加。以京津冀地区为例，4 月共发生 4 次沙尘天气，影响天数近 10 天，分别是 4 月 2—3 日，4 月 9—10 日，4 月 16—19 日，4 月 28—29 日，由于有近 1/3 时间受到沙尘的影响，所以浮尘和扬尘使部分地区和城市 PM_{10} 浓度同比明显上升，导致优良天数减少、污染的天数在增加，和大家的感受也是一样的。

应该说，我国大气环境形势依然严峻，距离打赢蓝天保卫战的目标差距仍然很大，大气污染防治工作任重道远，仍需付出艰辛努力。

第二个问题是关于臭氧的问题。臭氧监测结果表明：

2017 年，全国 338 个城市环境空气臭氧平均浓度为 149 微克 / 立方米，同比上升 8.0%，较 2015 年上升 11.2%。2015—2017 年，338 个城市以臭氧为首要污染物的超标天数占比分别为 16.9%、22.5%、33.4%，呈逐年上升状态。2018 年 1—4 月，338 个城市臭氧平均浓度分别为 86 微克 / 立方米、104 微克 / 立方米、134 微克 / 立方米、157 微克 / 立方米，呈逐月升高趋势。74 个城市 2013—2017 年臭氧平均浓度分别为 139 微克 / 立方米、145 微克 / 立方米、150 微克 / 立方米、154 微克 / 立方米、167 微克 / 立方米，以臭氧为首要污染物的超标天数占比分别为 10.5%、16.6%、24.9%、30.8%、43.1%，呈逐年上升状态。我国臭氧污染呈现连片式、区域性污染特征，主要集中在辽宁中南部、京津冀及周边、长三角、武汉城市群、陕西关中地区，以及成渝、珠三角区域。

我们对当前臭氧污染形势和对策进行了分析，认为在标准上，与世界卫生组织（WHO）的第一到第三阶段过渡值衔接；在污染程度上，我国臭氧污染以轻度为主，未发生严重污染，更没有出现“爆表”情况。

当前臭氧污染问题凸显的主要原因：一是前体物氮氧化物和挥发性有机物（VOC_S）排放量大，尤其是 VOC_S 排放来源多、分散，尚未得到有效控制；二是高温、强光照天气；三是臭氧性质活跃、生成机理复杂，氮氧化物和 VOC_S 减排过程中也可能因比例问题导致臭氧浓度上升；四是长期以来全球和区域臭氧浓度背景值持续上升。

臭氧污染控制措施：从发达国家臭氧污染治理经验看，只要持续推进氮氧化物和 VOC_S 减排，长期来看臭氧浓度将逐渐下降，短期来看臭氧浓度可能受天气、前体物浓度比例等因素影响出现较大波动。

下一步，我们将加强对臭氧污染的治理和管控。

一是加快推进光化学监测网建设，在重点区域、重点城市开展 VOC_S 例行监测，加强工业园区和重点污染源 VOC_S 排放的监督性监测，摸清臭氧的来源和主要影响因素，为臭氧污染治理提供决策支撑。

二是扎实推进臭氧污染和 $PM_{2.5}$ 污染的协同治理。

三是着力强化氮氧化物和 VOC_S 排放重点行业、领域的治理，尤其是补齐 VOC_S 治理短板。现在正在加快步伐，加大治理的力度，特别是 VOC_S 治理量大面广，不仅仅是工业排放，还有生活的排放，包括装修涂料、餐饮等都有 VOC_S 排放，所以它是量大面广，治理起来需要一个过程。

最后需要说明的是，加强臭氧的宣传教育和科普工作非常重要。总体上看，臭氧总体情况是可控的，臭氧污染的特点是局地的、短时的，臭氧污染时间相对集中，也为公众避免污染危害提供了条件。希望媒体在这方面多给我们做一些宣传工作。

我国海洋微塑料污染总体上处于中低水平

中央广播电视总台国际广播电台记者：近日有研究认为，北冰洋冰块内含过量微塑料，可能破坏海洋生态。请问生态环境部如何看待海洋微塑料问题？是否采取了相应的措施？具体内容是什么？

刘友宾：谢谢。海洋微塑料是近年来国际社会比较关注的一个新环境问题，对这个问题中国政府高度重视，我们主要采取了以下措施：

一是开展海洋微塑料监测评价试点。从 2016 年开始，我国已经组织开展了海洋微塑料的试点监测，初步掌握了我国重点海洋海域和海洋生物体内的微塑料污染情况。监测表明，与全球其他海域已开展的微塑料调查的情况相比，我国海洋微塑料污染总体上处于中低水平，与地中海中西部和日本濑户内海等海域处于同一数量级。

二是开展了海洋微塑料的专项研究。2016 年“海洋微塑料监测和生态环境效益评估研究”纳入了科技部国家重点研发计划“海洋环境安全保障”专项。2017 年国家海洋环境监测中心成立了海洋垃圾和微塑料研究中心，着力开展海洋垃圾和微塑料的污染防治相关技术、方法和管理对策研究。

三是积极参与海洋微塑料防治的国际合作交流。在中日海洋事务高级别磋商框架下，双方成立了海洋垃圾合作专家对话平台，开展海洋微塑料监测及环境影响等领域的合作研究。参与了联合国环境规划署海洋垃圾和微塑料的专题研讨和合作机制。

再过几天，就要到六五环境日了。今年六五环境日的主题是“美丽中国，我是行动者”，号召全社会共同行动保护我们的生态环境，保护我们的美丽家园。海洋是生态环境系统的重要组成部分，让我们一起努力，保护好我们的“海蓝蓝”。

通过实施采测分离和水质自动站建设，实现了监测与考核利益方完全脱钩

澎湃新闻记者：刚才刘志全司长提到了全面了解环境质量状况，一方面是强调了数据的真实性，另一方面我们也关注环境监测的布点问题。以目前我国正在推进的国家地表水水站建设为例，如何保证水站建设的科学性？因为将来涉及一个责任的归属问题，您给具体介绍一下。

刘志全：谢谢，为了深化环境监测体制机制改革，确保地表水监测数据真实、准确、客观，2017 年生态环境部积极推进地表水监测事权上收工作，2017 年 10 月起全面推行采测分离模式开展监测。中国环境监测总站委托 8 家第三方采样公司在全国进行采样，另外，在全国选择 300 多家监测能力较强的分析测站来承担实验室分析任务。这项工作进展非常顺利，取得了显著成效。

在推进地表水考核断面采测分离工作的同时，我们全面推动水质自动站建设工作，今年 7 月底前要基本完成 2 050 个水质自动站建设任务，目前正在推进自动站站房建设、装修，包括仪器设备购置以及运维交接等工作。您提到关于监测断面布设问题，应该说断面的确定我们有一个总的

原则，就是要服务于水环境质量目标管理需要，客观、真实反映我国水环境质量状况和变化趋势，具体遵循以下三个原则：

一是代表性。“十三五”国控断面范围涵盖全国主要河流干流及重要一级、二级支流，兼顾重点区域三级、四级支流，同时包括重点湖泊、水库。断面布设要有空间代表性，能真实反映所在水系和区域的水环境质量状况。

二是连续性。在生态环境部“十二五”布设的972个国控断面和地方已有监测断面基础上，增加到2 050个国控断面。增设断面优先考虑跨界断面，比如跨国界断面，包括中俄、中哈、中越等国界河流。还包括省界、市界断面，以及入河口、入海口断面等。

三是多功能性。既要用于对地方水环境质量进行评价、考核、排名，也要用于开展深入的趋势分析研究工作。目前这些监测断面位置已确定了，原则上不做变动。部分地方由于断流、实施治污工程等特殊情况，提出断面位置调整申请。我们有一系列专门的断面调整规范性文件，同时本着实事求是的原则，组织专家进行踏勘、论证，经反复审核后，才能对少数断面位置进行适当调整。

关于如何保证水质自动监测数据真实、准确的问题，具体如下：

一是在监测机制上，一方面，通过实施采测分离和水质自动站建设，实现了国家考核、国家监测，实现了监测与考核利益方完全脱钩，最大限度避免行政干预的可能；另一方面，实施第三方运维，与空气站运维管理模式类似，通过统一委托第三方机构负责水质自动站运维工作，由13家第三方公司负责全国2 050个水质自动站运维，确保监测数据真实、准确。

二是加强对运维公司的监督、考核和管理。生态环境部建立了远程监控与实地抽查相结合、定期检查与不定期抽查相结合、经费支付与运维考核相结合的监督考核机制，以及运维不善退出机制，加强对运维公司的管理，确保运维质量和数据质量。

三是建立和完善水质自动监测技术规范。制定了一系列标准和规范，用于规范水样采集、自动分析、质量控制、运维操作等过程。

四是严厉打击数据弄虚作假行为。对监测数据弄虚作假“零容忍”，一旦发现，将依法依规严肃处理，绝不姑息。

最后，我们将及时向社会发布水质自动监测信息，水质自动站是每4小时出一个数，我们正在组织人员研发手机App软件，今后大家可以在手机上很方便地查阅全国地表水水质监测信息。

进一步优化地下水监测点位布局，构建全国统一的地下水环境质量监测网

新京报记者：我有一个问题，是关于地下水监测的。地下水监测整合一张网，我们想问地下水监测整合的是国土部门、水利部门的吗？还有没有其他部门的地下水监测站点？公报显示地下水监测无论是国土还是水利部门，它的较差和极差加起来达到了七成左右，是否说明我国地下水环境有一个恶化趋势？我注意到公报显示：“较差”和“差”的县域主要分布在内蒙古西部、甘肃中西部、西藏西部和新疆大部这些地区，与我们的印象不太一样，请解释一下原因。

王业耀： 我国国土、水利、生态环境部门均组织开展地下水监测工作，各部门侧重点、监测方法和技术规范有所不同，监测评价结果不具备可比性。国土部门以地下水含水系统为单元，以潜水为主的浅层地下水和承压水为主的中深层地下水为对象；水利部门以流域为单元，地下水监测井主要分布在松辽平原、黄淮海平原、山西及西北地区盆地和平原、江汉平原重点区域，监测对象以易受地表或土壤水污染下渗影响的浅层地下水为主；生态环境部门重点针对集中式地下水水源开展水质监测。

从三部门监测结果来看，近年来我国地下水水质总体保持稳定。从水利部门监测结果来看，2017 年水利部门 2 145 个地下水测站中，水质优良、良好及较好的比例较 2016 年同比略有上升（提高了 0.3 个百分点），较差和极差的比例同比略有下降。从生态环境部门监测结果来看，2017 年生态环境部门开展监测的 334 个集中式地下水饮用水水源中，水质达标比例为 85.1%，同比提高 0.1 个百分点。从国土部门监测结果来看，2017 年国土部门监测的 5 100 个地下水监测点中，水质优良级、良好级、较好级的比例同比降低6.5个百分点，较差级和极差级比例同比上升6.5个百分点。其原因主要是监测点位数量有所变化，2017 年国土部门共监测 5 100 个地下水监测点，2016 年为 6 124 个，由于参与监测统计的地下水点位数量不同，统计结果有所变化。总体来看，根据原国土和水利部门地下水监测结果，地下水水质仍然较差，其原因可能有以下两方面：一是地下水监测分为浅层地下水和中深层地下水，水利部门监测的浅层地下水，基本涵盖了地下水开发利用程度较大、污染较重的地区，浅层地下水容易受农业面源和地表水污染的影响。二是部分地下水监测点水质受地质等天然背景值影响，如总硬度、铁、锰等指标超标。

刘志全： 这个问题我补充一下。地下水监测评价均执行《地下水质量标准》，但监测过程比较复杂，通过打井采集水样，点位布局要有代表性。同时要统一监测标准方法和技术规范，明确测试对象和目的。目的不同，监测要求也不一样。

按照本次机构改革要求，下一步生态环境部将统一负责全国包括地下水水质在内的生态环境监测工作，生态环境部将协调有关部门结合地下水环境管理和污染防治工作需求，进一步优化地下水监测点位布局，构建全国统一的地下水环境质量监测网，按照统一的监测和评价技术规范，统一组织开展全国地下水水质监测，统一发布信息，为全国地下水污染防治工作提供可靠支撑。

王业耀： 关于生态那个问题我简单解释一下。因为我们的评价指标体系主要包括两个部分，一部分是自然生态系统，也就包括土地的利用类型、生物多样性等方面，这个主要是利用卫星遥感和地面站相结合开展监测，这主要是对自然生态系统进行评价。

另一部分是环境质量评价，包括对水、大气还有土壤等的监测评价，最后综合形成一个评价结果叫 EI，这是一个综合生态评价指数。如果环境质量不是很理想的话，这个指数也不会很高。目前根据我们评价结果，刚才记者也提到，内蒙古自治区西部、甘肃中西部、西藏自治区西部和新疆维吾尔自治区这些地区因为自然生态系统相对比较差，这些区域这么多年评价一直比较靠后。目前我们正在进一步优化这个体系，特别是现在整个生态环境质量监测评估纳入生态环境部，下一步我们对自然生态监测部分要提高针对性，针对不同的生态系统，建立不同的指标体系，构建更合理的生态环境监测评价体系。我们评价的结果层次更明显一点，与大家的感受就会更一致一点，目前这项工作正在进行中。

刘志全：生态环境质量状况评价是按照我部 2015 年发布的《生态环境质量评价技术规范》开展的，植被覆盖度、生物丰度、水网密度等作为重要评价指标。由于西部地区干旱少雨、植被覆盖率低、物种较少，生态系统脆弱，因此评价结果相对较差。

主持人刘友宾：今天的发布会到此结束。谢谢大家！

6月例行新闻发布会实录

2018年6月29日

6月29日，生态环境部举行6月例行新闻发布会。生态环境部环境监察局局长田为勇介绍了强化督查有关情况，生态环境部新闻发言人刘友宾主持发布会，通报近期生态环境保护重点工作进展，并共同回答了记者关注的问题。

6 月例行新闻发布会现场 (1)

重点工作

2018

29/06

○ 扎实推进黑臭水体专项行动第一批督查

○ 深入开展“绿盾 2018”自然保护区监督检查专项行动

○ 第二十次中日韩环境部长会议成功举办

6 月例行新闻发布会现场 (2)

关键看点

主持人刘友宾：新闻界的朋友们，大家好！欢迎参加生态环境部6月例行新闻发布会。

近日，中共中央、国务院对外发布了《关于全面加强生态环境保护 坚决打好污染防治攻坚战的意见》，要求全面加强生态环境保护，打好污染防治攻坚战，提升生态文明，建设美丽中国。开展环境执法强化督查，是打好污染防治攻坚战的具体行动。今天的新闻发布会，我们邀请到生态环境部环境监察局局长田为勇，介绍强化督查有关情况，并回答大家关心的问题。

下面，我先通报近期生态环境部三项重点工作情况。

一、扎实推进黑臭水体专项行动第一批督查

2018年5月上旬起，生态环境部联合住房和城乡建设部组成督查组对广东等8省（市）20个城市的黑臭水体整治情况开展了第一批督查。

第一批督查发现，截至2017年12月底，广东、广西、海南、上海、江苏、安徽、湖南、湖北等8省（市）20市上报共有黑臭水体525个，均已列入国家清单，地方上报已完成整治458个。经督查组现场检查判定，其中34个为未消除黑臭，占7.4%。9个城市存在上报已完成整治但仍未消除黑臭的水体，分别为：南宁11个，十堰9个，东莞5个，深圳3个，武汉2个，广州、芜湖、岳阳和随州各1个。

现场督查发现，一些地方存在尚未向国家上报的黑臭水体，包括广州102个、深圳80个、无锡18个、扬州14个、东莞12个、上海11个、芜湖2个，南京、武汉、随州各1个，共242个。

现场督查发现，黑臭水体治理主要存在以下问题：

一是控源截污不到位。督查期间发现存在控源截污不到位方面的问题共分 5 大类，190 个，涉及 92 个水体。主要体现在存在非法排污口、城镇污水管网不配套、污水处理能力不足、截流的污水未经处理异地排放、雨污合流等方面。

二是底泥污染未得到有效解决。督查期间发现 14 个城市 41 个黑臭水体重污染底泥未得到有效清除，69 个黑臭水体清理出的底泥随意堆放。

三是沿河倾倒垃圾问题突出。现场督查发现 36 个黑臭水体河面存在大面积漂浮物，64 个黑臭水体河岸存在大量随意堆放的垃圾。

下一步，生态环境部将印发督办函，将专项督查期间发现的问题移交地方，要求限期整改并向社会公开，实行“拉条挂账，逐个销号”式管理。

5 月下旬起，对北京等 11 省（市）26 个城市的黑臭水体整治情况开展了第二批督查。目前，正在对辽宁等 11 省（区）24 个城市的黑臭水体整治情况开展第三批督查。有关情况我们将及时通报。

二、深入开展“绿盾 2018”自然保护区监督检查专项行动

今年 3 月，生态环境部等七部门联合启动“绿盾 2018”自然保护区监督检查专项行动，对 469 个国家级自然保护区以及 687 个省级自然保护区和长江流域相关自然保护地进行了遥感监测，梳理问题线索。

目前，生态环境部已分三批下发国家级自然保护区、省级自然保护区、长江流域自然保护地的重点（疑似）问题清单，这些问题主要包括违法建设采石场、工矿用地、能源设施以及核心区缓冲区的旅游和水电设施等，

要求各地及时组织核查处理。具体如下：

一是遥感监测发现问题。2017 年下半年，国家级保护区遥感监测发现 4 034 个疑似问题，其中新增或扩大的疑似重点问题约 280 处；2016—2017 年省级保护区遥感监测发现 9 425 个疑似问题，其中新增或扩大的疑似重点问题约 870 处；2016—2017 年长江沿线各级自然保护地遥感监测发现 1 713 个疑似问题，其中新增或扩大的疑似重点问题约 65 处。

二是审计反映、媒体曝光、信访举报等重点问题线索，涉及 22 个省份，46 个国家级、省级自然保护区，共 61 个重点问题线索。

三是自然保护区基础工作和能力建设问题。据不完全统计，目前有 16 个省区的 60 个国家级自然保护区没有独立管理机构，有 26 个省区的 114 个省级自然保护区没有管理机构；部分国家级自然保护区存在图上面积与公布面积不符的情况；有 24 个省区的 156 个省级自然保护区未提交自然保护区范围与功能区划备案材料；自然保护区勘界立标工作普遍滞后，警示警告设施不足。

下一步，生态环境部将建立自然保护区问题整改、查处台账，联合相关部门对全国各地自然保护区问题排查整治工作进行巡查，力促“绿盾 2018”自然保护区监督检查专项行动取得实效。

三、第二十次中日韩环境部长会议成功举办

第二十次中日韩环境部长会议于 6 月 23—24 日在我国苏州市举行，生态环境部部长李干杰、日本环境省大臣中川雅治、韩国环境部部长金恩

京分别率团出席，就落实三国首脑会议共识，探讨和解决共同面临的区域环境问题，促进本地区可持续发展进行了友好对话。

这次会议分享了中日韩三国最新环境政策进展以及对区域和全球环境议题的看法，听取了三国环境合作回顾与展望报告，颁发了中日韩环境合作20年特别贡献奖，签署了《第二十次中日韩环境部长会议联合公报》，并就未来三国环境合作达成三点共识。

一是全面落实好三国领导人会议精神和倡议。

二是更加关注区域和全球环境议题，在落实2030年可持续发展议程、推动气候变化《巴黎协定》实施、筹办《生物多样性公约》第15次缔约方大会等方面加强交流与合作。

三是创新“中日韩+”环境合作模式，与更多国家分享三国环境合作的经验和成果，共同推动区域可持续发展。

在6月23日的双边会谈中，中日双方共同签署了《中华人民共和国生态环境部与日本环境省关于合作开展改善大气环境相关研究与示范项目的备忘录》。6月25日，中韩双方在北京市共同启动了中韩环境合作中心，为两国不断深化生态环境领域交流合作提供了重要平台。

下面，请田为勇局长介绍情况。

生态环境部环境监察局局长田为勇

打好污染防治攻坚战要抓好顶层设计和督查落实，要有正确的策略和方法

田为勇： 各位媒体界的朋友们，大家下午好。首先感谢大家长期以来对环境执法和强化督查工作的关心、理解、支持和帮助，特别是 2017 年京津冀及周边地区“2+26”城市的强化督查工作取得较好的成绩，凝聚了大家的辛劳和奉献，再次表示衷心感谢。

大家知道，4 月 2 日，习近平总书记在中央财经委员会第一次会议上提出要打好污染防治攻坚战的七大标志性战役。在 5 月 18 日召开的全国生态环境保护大会上，习近平总书记就打好污染防治攻坚战进行了全面系统部署。近日，中共中央、国务院印发《关于全面加强生态环境保护　坚决打好污染防治攻坚战的意见》，对全面加强生态环境保护、坚决打好污染防治攻坚战作出详尽安排。

生态环境部梳理总结出打好污染防治攻坚战的“7+4”行动，即打赢蓝天保卫战、打好柴油货车污染治理、城市黑臭水体治理、渤海综合治理、长江保护修复、水源地保护、农业农村污染治理七大标志性重大战役和落实《禁止洋垃圾入境　推进固体废物进口管理制度改革实施方案》、打击固体废物及危险废物非法转移和倾倒、垃圾焚烧发电行业达标排放、“绿盾”自然保护区监督检查等四个专项行动，涉及大气、水、土壤和生态等生态环境的主要领域。

习近平总书记指出，打好污染防治攻坚战时间紧、任务重、难度大，是一场大仗、硬仗、苦仗。打好污染防治攻坚战首先要抓好顶层设计，其次要抓好督查落实，最后要有一套正确的策略和方法。

一、打好污染防治攻坚战，首先是抓宏观顶层设计

2018 年 3 月，经国务院同意，生态环境部联合水利部印发《全国集中式饮用水水源地环境保护专项行动方案》，生态环境部联合国土资源部、水利部、农业部、国家林业局、中国科学院、国家海洋局印发《“绿盾 2018”自然保护区监督检查专项行动实施方案》；5 月，印发《关于聚焦长江经济带坚决遏制固体废物非法转移和倾倒专项行动方案》《关于全面落实〈禁止洋垃圾入境　推进固体废物进口管理制度改革实施方案〉

2018—2020年行动方案》；6月，国务院常务会审议通过《打赢蓝天保卫战三年行动计划》，近期将正式印发。其他行动方案正在稳步有序推进。

二、打好污染防治攻坚战，关键在抓督查落实

2018年6月8日，生态环境部召开蓝天保卫战重点区域强化督查启动视频会，李干杰部长对污染防治攻坚战的总体思路进行了阐述和部署，核心内容是工作重心和工作思路的转变和调整，从过去生态环境部主要抓宏观政策、抓顶层设计，转变为既抓宏观政策、又抓微观落实。通过狠抓执法督察，把责任扎扎实实落实到基层。

从5月7日起，生态环境部先后启动了城市黑臭水体治理、清废行动、饮用水水源地保护、蓝天保卫战等专项督查，目前各项工作正在积极推进。

从5月7日开始，生态环境部分三批开展城市黑臭水体治理专项督查，第一批督查对8个省（区、市）20个城市开展督查，共督查458个黑臭水体，确认其中34个未消除黑臭，同时新发现黑臭水体242个。

5月9日，生态环境部调集3 000人，组成150个督查组开展了“清废行动2018”第一阶段督查。督查期间各督查组共摸排2 796个固体废物堆存点。经过现场核实，发现存在问题的有1 308个。截至5月底，生态环境部已对问题严重的111个案件进行部级挂牌督办，对于其他一般性的1 197个问题进行省级挂牌督办，并以督办函的形式向问题所在地市县两级政府交办。

5月20日—6月2日，生态环境部组织开展了2018年全国集中式饮用水水源地环境保护第一轮专项督查，共抽调全国27个省（区、市）执法骨干 1 426 人，组成 273 个专项督查组，督查通过卫星遥感监测和群众投诉举报等多种渠道报送的 3 991 个清单内问题的整改情况，发现清单外问题 2 260 个。

6月 11 日开始，生态环境部组成200个督查组，对京津冀及周边“2+26”城市开展督查，拉开了今年蓝天保卫战的序幕。第一轮次督查到6月 24 日，发现 2 690 个问题。

三、打好污染防治攻坚战，还要有正确的策略和方法

在梳理和分析 2017—2018 年度京津冀及周边地区大气污染防治强化督查方法和经验的基础上，生态环境部总结出了打好污染防治攻坚战的主要做法。具体来讲有以下八点：

（一）突出重点。七大标志性战役和四个专项行动是有所为，有所不为，主要针对特定地区的重点问题开展工作，目标和任务清晰有限，绝非“大而全”。重中之重是打赢蓝天保卫战。

（二）合力攻坚。此次污染防治攻坚战每一个战役或专项行动都要统筹全国生态环境系统力量，既抽调地方力量，也抽调部机关、直属单位人员；既抽调执法人员，又抽调管理人员、科研和专业技术人员，调集全国业务骨干，集中兵力，合力攻坚。

（三）清单管理。以问题为导向，生态环境部直接指挥，全面发现问题。对发现的问题采用清单式管理，“拉条挂账”，一盯到底。

（四）压实责任。对发现的问题，直接交办地方政府，采用“排查、交办、核查、约谈、专项督察”的“五步法”，压实地方各级党委政府责

任，推动解决一些长期解决不了的“硬骨头”问题。

（五）依法处理。污染防治攻坚战绝非不分青红皂白一律关停企业，而是督促地方依法依规分类调查处理。工作中绝不允许违法违纪问题发生，一经发现，严惩不贷，并且指名道姓公开通报。

（六）力求多效。通过“散乱污”企业综合整治，既解决环境问题，又努力扭转“劣币驱逐良币”现象。通过查处污染投诉，既打击环境违法行为，又解决群众身边的污染问题，力求经济效益、环境效益、社会效益多赢。

（七）依靠科技。运用“热点网格”技术，提高督查的针对性、准确性。采用卫星遥感数据，精确判断水源地边界。使用督查 App，大幅提高工作效率，同时又确保客观公正。

（八）公开透明。七大标志性战役和四个专项行动每日发布督查进展情况和发现问题清单，曝光突出环境问题，组织现场采访和深度报道，采用多种形式共同营造良好的舆论氛围。

污染防治攻坚战的号角已经吹响。生态环境部正在组织全系统力量，以攻城拔寨之气势对各重点领域合力攻坚，为打好打赢污染防治攻坚战而不懈奋斗。

主持人刘友宾：下面，请大家提问。

新一轮大气污染防治强化督查将在七方面更加完善

中央广播电视总台央视记者：蓝天保卫战三年作战计划（《打赢蓝

天保卫战三年行动计划》）中提到，要精准施策治理污染。此次启动的新一轮重点区域强化督查，与之前的督查相比较，有哪些创新和特点？

田为勇：谢谢央视的记者。2017 年我们开展了为期一年的大气污染防治强化督查，建立了清单，解决了很多问题，在京津冀大气污染治理中发挥了重要作用。可以用“吃药”理论来形容，我们过去的“药方子”都是对的，但是大家最后有的“吃”了，有的没“吃”。通过一年的强化督查，就是让大家把“药吃下去”，疗效也就显现了。在认真总结去年督查工作经验的基础上，要在以下七方面更加完善：

一是覆盖范围更广。《打赢蓝天保卫战三年行动计划》确定了三个重点区域：京津冀及周边地区、汾渭平原、长三角地区。强化督查范围也相应地从 2017 年的京津冀及周边地区，扩展到汾渭平原和长三角地区，从 28 个城市扩展到 80 个城市，三个区域的督查方式方法也会不同，有驻点督查，也有机动式督查。

二是参与人员更多。2017 年抽调地方及部直属单位约 8 000 人次参加督查、巡查和特别行动工作。今年将调集 3 万人参加攻坚战，重中之重还是蓝天保卫战，3 万人当中有 1.8 万人是围绕蓝天保卫战开展工作的。

三是督查力度更大。2017 年我们以京津冀及周边地区“2+26”城市为中心，派驻 28 个督查组开展督查。今年是以县（市、区）为中心，在京津冀及周边地区“2+26”城市和汾渭平原 11 城市的 531 个县（市、区），派驻约 290 个督查组，每个督查组负责 1 ~ 3 个县（市、区），深入一线开展督查。2017 年每个城市 8 个人，今年每 1 ~ 3 个县（市、区）3 人，无论是督查数量还是督查深度都有很大提升。2017 年每天查 300 ~ 400

个点位，现在每天就要查 2 000 ~ 3 000 个点位。

四是督查内容更全。2017 年我们重点抓了“两散”和“两提”，即平时抓“散乱污”企业整治和“散煤”治理，重污染天气应对要“提高级别响应”和“提前三天发布预警”，取得了良好的效果。今年，以“四大结构”调整为治本之策，以“散乱污”企业综合整治和达标排放为重点，优化产业结构；以散煤清洁化替代为重点，优化能源结构；以公路转铁路和柴油货车治理为重点，优化运输结构；以矿山、绿地和扬尘综合整治为重点，优化用地结构。

五是技术手段更强。强化督查运用在线监控、“热点网格”技术、发挥微信举报作用、使用执法 App、利用人工智能和大数据分析，提高督查的针对性、准确性。我们用“热点网格”结合地面的小微站和移动式传感器，跟踪监测一个地区某一个时间段的污染变化情况，很快就可以锁定排放源。有时候发现的污染源不一定是主要的排放源，我们还要通过“热点网格”评估，看网格热度是不是下来了，以此来判断是否查到了主要排放源。我们把这些技术用在了督查当中，对于发现问题和及时解决问题都发挥了重要的作用。

六是调度指挥更准。我们从全国环境执法大练兵中调选精英组成调度指挥部（专项办），负责调度督查组活动。专项办会向各督查组提供问题清单，对督查区域内的情况做到心中有数。今年督查分三个阶段，各阶段督查重点将有所侧重，例如，6—7 月重点是“回头看”；8—9 月重点是工业炉窑、矿山治理、小火电淘汰、扬尘治理及秸秆焚烧等。

七是执法执纪更严。督查前，派出单位会做廉政教育，督查组成员签署廉政承诺书；督查中，我们会在微信群对督查人员三天一提醒；督查结束后，督查人员还要签《强化督查期间遵守纪律和落实中央八项规定精神情况自查表》并报备。对工作中发现的违法违纪问题，严惩不贷。

钢铁行业和电力行业是强化督查的重点

路透社记者：对于新一轮强化督查来说，煤炭和钢铁行业是否会成为督查重点？此外，我们了解到此次对28个北方城市煤炭、钢铁行业排放标准进行了严格要求，在未来的一段时间，这个标准是否会扩大到其他城市？

田为勇：谢谢，我用一组数据来解答你刚才提的第一个问题。2017年5月，京津冀“2+26”城市所有45米以上的烟囱，已全部安装在线监控设备，并且和生态环境部联网。通过联网数据，我们可以随时看到每一个企业的排放情况以及监控设施的运行状况。1 532家企业共安装在线监控设备2 935个，实现24小时不间断监控。从监控数据来看，钢铁行业数量大概占到了全部高架源企业数量的10%左右，但是排放量中二氧化硫、氮氧化物和烟尘三项指标均占到了全部高架源企业的1/3。所以，钢铁行业始终是我们强化督查工作的重点。煤炭主要是在使用环节会产生大量的污染，电力行业的排放量在京津冀“2+26”城市高架源中占到20%。因此，电力行业也是强化督查的重点之一。

第二个问题，你说的标准加严，应该是指在京津冀及周边地区率先实行特别排放限值。今年年初，生态环境部发布了《关于京津冀大气污染传输通道城市执行大气污染物特别排放限值的公告》，要求已有的钢铁、火电等行业，从今年10月1日起，执行二氧化硫、氮氧化物、颗粒物和挥发性有机物特别排放限值。这一政策是国家对污染严重地区采取的更加严厉的措施，随着对环境质量的要求越来越高，这一政策必将逐步推广。

开展“二、三行动”计划，整治长江经济带及全国的饮用水水源地

南方周末记者：近日，审计署发布的长江经济带生态环境保护专项审计报告显示，9省份56个饮用水水源地一级保护区内存在排污口等违规建设项目。请问情况是否属实？贵部下一步对此有何举措？

田为勇：谢谢你的提问。我们已经关注到审计署公布的这些情况，其中包括涉及长江经济带56个饮用水水源保护区的违法情况。在这里我想给大家介绍一下，我们对长江经济带的饮用水水源地专项整治不是从今天开始的，实际上从两年前就已经开始了。

2016年，我们重点组织长江经济带地级及以上城市开展了饮用水水源地保护区划定工作。保护区划定是饮用水水源保护的基础，从2017年开始，我们组织对长江经济带126个地级及以上城市319个水源地进行了全面排查，对发现的490个问题全部“拉条挂账”，逐一盯紧解决。2017年12月30日，490个问题整治全部完成。这其中一级保护区里有211个问题，包括码头、排污口、面源污染等，有一些还是相当严重的。

下一步，我们将按照党中央的统一部署，坚决打好饮用水水源地保

护攻坚战。目前，我们正在开展“二、三行动”计划，即用两年的时间（2017—2018 年）解决长江经济带的问题，用三年时间（2017—2019 年）解决全国的问题。2017 年我们完成了长江经济带地级及以上城市饮用水水源地整治，今年对县级饮用水水源地也进行了全面系统的排查，对排查的问题全部列入了清单，也将逐项督促解决。今年要完成长江经济带以外的全国其他地区地级及以上城市水源地的清理整治，明年完成县级水源地整治，确保老百姓喝上干净的水。

打好柴油货车污染治理攻坚战，解决臭氧问题

科技日报记者：最近，全国多地臭氧浓度较高，请问强化督查对此是否会有一些针对性措施？

田为勇：臭氧问题是一个比较复杂的问题，在今后的大气污染治理中会越来越突出，特别是在天气比较好的时候更加凸显。臭氧的产生，有两个重要的前体物，一个是氮氧化物，一个是挥发性有机物（VOC_S）。氮氧化物主要是由汽车尾气排放造成的，柴油货车污染治理攻坚战主要就是解决这一问题。具体措施如下：

第一，严控出厂新车。2017 年，原环境保护部对两个柴油货车生产企业开出了 3 800 万元罚单，就是要让汽车生产企业出厂新车必须做到达标排放。

第二，严管在用车。一是老旧车，我们已经淘汰国一、国二标准机动车，正在大力推进国三及以下营运柴油货车提前淘汰更新。二是通过严查柴油

车检验机构伪造检验结果、出具虚假报告行为，规范检验机构检测行为，基本保证在用车达标排放。2017 年在京津冀地区抽查了不同城市的 23 个检测线，现在来看检测线的问题还是比较多，有 11 个存在弄虚作假的情况。

第三，严查油品。2017 年对京津冀地区抽查了 400 个加油站，汽油不合格的达 22%，柴油不合格的达 28%。下一步将严厉打击生产、销售、使用非标车（船）用燃料行为，坚决取缔黑加油站点（车）。

第四，调整运输结构。推进煤炭、矿石等大宗货物和集装箱中长距离运输“公转铁”。环渤海、山东、长三角地区，2018 年年底前，沿海主要港口、唐山港、黄骅港等煤炭集疏港改由铁路或水路运输；2020 年采暖季前，沿海主要港口、唐山港、黄骅港等矿石、焦炭等大宗货物原则上主要改由铁路或水路运输。2020 年重点区域铁路运输比例达到 50% 以上。

关于 VOC_S 治理，一是以“散乱污”企业综合整治为重点。重点排查无治理设施的橡胶生产、废塑料加工、家具制造等重点行业“散乱污”企业。二是加大石化、化工、工业涂装、印刷等行业的监管和防治力度。

氮氧化物、VOCs 不仅是臭氧的重要来源，也是 $PM_{2.5}$ 的重要前体物，二次转换会产生 $PM_{2.5}$，在解决这些氮氧化物、VOC_S 的同时，也解决了 $PM_{2.5}$ 和臭氧问题。

对于“一刀切”，只要发现就严肃处理，绝不允许平时不作为、检查时乱作为

经济观察报记者：对于一些地方应付检查，存在的“一刀切”问题，

不少正规企业早有抱怨，本次强化督查有哪些特别的考虑？尤其是对于新增进的汾渭平原和长三角地区，生态环境部将作出哪些督查安排？

田为勇：“一刀切”的问题去年通过媒体的共同努力，总体上形成共识，这里给大家再讲四个观点：

一是生态环境部坚决反对搞“一刀切”。前一段中央环境保护督察期间，部分地区为了应付检查，把所有的企业都停了下来。像这种情况我们坚决反对，为防止一些地方不分青红皂白地实施集中停工、停业、停产行为，影响人民群众正常生产生活，生态环境部专门研究制定了《禁止环保“一刀切”工作意见》。严格禁止“一律关停”“先停再说”等敷衍应对做法，坚决避免集中停工、停业、停产等简单粗暴行为。

二是要正确地理解“一刀切”的概念。如果是那些违法或者没有治理设施、超标排放、环境污染严重的企业，我们在开展攻坚行动的时候，严格依法整治，严格执法办案，特别是对“散乱污”企业的停产整治，这都不能称为“一刀切”。

三是强化督查从制度设计上就充分避免地方为应付检查的“一刀切”。去年我们开展为期一年的强化督查，4月刚结束，6月又开始督查，持续开展，打消了“应付检查暂时停一停”“等人走了再恢复生产”的念头。今年是按县（市、区）派驻督查组，基本上每个地方都有督查组，临时停产这种方式已经行不通了。

四是对于“一刀切”的问题，我们只要发现就严肃处理，绝不允许平时不作为，检查时乱作为。不仅要处理企业，也要处理地方政府和部门相关的责任人。

今年强化督查分三个阶段开展：

第一阶段（2018年6月11日—8月19日）对京津冀及周边地区“2+26”城市开展“回头看”，重点排查“散乱污”企业整治、燃煤锅炉淘汰、部督办问题整改等情况，全面排查发现新的涉气环境问题。

第二阶段（2018年8月20日—11月11日）对京津冀及周边地区“2+26”城市和汾渭平原11个城市开展全面督查，重点排查汾渭平原“散乱污”企业及燃煤锅炉淘汰改造建档立卡和自查整治情况；排查39个城市工业企业环保设施运行及达标排放情况；排查工业炉窑、矿山治理、小火电淘汰、扬尘治理及秸秆焚烧等情况。

第三阶段（2018年11月12日—2019年4月28日）对京津冀及周边地区“2+26”城市、汾渭平原11个城市、长三角地区落实减排措施和重污染天气应对措施开展检查。排查清洁取暖及燃煤替代情况，排查各城市错峰生产企业停限产措施落实情况，启动重污染天气预警时，排查重点区域重污染天气应急预案启动及相关措施落实情况。

督查采取按县（市、区）驻点的方式，1～3个县（市、区）设一个督查组。“2+26”城市总体安排约200个督查组，汾渭平原11个城市总体安排约90个督查组，长三角地区以安排特别行动组为主，开展不定期机动式督查。

汾渭平原11个城市主要是按照去年“2+26”城市督查做法，以县（市、区）为中心，重点抓“散乱污”企业整治、燃煤清洁替代和小锅炉整治、秋冬季错峰生产企业停限产和重污染天气应对措施落实情况。

长三角地区的督查主要是以重污染天气应对为主，检查地方落实削峰降频措施，减少重污染天气出现频次，降低污染峰值。也不排除在以后两年的强化督查时对长三角地区开展大规模驻点督查，这取决于今年机动式督查的效果。

洞庭湖夏氏矮围已全部拆除到位，内外湖基本实现连通

北京晚报记者：我们了解到，针对湖南省洞庭湖“3万亩超级矮围”破坏生态问题，贵部已组成督察组开展专项督察。请问督察情况如何？下一步将采取什么措施？如何追责问责？

刘友宾：夏氏矮围面积约2.8万亩①，周长约19千米。从2012年开始，夏氏矮围业主长期违法建设，开展非法养殖。矮围阻塞了洞庭湖鱼类洄游通道，侵占麋鹿栖息地和白鹳、黑鹤等珍稀水禽迁徙路径，围内湿地植被逐渐被陆生植被替代，且投饵养鱼，加之畜禽粪污排放，影响内湖水质，对洞庭湖局部区域生态环境和行洪安全造成严重影响。当地群众反映强烈，社会影响十分恶劣。

2017年4月，中央环境保护督察组对洞庭湖违法违规建设矮围问题进行了重点督察，并于2017年7月向湖南省进行反馈，要求湖南省加大整治力度，早日解决问题，确保湖区生态健康和行洪安全。2018年5月29日—6月6日，生态环境部组成督察组再赴湖南省益阳、岳阳两市就此开展专项督察。

督察发现，一年时间过去了，相关地方和部门对中央环境保护督察

① 1亩=666.667平方米。

消极应对，整改工作长期滞后，拆除工作一拖再拖、流于形式，整改把关不严不实，验收考核走过场，上报情况弄虚作假，不较真、不碰硬问题突出，生态环境保护失职、失责明显。

在这个过程中，省、市、县三级水利、畜牧水产部门虽开展数十次现场检查，要求责令停止建设，限期拆除到位，恢复湖洲原貌，但这些要求均一直未执行到位。截至2018年5月29日生态环境部专项督察进驻时，仍未真正开展拆除整治工作。

此次专项督察后，湖南省委、省政府主要领导多次作出批示指示，要求坚决整治，依法处理。益阳市成立专案组，对失职渎职、违法违纪、涉黑涉恶等问题开展调查，组织开展拆除工作。目前，夏氏矮围业主已被依法刑事拘留。夏氏矮围及附属建筑物已全部拆除到位，内外湖基本实现连通。

下一步，生态环境部将把专项督察问题案卷按程序移交湖南省委、省政府，责成有关方面依法依规进行问责，并向社会公开问责结果。

近期，中央环境保护督察对外公布了一批“敷衍整改”“假装整改”“表面整改”的典型案例，令人触目惊心，充分说明当前环境违法在一些地方依然非常严重，环境执法不能有丝毫懈怠和放松，必须以更大的勇气和决心向环境违法行为亮剑。我们将认真贯彻落实党中央关于生态文明建设的决策部署，坚决打击各类环境违法犯罪的“土围子”，推动形成环境守法新常态，还人民群众绿水青山。

生态环境部对监测数据造假案件态度坚决，决不姑息

经济日报记者：近日，有媒体披露山西省临汾市监测数据造假案细节，有网民指出，“国控监测站点被干扰数百次”折射出国控监测点位仍存在造假的可能，请问您对此怎么看？生态环境部将采取哪些措施加强对国控监测点位的监管？

田为勇：临汾案件是生态环境部在例行检查时发现监测数据有异常，便立即派人到现场进行了调查取证。通过调取监控，发现有一些人为干扰的痕迹，有人进入了临汾市空气质量监测站点，动了监测采样器。在初步掌握证据后，我们第一时间与公安部沟通，并将相关证据材料正式移送公安部。公安部接到我们的移送材料后迅速责成山西省公安厅成立专案组进行侦查，公安部门破案的速度非常迅速。对这起案件有几点思考：

一是临汾案件不是孤立的，利益驱使是数据造假的动因。案件主要责任人是临汾市环保局原局长，他不采取有效措施改善环境质量，而是想歪招组织人员造假。临汾案件发生在西安市环境监测数据造假案件之后，这种利益驱动绝对不是个案，一定还会有，我们一定不能掉以轻心。

二是临汾案件比西安案件更恶劣。临汾市有 6 个空气质量监测站点，造假者在 6 个监测站点同时加滤膜和取滤膜，干扰监测数据。这是一个有预谋、有组织的犯罪活动，作案手法更隐蔽，性质极其恶劣。

三是生态环境部的态度坚决。对于此类案件，我们发现一起严肃查处一起，决不姑息。目前，当地法院以破坏计算机信息系统罪追究 16 名

被告人刑事责任。

四是临汾案件还在处理中。我们要在生态环境系统内进行全面警示教育。对于案件涉及的地方政府、生态环境部门和第三方运营单位，下一步还要进行处理，除了追究当事人刑事责任，还要追究行政责任和民事责任，特别是对参与到造假的运营机构，要从重查处。

将采取量化问责、公开透明、按县派驻督查组等措施，确保“散乱污”整治到位

南方都市报记者：“散乱污”整治是强化督查的重点，日前中共中央、国务院发布的《关于全面加强生态环境保护 坚决打好污染防治攻坚战的意见》中明确，今年年底前要完成京津冀及周边区域全面整治“散乱污”企业及集群，请问有哪些具体措施？遇到了哪些困难？如何确保地方按时整改到位？

田为勇：“散乱污”是去年强化督查抓的重点之一。去年空气质量的改善，整治“散乱污”企业贡献率约占30%，散煤治理约占40%。由于“散乱污”企业存在规模小、作坊式、易流窜、易反弹等特点，导致整治“散乱污”企业不可能一蹴而就。

整治“散乱污”的问题，应该做好三方面工作：

一是依靠科技，精准发现问题。充分发挥“热点网格”技术优势，利用人工智能和大数据分析，确定大气污染物浓度较高或出现浓度异常变化的网格区域，提高督查组发现问题的准确性。同时，通过污染物浓度变

化情况，对督查组发现问题的准确性进行评估，督查成效和污染物浓度变化相互印证。

二是优化分组，调动督查组积极性。我们根据县域“散乱污”数量优化分组，做到每个督查组都有任务。在去年评比“每周一星”的基础上，今年我们评比“每周一榜”，每周表扬排名前十的督查组，并对外公开。每月对表现突出人员，向其省、市人民政府致函予以表扬，充分调动大家的积极性。

三是压实责任，推动问题解决。“散乱污”整治一定是把责任压给地方党委政府，一旦发现问题严重的，要按照量化问责办法来追责。清单内“散乱污”整改不到位的或者死灰复燃的，发现两件就处理副县长，四件处理县长，六件处理县委书记，以此督促地方政府抓好落实。

下一步，京津冀、汾渭平原和长三角地区，“散乱污”整治仍然是重点。在确保整改到位方面：

第一，要建立量化问责规定。去年“散乱污”抓得比较实，很重要的一条就是制定了量化问责规定。根据不同问题的数量，实施量化问责。

第二，公开透明。对督查发现的问题，生态环境部以正式督办函的形式交办地方政府，责令限期整改；同时向社会全面公开问题清单，接受社会监督。

第三，按县派驻督查组，不再设巡查组，由督查组驻点在固定的县（市、区），每两轮督查后，对前期发现的问题开展一周的核查，对问题紧盯不放，反复查，确保整改到位。

政务新媒体要努力办成倾听民声、善解民意、为民服务的信息窗口

新京报记者：最近，四川省自贡市环保局官方微信公众号出现“神回复”引发舆论关注，请问生态环境部对此有何评论？

刘友宾：我们注意到这个情况。媒体报道后，我们立即向地方生态环境部门了解情况，督促迅速整改，要求多从自身找原因，从管理上找漏洞。同时，向全国生态环境系统发出了通知，要求对政务新媒体进行自检自查，引以为戒，举一反三，坚决杜绝类似问题。

生态环境部高度重视政务新媒体工作。去年年底，全国地市级以上环境保护部门全部开通了政务新媒体平台。在前不久召开的全国生态环境宣传工作会议上，李干杰部长特别就生态环境系统做好新媒体工作提出了要求，强调要把网民的“表情包”作为生态环境保护工作的“晴雨表”。要勤于“键对键”，学会与网友沟通交流。

政务新媒体是政府工作的重要组成部分，要有情怀，有温度，有责任担当。这次事件反映出某些地方生态环境政务新媒体管理仍然存在一些漏洞和薄弱环节。一些账号开通时间不长，运行经验不足，工作力量不够，管理制度不尽完善。我们要求各地生态环境部门高度重视，也欢迎广大网友对我们新媒体工作中存在的不足“拍砖”“吐槽”，帮助我们不断改进工作，切实提高服务质量，努力把生态环境系统政务新媒体办成倾听民声、善解民意、为民服务的信息窗口。

“清废行动 2018”将组织核查“回头看”，对 1 308 个问题按照“四个标准”来整治

华夏时报记者：“清废行动 2018”发现了哪些问题？生态环境部计划如何整治？近期生态环境部还密集开展了一系列环保督查行动，请问与之前开展的督查行动相比有哪些特点和亮点？这是否意味着环保督查向纵深发展？

田为勇：“清废行动 2018”是 5 月 9 日开始行动的，我们组织了 3 000 人、150 个组，对长江经济带城市沿岸开展为期一周的全面排查，排查之前首先要求地方自查，形成 1 410 个固体废物堆存点的任务清单。行动过程中，我们公布了举报电话，鼓励大家举报。行动中督查组运用高科技，包括无人机沿江、沿河检查，发现不少新的堆存点。现场督查阶段共排查了 2 796 个堆存点，发现了 1 308 个问题。

一是从堆存物质来看，最大比例的是生活垃圾和建筑垃圾的混合物，总共发现了 848 个堆存点，占总量的 64.8%，性质最严重的危险废物有 58 个，占了 4.4%。

二是从地域来看，湖北省、江西省相对比较多，1 300 多个问题当中湖北省 386 个，江西省 336 个，占总量的一半左右。

三是有些堆存点数量相当巨大，超过 100 万吨的堆存点有好几处，清运的周期会比较长。

四是环境风险相对比较大。这些堆存点离大江大河比较近，一下雨

污染物就可能随着雨水排到江里面去，环境风险相对比较高。

下一步，“清废行动 2018”要组织核查“回头看”，对 1 308 个问题按照以下“四个标准”来整治。

第一，必须要把倾倒废物清理干净，这个工作 6 月底要完成。

第二，查清来源，倾倒废物从哪儿来的？当地政府一定要心中有数，否则就有第二次倾倒、第三次倾倒等。

第三，对企业违法倾倒和非法转移行为，要依法进行严肃处理。

第四，对相关市、县、乡的相关政府和相关人员疏于监管问题要进行问责。

第二个问题，前面已经讲到，强化督查在组织方式、高科技运用、抓落实力度上都有重大突破。强化督查确实是向纵深发展，它与中央环境保护督察更加紧密地结合在一起。

一是强化督查与中央环境保护督察都属于督政范畴。近期开展的中央环境保护督察“回头看”、“清废行动 2018”、饮用水水源地保护、蓝天保卫战等一系列行动均取得良好效果，充分说明强化督查与中央环境保护督察是一个有机整体，已经成为我们贯彻落实习近平生态文明思想，全面加强生态环境保护，打好污染防治攻坚战的重要平台、机制和抓手。

二是强化督查与中央环境保护督察在形式与内容上略有不同。中央环境保护督察重点是对省级地方党委、政府落实生态环境保护主体责任情况进行督察，以查阅地方档案、部门谈话、下沉现场督察等形式开展，更宏观些。强化督查等专项督查是“一竿子插到底”，深入县（市、区）直接对着重点领域、重点地区、重点问题，以排查发现问题为导向，通过交办问题，层层传导压力，解决问题，相对更微观、更具体一些。不管是强化督查，还是中央环境保护督察，核心都是督促各级地方党委、政府落实环保责任，层层抓落实，解决环境问题。

三是强化督查是中央环境保护督察的补充和延伸。我们总结出了督查工作的“五步法”，排查是基础，交办是关键，核查是核心，约谈是预警，专项督察是保障。去年强化督查中，先后两次对存在环境问题较多、整改进度缓慢的 8 个县（市、区）政府主要负责同志进行公开约谈，对未落实采暖季错峰生产要求违规生产等问题，严肃追究有关地方党委、政府及其有关部门责任人。

将垃圾焚烧发电行业达标整治提到污染防治攻坚战的重要日程

中国证券报记者：材料中提到 7 月将出台《垃圾焚烧发电行业达标排放专项整治行动方案》，这个方案出台的背景是什么？目前垃圾焚烧发电企业达标排放情况如何？

田为勇：您看得非常仔细。实际上，这项工作的顶层设计方案还在进一步完善之中。

垃圾焚烧发电行业达标整治，是“7+4”行动中的一项。生活垃圾的处理处置和我们每个人都息息相关，每个人都会产生生活垃圾，生活垃圾处理处置不当会影响到城市的正常运转，进而影响到每一个人的生活。

近年来，生活垃圾焚烧行业的“邻避效应”较为突出，少数垃圾焚烧厂建设年代较早，设备相对陈旧，未能稳定达标排放，群众反映较为强烈。我们将垃圾焚烧发电行业达标整治提到污染防治攻坚战的重要日程中，积极推动相关问题的解决。总体上，群众对垃圾焚烧发电行业最为关心的有两方面问题，一方面是恶臭问题，另一方面是二噁英问题，前者在感官上对群众影响较大，后者会对群众健康影响更大。

垃圾焚烧厂需要拥有良好的设备，也需要有良好的管理，比如在恶臭的控制上，垃圾的储存、运输、处置等各个环节都可能出现“跑冒滴漏”，从而散发出异味；在二噁英的控制上，炉膛焚烧温度达不到标准要求，就可能产生二噁英。

下一步，我们会紧盯重点环节，尽可能让生活垃圾的合理处置融入到我们全面建成小康社会的总体目标中，让老百姓能够在优美环境中生活。国外在城市中心成功运营了一批生活垃圾焚烧厂，与周边群众和谐相处。我们希望，未来也能推动垃圾焚烧厂实现高效清洁焚烧，与周边群众和谐相处。

主持人刘友宾：今天的发布会到此结束，谢谢大家！祝朋友们周末快乐。

7月例行新闻发布会实录

2018年7月26日

7月26日，生态环境部举行7月例行新闻发布会。生态环境部水环境管理司司长张波介绍了城市黑臭水体整治环境保护专项行动有关情况，生态环境部新闻发言人刘友宾主持发布会，通报近期生态环境保护重点工作进展，并共同回答了记者关注的问题。

7 月例行新闻发布会现场 (1)

重点工作

2018

26/07

- 认真贯彻落实全国人大常委会关于依法推动打好污染防治攻坚战的决议

- 上半年生态环境质量持续改善

- 14 省份发布生态保护红线

7 月例行新闻发布会现场 (2)

关键看点

主持人刘友宾：新闻界的朋友们，上午好！欢迎大家参加生态环境部7月例行新闻发布会。

今年4月，生态环境部联合住房和城乡建设部启动了2018年度黑臭水体整治专项行动。专项行动开始后，媒体朋友们进行了积极报道，我们表示感谢！今天的新闻发布会，我们邀请到生态环境部水环境管理司司长张波，向大家介绍黑臭水体整治专项行动有关情况，并回答大家关心的问题。下面，我先通报三项生态环境部近期重点工作情况。

一、认真贯彻落实全国人大常委会关于依法推动打好污染防治攻坚战的决议

7月10日，第十三届全国人民代表大会常务委员会第四次会议通过《关于全面加强生态环境保护　依法推动打好污染防治攻坚战的决议》（以下简称《决议》），充分体现了全国人大常委会坚决贯彻落实习近平新时代中国特色社会主义思想，特别是习近平生态文明思想的政治自觉和政治担当，体现了对打好污染防治攻坚战的高度重视和大力支持。

生态环境部对此高度重视。生态环境部党组书记、部长李干杰专门主持召开常务会议，专题研究制订贯彻落实《决议》的方案，提出具体落实举措。会议要求，切实提高政治站位，认真落实《决议》相关任务，坚决扛起生态文明建设的政治责任，推动完善生态环境保护法律制度体系，层层压实生态环境保护责任，严格执行生态环境保护法律制度，积极配合做好人大执法检查等监督工作，依法加大生态环境信息公开力度，积极动员全社会参与生态环境保护。

生态环境部将认真贯彻落实《决议》，确保党中央关于生态文明建设的决策部署落地生效，推动生态环境质量持续改善，不断满足人民群众日益增长的优美生态环境需要，为全面建成小康社会、加快建设美丽中国提供坚强保障。

二、上半年生态环境质量持续改善

2018 年上半年，全国生态环境部门认真贯彻落实党中央、国务院部署要求，坚持稳中求进的工作总基调，生态环境保护工作取得积极进展，主要环境质量指标持续向好。

一是环境空气质量持续改善。1—6 月，全国 338 个地级及以上城市优良天数比例为 77.2%，同比上升 1.2 个百分点；重度及以上污染天数比例为 2.0%，同比下降 0.9 个百分点；$PM_{2.5}$ 浓度同比下降 8.3%；PM_{10} 浓度同比下降 3.7%。

二是水环境质量稳中向好。1—6 月，全国水质优良（Ⅰ～Ⅲ类）断面比例为 70.0%，同比上升 2.7 个百分点；劣Ⅴ类断面比例为 6.9%，同比下降 2.2 个百分点。长江流域水质优良（Ⅰ～Ⅲ类）断面比例同比上升 1.2 个百分点；劣Ⅴ类断面比例同比下降 0.5 个百分点。

当前，我国生态环境保护总体上仍处于压力叠加、负重前行的关键期，经济增长带来的环境压力加大，环境质量改善效果仍不稳固，环境治理能力仍不足。下半年，我们将继续推进打好污染防治攻坚战的各项工作。

打好污染防治攻坚战是一场大仗、硬仗、苦仗，要尤为注重工作方法和策略，生态环境部党组认真分析研究了当前的环境形势，总结了前一时期的工作，在布置下半年工作时，特别强调要持续做到、做好“六个坚持”：

一是坚持稳中求进，既打攻坚战，也打持久战。

二是坚持统筹兼顾，努力实现“三个有利于”，即有利于减少污染物排放，改善环境质量；有利于推动产业结构转型升级，促进经济高质量发展；有利于解决老百姓身边的突出环境问题，化解社会矛盾，促进社会和谐，实现环境效益、经济效益和社会效益多赢。

三是坚持综合施策，一方面发挥行政、法制的约束作用，另一方面发挥好经济、市场和技术的支撑保障作用。

四是坚持两手发力，一方面在宏观层面抓顶层设计，开展政策制定和综合协调；另一方面在微观层面抓实践推动，强化督察执法，传递压力，落实责任，见到实效。

五是坚持突出重点，不搞“眉毛胡子一把抓”，通过点上突破带动面上推进。

六是坚持求真务实，既肯定成绩、树立信心，又直面问题、较真碰硬。

三、14 省份发布生态保护红线

今年 2 月，国务院批准了京津冀、长江经济带省市和宁夏等 15 省份的生态保护红线划定方案，并要求省级政府在 6 月底前发布。目前，14 省份已发布本行政区域生态保护红线，天津市将于近期发布。

山西等其他 16 省份均已形成生态保护红线划定方案，并完成专家论证，部分省份已通过省级政府审议。生态环境部将会同有关部门对山西等 16 省份划定方案进行技术审核，按程序报批，尽快形成生态保护红线全国“一张图”。

为切实加强生态保护红线监管，生态环境部正在开展以下工作：

一是制定《生态保护红线管理办法》。明确生态保护红线的管理原则、人类活动管控、保护修复、生态补偿、监管考核等要求。

二是建设国家生态保护红线监管平台。全面掌握生态保护红线动态变化，实时监控人类干扰活动，严守生态保护红线。

三是将生态保护红线划定和落实情况纳入中央环境保护督察范畴。落实地方党委和政府划定并严守生态保护红线的主体责任，对破坏生态保护红线的违法行为，严格追责问责，确保红线划得实、守得住。

下面，请张波司长介绍情况。

生态环境部水环境管理司司长张波

专项督查实行形式督查和实质督查相结合

张波： 新闻界的各位朋友，民间环保组织的各位朋友，大家上午好！长期以来大家都非常关心支持水生态环境保护工作，这方面取得的每一点进步，都凝聚着大家的心血和努力。尤其是这次黑臭水体整治专项行动，新闻界的朋友很给力，民间环保组织的朋友也很给力，你们的积极参与和贡献，使得这项工作引起了社会的强烈反响，也使得各级党委政府高度重视，有力地推动了全国黑臭水体整治工作。

根据新闻发布会的安排，我先通报一下 2018 年城市黑臭水体整治专项行动有关情况，之后再回答大家关心的有关问题。

黑臭水体是群众身边的突出生态环境问题，习近平总书记强调，要把解决突出生态环境问题作为民生优先领域，基本消除城市黑臭水体。为加快推进城市黑臭水体整治工作，今年 5 月以来，生态环境部联合住房和城乡建设部，对 30 个省（区、市）70 个城市黑臭水体整治情况进行了专项督查。本次行动坚持以群众是否满意为首要标准，严格督查、实事求是，而且还创新了一个工作模式，我们叫形式督查和实质督查相结合，重点对控源截污、垃圾清理、清淤疏浚、生态修复等实质性措施落实情况开展了现场检查。截至目前，已完成督查阶段的全部工作。

本次专项督查在摸清治理情况、传导治理压力、加快治理步伐等方面初步取得了积极成效。督查过程中，我们看到，在时间紧、任务重的情况下，有些城市克服困难、深化改革、分工协作，探索出一批黑臭水体治理的好经验、好做法，提升了城市形象，也提高了群众的生活品质，进一步坚定了我们坚决打好、打赢黑臭水体整治攻坚战的决心和信心。另外，我们也发现一些地方还没有牢固树立新发展理念，对黑臭水体整治工作不够重视、不够认真，仍存在环境基础设施建设短板突出、黑臭水体治理治标不治本、整治成效不稳定等问题。我刚才讲媒体朋友很给力，你们把一些所谓的“阴暗面”都摆在了桌面上，一下就引起了各方面的高度重视，有力地推进了工作。我们民间环保组织、广大市民也很给力，公众监督把黑臭水体亮出来，政府顺应民意，认真整治，最后的整治效果依然接受公众监督，形成了一个良好的局面。

整治黑臭水体是贯彻党中央决策部署的必然要求，是改善城市水环境质量的客观需要，也是人民群众的殷切期盼。督查期间，公众监督发挥了重要的作用，正是人民群众的热情鼓励和积极参与，帮助督查组发现了一大批新增黑臭水体。原来在国家清单上的黑臭水体也不少，一共是2 100个，这次新增的一大批，归功于人民群众的积极参与，包括民间环保组织的有效工作。借此机会，请允许我向积极参与黑臭水体整治的新闻界的朋友、民间环保组织的朋友、广大市民和社会各界人士表示衷心的感谢。下一步，我们一定会继续努力，采用清单式管理，“拉条挂账”，一盯到底，督促各地尽早消除黑臭水体，促进城市水环境质量加快改善，切实提高人民群众的获得感、幸福感，我就先说到这里，谢谢大家。

各地还存在黑臭水体排查不认真、控源截污不到位等问题

每日经济新闻记者：自5月起，生态环境部会同住房和城乡建设部组织了黑臭水体整治专项督查，各方高度关注。请问这次督查的结果怎么样？发现了哪些问题？主要集中在哪些方面？

张波：谢谢你的提问，后边两块展板用表格的形式比较简明地把督查结果摆在那儿了，大家待会可以看一下。

这次督查时间是5—7月，范围是以长江经济带为重点，涉及全国。对除西藏自治区以外30个省（区、市）70个城市的黑臭水体整治开展了现场督查，包括我刚才说的36个重点城市（直辖市、省会城市和计划单列市）。另外，由于长江经济带是本次行动的工作重点，每一个省还另外抽查了两个地级市，其他省抽查一个地级市，这样36个重点城市再加上抽查的地级城市一共是70个城市，已上报列入国家清单的黑臭水体1 127个。通过审核资料和现场检查，对上报已完成整治的993个黑臭水体均开展了现场核查，经过评估认为已完成的是919个，占92.5%，这个比例还可以。我们今天讲督查结果，客观地讲就两句话，一句话就是《水十条》发布以来，各级党委政府认真贯彻落实党中央的决策部署，在整治黑臭水体方面总体上是非常重视，下了很大的力气，在大家上报已经完成整治的黑臭水体当中，列入国家清单里面的黑臭水体的消除比例还是比较高的，占92.5%。但是还有另外一句话，督查还发现新的黑臭水体274个，因此，

被督查城市黑臭水体完成比例要统算起来就是65.7%，这个比例就不高了。36个重点城市共上报黑臭水体676个，其中上报完成整治的是670个，评估已完成的是629个，占93%，比例还是很高的。但是新发现黑臭水体221个，占原来比例的1/3，这样整个完成比例降到了70%。现在到年底还有半年的时间，对这36个重点城市来说，任务非常艰巨。在这里我还得特别指出来，虽然已经新发现200多个黑臭水体，但是我觉得还不全，为什么不全呢？有些城市我们去的时候，比如广州市，第一天下大雨，我们冒着雨进了广州市，第二天去督查，很多地方的黑臭水就都冒出来了，正好让我们赶上，新增了很多黑臭水体。还有一些城市，我们督查期间没下雨，有些问题就掩盖住了，真实情况可能比我们督查的还要严重一点，所以我想提醒督查时没有下雨的那些城市，可别自己觉得挺好，一场雨之后很可能问题就暴露出来了。

总体来说，督查发现的问题有以下五个方面。

第一，黑臭水体排查不认真。现场督查发现了不少新问题，现场督查组巡河，我看督查人员微信群都比着每个人一天走多少步，差不多每天每人走25 000步，多的三四万步，20多千米，他们顺着河走，少数地方一开始还想瞒一瞒，一看这个架势就没法瞒了，督查人员都顺着河走就瞒不住。实际上，这些城市里面的黑臭水体大家应该知道的，没有上报，没有排查清楚，应该说反映出工作上不够认真。

第二，控源截污不到位。这方面的问题一共发现了440个，占总问题数量的42.6%，涉及219个水体，主要是存在非法排污口、城镇污水管网不配套、异地排放等问题。有的地方截污是截了，城里的黑臭水体没了，都排到城外面去了，这也不行；还有的雨污合流管道，截流倍数比较低，一下雨，污水就随着雨水出来了，另外还发现部分企业违法排污的问题。

第三，垃圾收集转运、处理处置措施不到位。督查发现 65 个黑臭水体河面上存在大面积的漂浮物，132 个黑臭水体河岸存在大量随意堆放的垃圾，部分堆放点管理很差，垃圾无人清理，一下雨垃圾就进入河道。

第四，内源污染未得到有效解决。督查发现 69 个黑臭水体存在内源污染问题，有的重污染底泥没有得到有效清除；有的已经上报完成整治的河道，依然存在大面积的翻泥现象；有 76 个黑臭水体清理出来的底泥随意堆放，很容易造成二次污染。

第五，部分地区治标不治本。黑臭反弹的风险很高，督查发现有些地方存在调水冲污，美其名曰生态调水；有的地方应急加药，把河道当成污水处理厂，把污水放进来，在河道里治污；有的地方干脆给河流加盖，眼不见心不烦，老百姓说黑臭水体加上盖看不见了，上面变成停车场了等，这都是治标不治本的一些措施。

当然，我们不是笼统地反对治标的措施，时间紧、任务重，治标为治本赢得时间我们是赞成的，关键在于不能单治标不治本，那就是形式主义了，这个我们是反对的。另外，还有一些城市采用临时性的污水处理设施，用河道截污，把污水排放到河道里，在河道下游建一个临时性的污水处理设施，效果不能保证，而且下雨的时候根本挡不住，很容易造成水体黑臭。

督查发现的问题，我们都一一建立了清单，反馈给地方政府进行整改，后续我们将继续进行督办。

问题一旦列入国家清单，会一盯到底

封面新闻记者： 这次在黑臭水体督查中发现一些地方存在形式主义、治标不治本等情况，在此后的黑臭水体整治工作中，怎么防止一阵风、走过场，实现长治久清？

张波： 谢谢你的提问，刚才我说的治标不治本的做法实际上危害很大。第一，解决不了问题。第二，损伤的是地方党委政府的公信力。在我们督查过程中，一些老百姓也反映说："这条黑臭水体都整治了好几次了，都变清了好几回了，每一次采取一些治标的措施之后就宣传我们治好了，甚至有鱼了，然后过了一段时间又返黑返臭了。"几次之后老百姓觉得是走过场，是一阵风。所以治标不治本的危害是很大的，不仅解决不了问题，还影响政府的公信力，这是必须要坚决反对的。

解决这个问题主要有两方面的考虑。

一是建立上下联动、形成合力的工作体系。不仅仅是生态环境部、住房和城乡建设部在这里发力，而且一定要形成一级跟着一级学、一级带着一级干、我们上下一起努力的工作格局。这次专项督查有一个特点，就是我们在工作方案当中明确了，国家督查，省里也要督查，国家督查之外的城市，省里也要参照国家的模式，安排省里的专项督查，不能有空白点。国家已经督查城市的整改情况，省里要进行督查并反馈国家，国家还会抽查，我们会把国家抽样检验的情况作为《水十条》年度考核的一个重要参考。

二是实施问题清单滚动管理，不获全胜不收兵。搞治标不治本、搞形式主义的地方，可以丢掉幻想了，问题一旦列入国家清单，我们会一盯到底，不仅老百姓盯，我们也盯，不获全胜不收兵，不仅是 2018 年督，2019 年、2020 年，甚至 2020 年之后我们还会继续督，直到这个问题彻底解决。也希望媒体朋友们与我们配合，就是要把那些治标不治本、搞形式主义、形形色色的做法搬到桌面上，让那些所谓的“聪明人”，亮亮相、丢丢丑，让那些实实在在整治黑臭水体的人戴光荣花。我想只要我们坚持这样做，形成一个实实在在抓工作的氛围，就不怕治标不治本的东西大行其道，我们就一定能够遏制住这个现象。

凡有反弹或新发现的黑臭水体，一经核实将重新列入清单

华夏时报记者：在督查过程中，有不少问题是督查组根据群众举报的信息发现的，请问督查组怎样处理群众举报信息？如果督查结束后群众又发现了黑臭水体该怎么举报？

张波：谢谢你的提问，公众监督对生态环境保护工作是非常重要的。环境是大家的，解决环境问题就是要发动群众，大家一起来保护环境，哪项工作真正把人民群众发动起来了，哪项工作一定会取得成功，否则路是走不宽的。公众监督这件事我刚才说了三句话，也是我们的一种认识，我们鼓励公众监督，把所谓的“阴暗面”亮出来；政府顺应民意认真整治；整治的效果依然接受公众监督。只要我们坚持这样做，就一定能够获得人民群众的信任、拥护，甚至是喜爱，我们必须要坚持这样做下去。

这次黑臭水体督查，我们每到一个地方，第一，首先广而告之，通过当地的电视台、媒体、各种渠道，甚至手机短信，告诉大家我们来了，我们的举报电话是什么。第二，我们会安排专人来接听举报电话，有些地方方言很难懂，我们会聘请地方同志和我们的同志一起接听电话。第三，我们会对每一个老百姓举报的问题进行筛选、甄别。我们筛选出与城市建成区黑臭水体相关的问题后，督查组的同志就去现场核实，其他方面的问题，因为我们就二十几个人，时间有限、精力有限，就交办给地方，请他们去查。另外，我们还有一个方式，在督查的时候我们先通过卫星遥感来识别，准确度也能够达到70%，然后督查组去现场核实。有些黑臭水体虽然不在建成区，但是因为群众举报多，我们也会去查，查后发现原来是建成区把污染排出来，污染“搬家”了，那也不行。我们大致上就是用这种方式和人民群众一起包括民间环保的朋友们一起，发现了一大批新增黑臭水体。

现在专项督查结束了，群众仍可通过“城市水环境公众参与”微信公众号，持续关注和监督黑臭水体整治工作，凡是黑臭现象有反弹的或新发现的黑臭水体，可通过微信公众号进行举报，一经核实将重新列入黑臭水体清单，继续督促整治，确保黑臭水体整治成效让群众满意。

政府要做聪明的政府，把潜在的环保市场变成现实的环保市场

金融时报记者：有机构估计黑臭水体整治完成将花费 7 000 亿元，请问您怎样看待这个数字？具体整治方面，会采取 PPP 的模式还是采取其

他方式？

张波：你提了一个当前特别应该探讨的问题，黑臭水体整治涉及大量的投资，你刚才说的 7 000 亿元，我们的估算比你这个数还要大一点。我们与住房和城乡建设部的同志也做过一些交流，现在全国的供水管道长度 100 多万千米，污水的管道长度只有 60 多万千米，正常来说，水来了和水回去的管道长度不应该差太多。60 万千米到 100 万千米还有 40 万千米的长度，平均 1 千米污水管道大概需要 300 万元，这是我听住房和城乡建设部的同志说的，这样算，三四十万千米的长度，差不多就需要将近一万亿元，仅污水管网就有一万亿元的缺口，这个缺口是指参照供水来说的，另外还有污水处理厂以及河道综合整治的费用，总的投资数量是很大的，我想超过一万亿元是没问题的。

接下来就是我们怎样看这个问题，很多同志一说到黑臭水体整治，第一想到的就是加大各级财政投入，加大财政投入毫无疑问是十分必要的，但是单靠各地财政投入，面对上万亿元的治理市场，地方财政是担不起来的。那怎么办呢？需要政府通过更好地发挥作用，来激发和保障市场的决定性作用。政府需要做一个聪明的政府、有担当的政府，把潜在的环保市场变为现实的环保市场。当前各地应该做的就是按照党中央、国务院的要求，深化改革，理顺污水垃圾的收费标准。价格政策要理顺，原则上收费标准不低于处理、处置成本，这是政府该做的事情。当然一些收费标准提高以后，可能会出现这样那样的问题，政府就要统筹兼顾来解决问题，而不能说因为这样那样的问题，就不去深化改革，就不去调整这些收费标准。如果调整市场就起不来，市场起不来，政府财政又担不起来，这个问题不就无解了吗？所以我们讲更好地发挥政府的作用，可能首先还是要在价格政策、经济政策上理顺，要勇于担当，善于统筹兼顾，化解问题，同时还要加强监管，提高管网的建设质量和治污设施的管理维护。例如，这次督查我们发现很多污水管网，好不容易投入经费埋下去了，但管网质量存在很大问题。除此之外，污水处理厂也要稳定达标排放。只要政府该做的做到了，就会有效地激发市场的作用。我们供给侧结构性改革讲的是过剩产能的化解，实际上我们环保方面怎么把城市的生态环境负面资产转化为正面资产，这也是一种供给侧结构性改革，只要我们的经济政策到位，我们的监管到位，我们就可以有效地释放市场的活力，增加内需。

黑臭水体整治完之后，不仅改善了环境质量，老百姓高兴了，而且还会拉动周边的地产、房产、人气，推动城市转型发展，有综合的意义。在对这个事情的认识上，希望大家多宣传，我们很多地方只是机械地看这个问题，觉得地方财政比较困难，没有经费，黑臭水体整治这个事情就不作为，就有理由不完成任务，不是这个道理。

生态环境部对 ODS 非法生产和使用“零容忍”

中国日报记者：近期，《自然》杂志发表文章，指出自 2012 年以来大气中三氯一氟甲烷（CFC-11）浓度下降速度明显减缓，而现有库存的逐年排放难以解释该现象，增加的排放很可能源自新生产的 CFC-11，且主要来自东亚地区。随即，有媒体报道明确指向中国存在非法生产使用的情况。请问生态环境部如何看待此问题？

刘友宾：中国政府一贯高度重视并认真履行国际环境公约。《蒙特利尔议定书》许可范围外的消耗臭氧层物质（ODS）的生产和使用是一种违法犯罪行为，一直是我们重点监管和执法打击的对象。

媒体和相关机构报道出来之后，生态环境部迅速开展调查研究，进行分析研判，第一时间组织执法力量开展全面检查，目前调查仍在进行之中。生态环境部对包括 CFC-11 在内的 ODS 非法生产和使用采取“零容忍”态度，一旦发现任何中国境内企业非法生产、销售和使用 CFC-11，都将依法坚决打击，追究其法律责任。

近期，我们还将组织打击 ODS 非法生产使用专项行动，广泛收集举报信息，梳理违法线索，加强对相关行业的规范与监管。欢迎各方通过“12369”举报电话提供信息和线索，一经查实，将坚决依法严惩。

自 1989 年加入《关于保护臭氧层维也纳公约》、1991 年加入《蒙特利尔议定书》以来，中国政府积极履行公约，累计淘汰 ODS 约占发展中国家的半数，为保护臭氧层和减缓气候变化作出了贡献。我们愿意继续与国际社会密切配合，进一步加强中国的履约能力建设，特别是在提升监测研究和执法能力、打击非法生产和使用等方面开展国际合作。

整治黑臭水体，关键是新发展理念要落实到位

人民网记者：我们都知道，治理黑臭水体需要大量资金，有些地方可能自身财力不足，但也有一些地方有畏难情绪，有些甚至以财政困难为挡箭牌，不作为、慢作为，请问您怎么看待这个问题？

张波：你谈的也是一个很现实的问题。我们在督查过程当中发现，有些地方财政确实比较困难，地方债务也比较大，有些地方每年要还的利息就一二十亿元，地方的收入差不多也就是这个数，他们觉得没钱，黑臭水体要花那么多钱，怎么治，这个事情就变得无解。

这次督查，我们后面展板上的完成率是一个数字比较，但数字背后我认为比的是各地的观念、能力、作风。做环保实际上有三个境界：一是怨环保，我们搞发展不容易，维护社会稳定，工作难度很大，你们环保净来捣乱。二是干环保，党中央有要求、群众有呼声、媒体会曝光，不干不行，干得很辛苦。三是爱环保，环保有效地推动了当地的转型发展，绿水青山就是金山银山，环保成了当地的核心竞争力，不让干都不行，爱上环保了。这三个阶段在当今中国同时存在，背后实际上反映的是各地观念、能力、作风上的差别。

党的十八大就已经提出，要把生态文明建设放在突出地位，融入经济建设、政治建设、文化建设、社会建设各方面和全过程。这种“融”的理念和方法要求我们必须落实“党政同责”“一岗双责”。一些地方总是把环保工作和经济发展相对立，以为做了环保就是影响经济发展，或者发展经济就不能做环保。这个认识是非常片面的，而且也不符合党的十八大、十九大精神。

当前，第一，要解决一些领导干部认识上的问题，一定要牢固树立新发展理念，理念转不过来，工作就很难到位。

第二，在我国经济发达地区也有环保落后的地方，经济欠发达地区也有环保先进的地方，这是事实。发达地方不点名了，欠发达的地方我举一个例子。山东省菏泽市，是山东省鲁西南地区，是经济欠发达地区，地方财政也不富裕。2017 年菏泽市污水处理能力在 16 万吨，他们通过理顺污水处理费的收费标准，采用 BOT（建设—经营—转让）的方式，政府和社会加强合作，仅用一年的时间，污水处理能力又增加了 16 万吨，翻了一番。菏泽市有三条出境河流，2017 年还是Ⅴ类和劣Ⅴ类，今年到目前为止，他们告诉我两条河流是Ⅲ类、一条河流是Ⅳ类。作为欠发达的缺水地区，他们能消除劣Ⅴ类是很不容易的。这里面的关键就在于党的十九大提出的发挥好两个作用，首先是政府更好地发挥作用，政府要有担当、有智慧，该做的做了没有？有些地方说没钱，可是一看污水处理费很低，再就是标准低还收不起来，污水处理费是从自来水费里收，用水还有一半是从地下水来的，地下水管不住，随便打井抽地下水，用完了以后就进污水管网，污水有一半财政补贴，另一半没人给钱，哪一个企业愿意做亏本的买卖？久而久之做不下去了，是怪市场还是怪政府？这不是经济困难的问题，而是政府的作用没有发挥到位，市场就起不来。有些发达地区也是这样，对这个事情不够重视，虽然发达，单靠财政的钱也办不了这个事。有的地方还把黑臭水体治理和附近区域的开发结合起来，第三方投资治理黑臭水体后，周边的土地开发也由其来负责，当负面资产转为正面资产、有收益的时候，可以用收益来反哺黑臭水体的治理。

所以，不在于经济困难还是经济发达，关键在于政府是不是更好地发挥了作用。因此，当前整治黑臭水体特别需要全面贯彻党的十九大精神，尤其是新发展理念要落实到位，这是关键。

排名范围的扩大遵循了大气污染防治工作的延续性、问题导向性和客观性的原则

健康报记者：我们注意到生态环境部近日将全国城市空气质量排名范围从74个城市扩大到169个城市，请问是出于何种考虑？下一步还有何计划？

刘友宾：我们此次发布的2018年6月和上半年空气质量状况和城市排名，在原有74个城市的基础上，进一步将范围扩大至169个地级及以上城市，排名范围从相对较好和相对较差的10位扩大至20位，同时发布了改善幅度相对较好的20位和较差的20位城市名单。

扩大后的城市排名范围中，包括京津冀及周边地区55个，长三角地区41个，汾渭平原11个，成渝地区16个，长江中游城市群22个，珠三角区域9个，以及其他省会城市和计划单列市15个。

本次排名范围的扩大，严格遵循了我国大气污染防治工作的延续性、问题导向性和客观性的原则，不仅是对以往工作的一脉相承，还突出了大气污染防治工作的重点区域和重点城市，旨在解决以往存在的排名全面性、完整性不足，一些污染较重的区域和城市未纳入排名等问题，实现了重点区域和城市的全覆盖。排名范围扩大的主要目的是贯彻落实《打赢蓝天保卫战三年行动计划》要求，保障公众的环境知情权，推动地方政府切实采取措施改善空气质量，形成城市间空气质量“比、赶、超”的良好氛围，充分发挥排名对地方政府改善环境空气质量的倒逼作用，有效传导治污压

力，促进协同治理。

下一步，我们将继续每月公开169个城市的空气质量和其中的前20位和后20位名单，同时每半年进行空气质量改善程度排名，公开改善幅度相对较好的前20位城市和相对较差的后20位城市名单，并作为大气污染防治领域的一项长效机制持续下去。

形式督查和实质督查相结合，可以有效防止弄虚作假

经济观察报记者： 据了解，少数地方在黑臭水体整治过程中存在弄虚作假的行为，汇报的结果和群众的切身感受完全不一样。请问生态环境部如何防止这种行为，怎样确保黑臭水体整治效果与群众的切身感受保持一致？

张波： 这个问题是必须要解决的。我们在督查过程中也非常重视这个问题，解决的措施有两项，具体如下：

第一，形式督查和实质督查相结合，这是本次督查的一个创新。我们不仅要看感官上是否消除了黑臭，公众调查说满意的，包括监测数据说消除了黑臭，所有这些信息对我们来说都是形式督查。同时，还有实质督查。所谓实质督查就是要对污水垃圾处理体系是否真正建立起来、是否有效发挥了作用进行督查。例如，督查人员会跟当地的同志要撬棍、铁锹，他们会在室内查阅资料，看截污管网怎么铺设的，然后在上中下游选几个节点，去撬井盖子。撬开井盖后如果里面没有水，说明“毛细血管”没有建起来，这套管网体系没有发挥作用，这就是问题；如果里面有水，打上

来是清水，则可能是雨水，也可能是地下水，不是污水，说明截污管网没有发挥作用，我们不认这个账。截污管网可以了，我们还会检查污水处理厂，看进水是不是正常。一个地方的生活污水进水浓度是有正常范围的，比如300毫克/升，可是督查人员发现有些污水处理厂生活污水进水浓度100毫克/升都不到，只有几十毫克/升，怎么可能认这个账？垃圾收集处理也是一个道理。所以，通过这样的实质督查，就把一些弄虚作假的行为曝出来，即便是当地老百姓暂时认这个账了，我们也不认。形式督查和实质督查相结合，就可以有效地防止弄虚作假。

第二，公众全过程参与。在这之前我们有一个微信公众号“城市水环境公众参与”，接受公众举报，民间环保组织也组织一些群众来监督。即便我们走了，也还有微信公众号，就是今天发给大家的微信公众号，也拜托大家广而告之。老百姓依然能很方便地举报身边的哪一条河黑臭又反弹了，或者是黑臭水体，只要我们核查属实的，都会纳入国家黑臭水体治理清单，督促有关地方一一整改落实，而且整改的结果会向社会公开。

有以上两项措施，当前就可以有效地破除可能存在的弄虚作假行为。但是“道高一尺，魔高一丈”，可能也还会有不断的翻新花样出来，我们会根据新发现的情况在工作上改进，谢谢。

各级党委和政府要支持生态环境保护队伍建设，关心爱护基层环保工作者

新京报记者：最近，网上有一些环保工作者发的帖子，反映工作压

力大，有人甚至吃不消，对此，您怎么看？

刘友宾：感谢您对生态环保工作者的关注。习近平总书记在全国生态环境保护大会上指出，要建设一支生态环境保护铁军，政治强、本领高、作风硬、敢担当，特别能吃苦，特别能战斗，特别能奉献。并要求各级党委和政府要关心、支持生态环境保护队伍建设，主动为敢干事、能干事的干部撑腰打气。习近平总书记对环保工作者既提出要求，又倍加呵护，我们深感责任重大，使命光荣。

党的十八大以来，在我国经济快速增长的同时，环境质量呈现逐步好转的态势。其中，凝聚着广大环保工作者的汗水。大家知道，去年年初，重污染天气肆虐华北大地，大气环境形势非常严峻。数千名来自全国各地的生态环保工作者，奔赴京津冀及周边地区，他们舍小家、顾大家，打响蓝天保卫战，涌现出许多感人至深的故事，为圆满完成《大气十条》确定的目标作出了重大贡献。

在 2018 年全国环境保护工作会议上，李干杰部长代表部党组向生态环境系统广大干部职工表达敬意和感谢。他说，生态环境系统干部职工始终坚持“以身许国”，面对异常艰巨繁重的工作任务，坚持科学精神、协作精神、牺牲精神，履职尽责、迎难而上、不舍昼夜、全力拼搏，为各项工作开展提供了保障。

当前，污染防治攻坚战已经全面打响。这是一场大仗、硬仗、苦仗，作为生态环保工作者，我们义不容辞，对污染防治攻坚战的艰巨性，务必要有充分的心理准备。同时，也要看到，打好污染防治攻坚战，为广大生态环保工作者提供了实现人生价值的难得机遇和舞台。我们要有情怀、肯奉献，展现生态环保工作者的风采。当蓝天白云、鱼翔浅底的景象逐渐成为常态的时候，人民不会忘记奉献者的汗水和付出，历史会留下这一代生态环保工作者的艰辛与荣光。回首往事，每一名参与了这场史上最大、最硬、最苦攻坚战的生态环保工作者也一定会倍感自豪。

生态环保工作任务繁重，“压力山大”。有的战友甚至倒在了工作岗位上，让我们深感痛惜。做好生态环保工作，离不开社会各界的大力支持。希望各级党委和政府认真落实习近平总书记的指示要求，共同支持生态环保队伍建设，关心爱护基层生态环保工作者，帮助他们解决实际困难，为他们创造更好的工作条件。保护生态环境，是全社会共同的责任。自觉遵守环保法律法规，让环境违法行为少些、更少些，让环境守法行为多些、更多些，最终成为常态，这是对生态环保工作者最好的关心和爱护。各级生态环境部门也要统筹规划，合理安排好各项工作。生态环保工作者一定会珍惜机遇，不忘初心，牢记使命，为建设美丽中国作出更大贡献。

黑臭水体治理要在这次督查的基础上进行交办、核查、约谈

新加坡联合早报记者：两个问题，第一个问题是近期陕西省榆林市小壕兔乡水污染环境问题，当地环境保护部门也对水质进行了调查，请问生态环境部对这件事情的最新进展是否了解？第二个问题，2018 年黑臭水体治理专项行动里面谈到的是 2017 年的任务目标，想问一下生态环境部会采取什么样的整治督查措施来确保完成任务？谢谢。

张波：你刚才谈到的第一个问题，我们也注意到了。据我们了解，目前榆林市环境保护部门联合榆阳区政府成立了调查组，对小壕兔乡部分村民的饮水进行了实地调查，对小壕兔乡饮用水进行了采样监测，并对小壕兔乡周边企业也进行了调查，目前地方政府已经把有关信息向社会公开了，我们接下来还会继续关注这个事件，督促地方严格依法处理有关问题。

第二个问题，刚才我说了工作形势不容乐观，通过这次督查，一方面各地还是高度重视黑臭水体整治，总体上取得了积极进展；另一方面还存在大量的问题，新增了很多的黑臭水体，按时完成《水十条》确定的目标，形势确实不容乐观。在这次督查的基础上，按照“五步法”，还要进行交办、核查、约谈，必要时还要进行督察问责。目前来看，36个重点城市和相关地级市正在非常积极地推进有关工作，我们也非常期待着他们能够在年底前，交出一份令人满意的答卷。明年春季我们还会再组织这样的督查。

希望世界各国优秀的环保企业关注黑臭水体整治，积极参与市场竞争

今日俄罗斯记者：第一个问题，关于黑臭水体，国外也有一些国家有类似情况，他们也有一些处理办法，请问中国有没有采用国外的经验？第二个问题，近期黑龙江流域受大雨影响，水位很高，淹没了农田。俄罗斯有一些地方媒体报道因为洪水的影响，黑龙江流域的水受到了污染，请问现在的情况如何？

张波：感谢您提的两个问题。第一个，现在中国黑臭水体治理的市场正在由潜在的市场变成现实的市场。而且刚才我说了，中国的黑臭水体整治市场规模很大，恐怕要远远超过万亿元，我也希望世界各国优秀的环保企业都能够关注这个市场，积极参与这个市场的竞争，为中国黑臭水体整治作出宝贵贡献。

你提的第二个问题，也说到我们的软肋上，我们多年来在工业污染减排、城市污染减排方面做了很多工作，也取得了积极进展，农业面源的污染减排也做了一些探索，但总体来说还需要再进一步突破。刚才你说到的中俄界河的水质情况，据我了解，今年上半年比去年同期还是有所改善的，有的是Ⅱ类，有的是Ⅲ类，个别的是Ⅳ类，总体上处在比较良好的状态。今年洪水期间淹没一些农田，根据以往的经验来看，只要工业不出问题，不至于暴发大规模的污染事故；可能氮磷会稍高一点，但都是营养性物质。我们会密切关注这些河流的水环境变化，有关信息也会向社会公开。

提出大气治理整改任务清单，抓紧落实整改要求

澎湃新闻记者：去年《大气十条》圆满收官，但是本月初全国人大常委会执法检查报告指出我国目前在大气治理方面存在不少问题。针对这些问题，生态环境部下一步将采取哪些措施？

刘友宾：新一届全国人大常委会把《大气污染防治法》作为今年执法检查的重点，栗战书委员长亲自担任执法检查组组长，带队开展现场检查，多位副委员长全过程参与执法检查工作。近日，全国人大还专门增开

一次常委会会议，审议《大气污染防治法》实施情况的报告，并作出有关决议，充分体现了对大气污染防治工作的重视和支持。

全国人大《大气污染防治法》实施情况的报告，既充分肯定大气污染防治工作取得明显成效，也客观指出了存在的突出问题，提出了整改意见和要求。我们将针对问题和意见，认真梳理，提出整改任务清单，及时分解到各相关部门和地方，抓紧落实整改要求。重点做好以下工作：

一是严格落实《打赢蓝天保卫战三年行动计划》。加快制定考核办法，严格目标考核和责任追究。以京津冀及周边地区、长三角地区、汾渭平原为重点，更加注重源头防治，优化调整四个结构，切实减少结构性污染问题。

二是健全法规制度和科技标准体系。加快研究制定排污许可管理条例，建立覆盖所有固定污染源的企业排污许可制度。加快出台有毒有害大气污染物名录。修制订一批重点行业污染物排放标准，加严污染物排放限值。

三是加强督察执法，进一步夯实生态环境保护责任。继续开展中央环境保护督察“回头看”，充分发挥重点区域大气污染防治协作机制作用，落实“党政同责”“一岗双责”，层层传导压力。开展重点区域大气污染防治强化督查，依法严惩重罚生态环境违法犯罪行为。

四是深化环境治理体系改革。会同相关部门加大资金投入的保障和经济政策的激励力度，完善空气质量监测和污染源自动监测体系，切实加强环境信息公开，鼓励公众参与，推动形成崇尚生态文明、保护生态环境的社会氛围。

主持人刘友宾：今天的发布会到此结束。谢谢大家！

8月例行新闻发布会实录

2018年8月31日

8月31日，生态环境部举行8月例行新闻发布会。生态环境部环境影响评价司司长崔书红、规划财务司副司长汪键介绍了“放管服”改革有关情况。生态环境部新闻发言人刘友宾主持发布会，通报近期生态环境保护重点工作进展，并共同回答了记者关注的问题。

8月例行新闻发布会现场(1)

重点工作

2018
31/08

○ 开展“以案为鉴，营造良好政治生态”专项治理工作

○ 完成第二次污染源普查清查定库工作

○ 对汾渭平原 11 城市开展强化督查

○ “绿盾 2018”专项行动开展巡查工作

8 月例行新闻发布会现场 (2)

关键看点

主持人刘友宾：新闻界的朋友们，大家好！欢迎参加生态环境部8月例行新闻发布会。

简政放权、放管结合、优化服务，是党中央、国务院推动政府职能转变的重要举措。习近平总书记在十九大报告中要求“转变政府职能，深化简政放权，创新监管方式，增强政府公信力和执行力，建设人民满意的服务型政府”。李克强总理连续四年召开“放管服”改革电视电话会议，对“放管服”改革工作进行部署。生态环境部高度重视“放管服”改革工作，采取了一系列措施，努力推动实现环境效益、经济效益与社会效益相统一，为打好污染防治攻坚战、推动经济高质量发展提供保障。今天上午，生态环境部召开全系统视频会议，李干杰部长对全国生态环境系统深化“放管服”改革、转变政府职能作出安排，提出要求。

今天的发布会，我们邀请到生态环境部环境影响评价司司长崔书红、规划财务司副司长汪键，介绍生态环境部“放管服”改革工作的有关情况，并回答大家关心的问题。

下面，我先通报生态环境部近期的四项重点工作。

一、开展“以案为鉴，营造良好政治生态”专项治理工作

2017年11月，经中央纪委批准，中央纪委驻原环境保护部纪检监察组严肃查处了第十二届全国人大环境与资源保护委员会原副主任委员、中国环境科学研究院原院长、中国工程院原院士、国家科技重大专项“水体污染控制与治理”原技术总师孟伟严重违纪问题。为充分发挥案件的警示教育作用，推动生态环境系统全面从严治党向纵深发展，生态环境部党组

和驻部纪检监察组决定在全国生态环境系统组织开展“以案为鉴，营造良好政治生态”专项治理工作。

2018年7月31日，生态环境部召开全国生态环境系统“以案为鉴，营造良好政治生态”专项治理工作动员部署会，李干杰部长作动员讲话，驻部纪检监察组组长吴海英对专项治理工作提出明确要求。李干杰部长强调，全国生态环境系统要把开展专项治理工作作为一项重要政治任务，主动担当、积极作为，层层传导压力，形成上下联动、齐抓共管的良好局面，坚决完成专项治理各项任务。吴海英组长要求各级领导干部要自觉担当领导责任和示范责任，争做生态环保铁军的标杆，争做严肃党内政治生活的模范，以上率下，发挥好“头雁效应”。

按照专项治理工作部署，9月，生态环境部党组将带头召开专题民主生活会，结合孟伟严重违纪案件审查中发现的问题，认真查找部党组在加强党的政治建设、履行全面从严治党政治责任、选人用人、建立长效机制等方面存在的问题，制定整改措施，将管党治党责任落细、落小、落实。9—10月，部系统所有党支部将召开专题组织生活会，全体党员干部深刻汲取孟伟严重违纪案件教训，开展批评和自我批评，明确整改事项和具体措施。

生态环境保护是一项业务性很强的政治工作。当前，我国生态环境保护正处于关键期、攻坚期和窗口期，机遇与挑战并存。全国生态环境系统将以专项治理工作为契机，坚决维护习近平总书记在党中央、全党的核心地位，坚决维护党中央权威和集中统一领导，始终同党中央保持高度一致，做到净化风气、提升境界、凝心聚力，营造良好的政治生态，把新时代全面从严治党的各项要求落到实处，为全面加强生态环境保护，打好污染防治攻坚战这场大仗、硬仗、苦仗作出应有的贡献。

二、完成第二次污染源普查清查定库工作

根据第二次全国污染源普查工作总体安排，生态环境部于日前完成了清查定库工作。

一是形成清查底册。收集整理国家税务总局、国家统计局和原国家工商总局、原国家质检总局以及国家电网等单位提供的基本单位名录，筛选出疑似排污单位工业源 740 万家、规模畜禽养殖场 80 万家，并经过各地补充完善，最终形成疑似排污单位共计 1 001 万家的清查底册。

二是开展拉网式排查。印发普查清查、生活源锅炉清查、入河（海）排污口普查与监测等技术规范；举办系列清查技术培训，指导各级普查机构对照清查底册，开展拉网式排查。最终，确定全国纳入普查的调查对象数量累计 333.25 万家，其中工业源 266.6 万家、规模畜禽养殖场 38.2 万家、生活源锅炉 8.7 万台、入河（海）排污口 11.4 万个、集中式污染治理设施 8.3 万个。

三是严格质量管理。形成县一级审核全覆盖、省市两级开展质量核查、国家开展质量抽查检查的全过程质量管理体系。省市两级普查办下沉一级开展质量核查工作，省级核查覆盖所有地市，每个地市抽取两个县（市、区）30% 的乡镇开展核查；市级核查覆盖所有县（市、区），每个县（市、区）随机选取两个乡镇开展核查；县级普查机构全面开展自查自审工作，覆盖每一条清查记录。

生态环境部对 31 个省级行政区域清查工作进行了检查，并于 7 月下旬至 8 月上旬对各地上报的数据进行了汇审。通过技术指导和质量管理，确保清查对象“不重、不漏、不错”，完成清查定库工作，具备全面入户调查的条件。

三、对汾渭平原 11 城市开展强化督查

8 月 20 日，蓝天保卫战强化督查进入第六轮次，按照生态环境部总体安排，从本轮次起，将汾渭平原 11 个城市（包括山西省吕梁、晋中、临汾、运城市，河南省洛阳、三门峡市，陕西省西安、咸阳、宝鸡、铜川、渭南市以及杨凌示范区）、146 个县（市、区）纳入范围，全面开展督查。

8 月 20—25 日，290 个督查组共检查了 17 323 个企业（点位），发现各类涉气环境问题 1 036 个，其中派驻汾渭平原 11 个城市的 90 个督查组共检查 4 416 个企业（点位），发现各类涉气环境问题 598 个，占全部问题数量的 57.7%。

从督查情况看，汾渭平原的涉气环境问题呈现出问题突出、类型多样的特征，主要存在“散乱污”企业整治不彻底、应淘汰的燃煤锅炉未拆除、工业企业未安装污染防治设施、污染防治设施不正常运行等突出问题。

下一步，生态环境部将从以下三个方面进一步强化督查效能。

一是紧盯问题排查，各督查组将继续以发现问题为导向，按照工作总体安排，重点围绕工业企业、“散乱污”、燃煤锅炉等问题，进一步加大督查力度。

二是公开曝光违法企业，紧盯落实整改，督促落实政府的监管职责

及企业主体责任。

三是以排查、交办、核查、约谈、专项督察“五步法”为核心方法，督促地方举一反三，履职尽责，抓好各项工作落实、落地。

四、“绿盾2018”专项行动开展巡查工作

《中共中央　国务院关于全面加强生态环境保护　坚决打好污染防治攻坚战的意见》明确要求，持续开展“绿盾”自然保护区监督检查专项行动，严肃查处各类违法违规行为，限期进行整治修复。生态环境部、自然资源部、水利部、农业农村部、国家林业和草原局和中国科学院联合召开了视频会议，印发了实施方案，对“绿盾2018”自然保护区监督检查专项行动进行安排部署。

8月下旬至9月下旬，生态环境部联合自然资源部、水利部、农业农村部和中国科学院对全国31个省（区、市）“绿盾2018”专项行动开展情况进行巡查。巡查工作于2018年8月下旬至9月中下旬进行，为期一个月。

本次联合巡查分12组，对31个省（区、市）全覆盖。本次巡查重点是近年来党中央、国务院批示要求进行整治的自然保护区（地）、长江经济带11个省（市）的各类自然保护地、媒体曝光或审计通报的自然保护区以及问题突出的其他自然保护区。巡查内容包括2017年以来新增的违法违规问题核查整改情况，“绿盾2017”专项行动问题整改情况“回头看”，国家级自然保护区勘界立标、机构建设、人员保障、资金保障等情况，“绿盾2018”专项行动问题台账的建立和销号制度执行情况等。

为保证巡查工作有的放矢，生态环境部对全国国家级和省级自然保护区以及长江流域自然保护地的问题进行了梳理，筛选出列入巡查范围的自然保护地及其问题清单进行抽查。各巡查组将深入实地进行检查，核实存在问题的点位。巡查工作设立了举报电话并在当地主要媒体公布，广泛征集违法违规问题线索，并邀请媒体记者随行跟踪报道，向社会公开巡查工作进展。目前，已有 11 个巡查组进驻地方开展巡查工作。

下一步，为确保巡查效果，生态环境部等部门将对查处和整改问题不力的地方政府和主管部门进行公开约谈，督促其整改。

下面，请崔书红司长介绍情况。

生态环境部环境影响评价司司长崔书红

环评“放管服”改革进展可以用六个“最”来概括

崔书红：感谢主持人，欢迎新闻界的各位朋友，很高兴再次与大家见面。

去年9月的新闻发布会上，我主要向大家介绍了环评制度改革的情况。今天，我将从优化营商环境、推动经济持续健康、高质量发展的角度，介绍环评深化“放管服”改革的进展和成效，并回应大家关心的问题。借这个机会，我要感谢各位新闻界的朋友长期以来对环评工作的关心和支持。

大家知道，深化“放管服”改革，转变政府职能，促进政府治理体系和治理能力现代化，推动经济社会持续健康发展，是党中央、国务院作出的重大决策部署。生态环境部高度重视，李干杰部长亲自安排部署。

近年来，环评“放管服”改革作为生态环境保护领域改革的重要内容之一，始终坚持问题导向，紧扣改善环境质量的主线，坚守防范环境风险的底线，在优化营商环境、激发市场活力、推动经济健康高质量发展方面取得一些进展。主要表现可以用六个“最”来概括：

一是最大幅度简政放权，环评涉及的五项行政许可，目前已经依法取消了三项，这三项是部门预审、试生产审批、竣工验收许可；保留两项，一项是建设项目环评审批，还有一项是环评机构资质管理，还要进一步改革。除跨省、跨流域建设项目，部分新建规模化石化、化工等污染物排放量较大项目由生态环境部审批外，绝大部分建设项目环评审批权都下放到省级生态环境部门。2018年上半年，全国共审批建设项目环评文件91 686个，其中，生态环境部只审批了22个。

二是最大限度减少环评审批，实行区域环评、规划环评与项目环评联动，大幅减少编制报告书的建设项目数量，将登记表由审批改为告知性备案。环评实行分类管理，分为报告书、报告表和登记表，原来都是审批制，通过修法，依法将登记表从审批改为告知性备案。2018 年上半年，全国备案项目环评 412 864 个，占全国项目环评总数的八成。也就是说，现在项目环评的 80% 无须审批。需要审批的 9 万多个项目环评中，编制报告书的也只占 8%，报告书、报告表的内容和编制工作量差距是很大的，这些工作大大减少了环评工作量。

三是最大程度压缩审批时间，采取提前介入，开辟绿色通道，即到即受理，即受理即转办，同步评估和审查，对合法合规、满足生态环境保护要求的重大民生、基础设施、重点产业布局等项目环评的审批时间，已较法定审批时限压缩近 50%，今年李克强总理在“放管服”电视电话会议上明确要求“六个一”，其中就包括审批时间压缩一半，现在环评审批已经实现了。登记表备案现在只需 10 分钟，过去需 10 天。

四是最严格措施保证环评质量，强化事中事后监管，开展环评改革专项督导，常态化进行环评文件技术校核，对环评领域违法违规行为实行严管重罚。目前，生态环境部已经连续开展五批次技术校核，涉及 31 个省（区、市）的 482 家次环评机构的 1 048 个建设项目的环评文件，我们发现了一批质量不高的环评文件，将依法处罚处理。

五是最大努力提高服务质量，组建技术团队，开展定期培训，提高基层环评工作能力。建立全国环评审批联网信息系统，实现环评文件网上报送，“不见面”审批。

六是最大力度激发了市场活力，现在建设项目环评审批办事更便利了，行政审批工作量大大减少了，市场主体经济负担也减轻了，项目“落地”速度也较以前加快了许多。

虽然环评“放管服”改革取得一些初步成绩，但与党中央、国务院的要求相比还有不足，与市场主体的期望还有差距。当前，全国生态环境系统正在深入学习习近平总书记在全国生态环境保护大会上的重要讲话精神，贯彻落实习近平生态文明思想，坚决打好污染防治攻坚战。环评将抓住机遇，乘势而上，继续深化“放管服”改革，不断优化营商环境，推动经济持续健康高质量发展。

下面，我愿意回答大家关心的问题。谢谢各位！

主持人刘友宾：下面，请汪键副司长介绍情况。

生态环境部规划财务司副司长汪键

《指导意见》坚持问题导向、改革引领、分类施策和落地见效的原则

汪键：各位记者朋友们，大家好！生态环境部近日下发了《关于生态环境领域进一步深化“放管服”改革 推动经济高质量发展的指导意见》（以下简称《指导意见》），李干杰部长在全国视频会上也进行了部署，下面我就《指导意见》的内容进行一个简要的说明。

深入推进生态环境领域“放管服”改革，是推进生态环境部门职能转变，打好污染防治攻坚战和服务经济发展的必然要求，是实现经济高质量发展的重要推动力和重要抓手。

近年来，生态环境领域“放管服”改革取得了积极的成效，但是与高质量发展的要求、生态环境事业发展的需要和人民群众期盼相比还存在很大的差距，同时我国经济发展面临新的形势，不稳定、不确定因素在增加。提升服务能力，有效激发市场活力和动力，促进建立公平的营商环境，推进经济高质量发展的需要日益迫切。正是在这种大背景下，生态环境部出台了《指导意见》。

《指导意见》立足于经济发展与生态环境保护关系，坚持问题导向、改革引领、分类施策和落地见效的原则。通过生态环境领域“放管服”一系列改革的落实，力争实现两个方面的目标。一是推动生态环境治理体系和能力的现代化，生态环境管理效能大幅度的提升。二是拉动有效投资，激发经济发展活力和动力，发展环保产业，切实推进经济高质量发展。

《指导意见》提出了五个方面的措施。

一是突出进一步简政放权，这部分是以环评审批改革为重点。刚才崔司长已经做了介绍。

二是突出加强环境监管执法，通过深化生态环境保护督察、严格执法、杜绝“一刀切”，压实责任，促进高质量发展，为守法企业创造公平竞争环境。

三是突出优化生态环境公共服务，通过“互联网＋政务服务”建设、生态环境大数据建设和生态环境科技支撑，全面提升发展保障能力。

四是突出发展环保产业，通过污染防治攻坚战带动生态环境项目实施，充分释放环保产业有效需求，加强环保产业的规范引导，促进环保产业健康发展。

五是突出创新绿色金融，落实价格财税政策，积极推动绿色生产和消费，切实发挥市场在资源配置中的决定性作用。

文件已经发给各位记者了，我也愿意配合崔司长来回答大家关心的问题，谢谢大家！

对“未批先建”行为实行严管重罚

中央广播电视总台央视记者：根据“放管服”精神，环评不再作为项目审批或核准条件，请问这是否会留下审批不严等隐患？如何避免一些企业钻空子导致重大环境污染事件的出现？

崔书红：感谢你的提问。我认为这种担忧是没有必要的。环评不再作为项目审批或核准条件，由串联审批改为并联审批，是优化审批制度的重大举措。这并不意味着可能产生重大环境影响的项目没有经过环评审批就可以开工建设。法律明确规定，需环评审批而没有经过环评审批的建设项目不得开工建设，否则属于“未批先建”。对“未批先建”行为，法律的处罚和对相关人员的处分是相当严厉的，主要有以下五个方面：

一是对建设单位要按总投资额的 1% ~ 5% 予以罚款，这是《环境影响评价法》（2016 年修正）的规定。

二是对建设单位直接负责的主管人员和其他直接责任人员，依法给予行政处分。

三是“未批先建”被责令停止建设但拒不执行的，还可以对相关人员处行政拘留。

四是对可能产生重大环境问题的环评违法项目，还可以责令恢复原状，彻底消除隐患。

五是根据“两高”（最高人民法院和最高人民检察院）司法解释，对污染环境犯罪，还可以判处 7 年以下有期徒刑并处罚金。

下一步，我们将继续以创新机制手段为重点，加强事中事后监管。

一是健全监管体系，加强执法，落实企业主体责任，全面实施排污许可制，对“未批先建”行为实行严管重罚。

二是创新监管的技术方法和手段，及时发现违法行为。主要是以信息化促监管手段多元化，利用大数据提高监管整体能力，逐步实现全面、实时的环境监管。

三是构建全社会共同参与的环境监管体系，将环境保护失信个人、企业信息纳入诚信“黑名单”向社会公开，并实行跨部门、跨领域的联合惩戒。在今天上午的视频会上，李干杰部长还就此作了专门的部署，要求加强与各部门联动，一处失信，处处受限。

我们相信，随着“放管服”改革的不断深化，环境守法氛围不断强化，企业的环保主体责任将得到更好的落实，谢谢！

坚决反对“一刀切”，对于合法合规的企业不能采取停产措施

中新社记者：当前，有观点认为环保加严在一定程度上影响了经济发展。请问您怎么看？

崔书红：感谢您的提问。这个问题很热，隔一段时间就有媒体提问。

此前，李干杰部长作过明确回应，环境保护并没有影响经济发展。去年我在例行新闻发布会上就这个问题回答过，当时举了两个现场调研的例子，一个是河北省邢台市，另一个是山东省济宁市，谈了这些地方在“散乱污”治理过程中怎么处理好发展和保护的关系，在加强环境保护的情况下，呈现了经济效益、社会效益、环境效益三赢的局面。最近我又把这两个市的情况调度了一下，数据显示，今年上半年邢台市指标增速创下近年来的最好位次，规模以上工业企业利润持续增长；济宁市也保持了平稳的增长，高技术和装备制造等产业增长势头良好，新旧动能转换有序推进。另外，国家统计局发布的今年上半年规模以上工业增加值等经济社会发展数据，我就不重复了，也表明整个经济面是好的，没有迹象表明环保加严

影响了经济的发展。

借这个机会，我向大家介绍一下环评是怎么处理生态环境保护和经济发展关系的。从环评的角度看，在保护的前提下发展，生态环境保护和经济发展两者是辩证统一的关系，不能顾此失彼。处理好两者的关系，就是要建立基于生态环境保护促进经济健康发展的“游戏规则”。习近平生态文明思想，特别是“两山论”深刻揭示了生态环境保护与经济发展的关系，是建立这种“游戏规则”的根本遵循。经过多年的实践，环评制度在建立“游戏规则”上做出了有益探索，积累了一些保护生态环境、促进经济健康发展的经验。

一是开展区域空间生态环境评价，探索建立环境空间管理体系。大家知道，我们国家出现的很多环境问题，布局不合理、结构偏重是重要原因之一。从环评的角度来说，就要通过区域空间生态环境评价，实现产业结构的调整和空间布局的优化，具体就是编制“三线一单”，即生态保护红线、环境质量底线、资源利用上线和生态环境准入清单，用“线”管住空间布局，逐步解决产业结构、布局不合理的问题；用“单”规范发展行为，向盲目、粗放型、破坏性发展亮红灯，为满足供给侧结构性改革的优质产能项目环评审批开绿灯。这项工作我们正在稳步推进，今年长江经济带 11 个省（市）加上青海省，要初步完成“三线一单”的编制，其余的 19 个省（区、市）今年要启动“三线一单”的编制，明年要基本完成，2020 年“三线一单”要全面实施应用。全国生态环境保护大会明确要求，省级党委和政府要加快确定生态保护红线、环境质量底线、资源利用上线，制定生态环境准入清单，在地方立法、政策制定、规划编制、执法监管中不得变通突破、降低标准，不符合、不衔接、不适应的于2020年年底前完成调整。

二是对新建项目环境准入实行“三挂钩”。环评制度不能说不严格，但是一些地方区域性环境影响逐步积累、显现，所以我们要求实行新建项目环评审批与区域环境质量改善挂钩，项目建成后区域环境质量只能变好，不能变坏，这就会对项目的污染物排放量产生约束。要与规划环评挂钩，新建项目环评必须以规划环评审查意见为重要依据。要与区域同类项目环境管理水平挂钩，要以新带老，推动解决已有项目的环境问题。例如，去年我们审批某炼化项目时，与区域范围内39个已建项目的淘汰、关停、提标改造等关联，平均每年可分别削减二氧化硫、氮氧化物、烟粉尘和挥发性有机物排放5 062吨、7 025吨、1 809吨和6 184吨，确保该项目投产后区域环境质量不恶化。党的十八大以来，通过环评审批累计每年分别减少二氧化硫、氮氧化物、烟粉尘排放约44万吨、46.5万吨和19.5万吨。

三是深化“放管服”改革，进一步优化营商环境，激发市场活力，助推经济发展。我刚开始已经介绍过，就不再重复了。

四是创新机制体制，加速今年重大项目环评审批，推动尽早开工建设。首先，采取的是“提前介入、主动对接”。我们主动与有关部委和各省生态环境部门对接，建立今年拟开工重大基础设施项目清单，逐一对接环评工作中存在的问题，及时研究提出解决对策建议。其次，开辟绿色通道，压缩环评审批时间。重大建设项目做到即到即受理，即转办即评估，评估和审查同步推进。一些重大交通基础设施建设项目，甚至在受理前即组织专家进行了现场踏勘。生态环境部对重大水利工程、铁路工程等民生、基础设施项目环评的审批时间，已较法定审批时限压缩近50%。最新一个铁路项目，我们的审批时间是 24 天，北京市到雄安新区高铁项目审批时间更短。最后，加强指导，服务下沉。主动指导督促建设单位在可研阶段启动环评文件的编制，及时对他们在建设项目环评文件编制中的问题答疑解惑，压缩环评文件报审时间。

五是发挥环评的倒逼机制，加速落后产能和高排放项目的退出。最近，我们对党中央、国务院确定的污染防治攻坚战任务进行了梳理，对其中 77 项相关任务落实了环评措施，通过禁止、限制或加快审批等措施，构筑牢固的防御体系，打好污染防治攻坚战。

今天上午，李干杰部长就这个问题专门强调，坚决反对“一刀切”，对于合法合规的企业不能采取停产的措施，对有问题的企业要制定限期整改措施，不能层层加码，层层提速。上午的会议开到了最基层，全国 16 000 多人参加了视频会。同时，李干杰部长也明确指出对手续不全，又没有任何环保设施，污染严重的“散乱污”企业要坚决予以整治，一定要扭转“劣币驱除良币”的问题。

我国环保产业和主要发达国家的差距在缩小，但也面临不少的问题和困境

财经杂志记者：环保产业是我国的战略性新型产业之一，有关方面认为环保产业的发展主要依靠政府的支持和补贴，环保产业发展现状如何？主要面临哪些问题？下一步有哪些举措？

汪键：非常感谢你的提问。应该说，近年来我国环保产业发展速度

相当快。这有一组中国环保产业协会的数据显示，“十二五”以来，我国环保产业年均增速约为26.9%，2016年环保产业的销售收入是1.15万亿元，较上年增长约19.8%，成为我国一个“万亿级”的产业。2017年环保产业的销售收入1.35万亿元，比2016年增加了17.4%，呈两位数的增长，今年上半年销售同比又增加了18%。中国环保产业的增速远远高于国民经济的增速和一般工业行业的增速。我国环保产业发展呈现三个特点。第一，发展速度不断加快，环保产业整体水平在大幅度提升。第二，技术不断进步，自主创新能力显著加强。第三，环保企业市场化的机制已经初步建立。

我国环保产业和主要发达国家的差距在逐渐缩小，但环保产业发展也面临着不少的问题和困境。主要是四个方面：第一，现实的市场空间和市场需求不足。第二，环保项目资金回报机制不健全，过度依赖于资金的投入，环保治理的需求向产业市场的转化难度较大。第三，环保产业发展市场环境不规范，存在恶性竞争的问题，这个问题严重影响着产业的健康发展。第四，环保产业以中小企业为主，融资难、融资贵是当前这个行业面临的突出问题。

在《关于生态环境领域进一步深化“放管服”改革，推动经济高质量发展的指导意见》中，专门对推动我国环保产业的发展提出了一些政策措施，这些政策措施更多的是立足于生态环境部门能够解决的问题，具体如下：

第一，进一步释放环保产业的市场需求。污染防治三大攻坚战、七大标志性战役，对于环保投资的需求是相当大的。怎么把这些投资需求转化为有效的环保产业市场需求呢？一是推动项目尽快落地。二是通过财政资金的引导，建立健全中央环保投资项目储备库，指导各地做好项目储备，让地方政府加大投入，能够真金白银地实施这些项目。同时，这些项目的储备要及时向社会公开，公开项目信息与投资需求信息，让环保企业能够知道各地需要做哪些项目，需要投入多少。

第二，转化催生环保产业的潜在市场。主要从两个方面考虑。一是强化标准的引领，我们的环境标准虽然不断完善，但还存在一定差距，一些标准需要制订、修订。二是加强科技成果转化，生态环境部正在建设国家生态环境科技成果转化综合服务平台，把科技成果的聚集、信息的发布、供需的对接、咨询交易、金融投资等这些功能都集成到一起，国家和地方结合，公益和市场结合，线上和线下结合，开放市场，统一联动，这样就能够把潜在的环保市场激发出来。

第三，加强环保行业的规范引导。我们将通过制订技术规范、招投标技术指南等，通过监督引导，进一步对这个行业进行规范。

第四，推动加大生态环保投入。2018 年，中央财政环保专项资金为 405 亿元，比去年增加了 19%，应该说中央财政对于污染防治攻坚战的支持力度在不断加大。现在我们也在积极配合财政部，设立国家绿色发展基金，发挥国家对绿色投资的引导作用，支持污染防治三大攻坚战和七大标志性战役的重点地区、重点领域和重点行业。

第五，落实绿色价格和财税政策。价格和税收政策是影响环保产业收益的重要因素。今年 5 月，国家发展改革委已经发文，要求到 2020 年基本形成有利于绿色发展的价格机制。下一步，生态环境部将与国家发展改革委、财政部等部门做好配合，落实价格、财政、税收等经济政策，我们也要求各地生态环境部门配合做好相关工作。同时我们也在研究环境权益、排污权交易等环境经济政策。

我想通过以上五项政策的推动，对推动环保产业的健康可持续发展，会起到积极作用。我就回答这么多，谢谢大家！

坚决查处非法生产销售消耗臭氧层物质行为

中国日报记者：我们注意到生态环境部近日开展打击消耗臭氧层物质执法专项行动。请问行动进展如何？下一步还将采取哪些措施？

刘友宾：为进一步贯彻落实《消耗臭氧层物质管理条例》，加强对消耗臭氧层物质（ODS）的监督管理工作，巩固履约成果，生态环境部在全国范围开展 ODS 执法专项行动。

截至 2018 年 8 月 20 日，第一阶段自查工作基本结束。全国 31 个省、自治区、直辖市及新疆生产建设兵团环境保护部门重点针对聚氨酯泡沫及组合聚醚生产、使用、销售单位进行现场检查，共排查相关企业 1 172 家，经初步检测，发现有少数企业在生产、使用或销售的原料产品中，可能存在 CFC–11 物质。目前，各地对疑似存在非法 ODS 的原料、产品已进行封存，对相关企业正在进一步检测和调查中。

近期，生态环境部将在前期检查的基础上，组织对重点地区、重点企业进行核查，追溯非法 ODS 来源，坚决查处非法生产销售 ODS 行为。

对生态环保领域形式主义和官僚主义问题依法依规严肃责任追究

中央人民广播电台记者：因为宁夏泰瑞制药擅自复产，永宁县党政“一把手”双双被免职，制药公司相关负责人被批捕，请问生态环境部对此怎么看？

刘友宾：宁夏泰瑞制药公司（以下简称泰瑞制药）长期异味扰民，群众反映非常强烈。中央第二环境保护督察组对宁夏回族自治区开展“回头看”期间，发现泰瑞制药表面整改，银川市、永宁县责令企业立即停产整治。6月22日，泰瑞制药对外公告实施停产搬迁。但8月16日检查发现，泰瑞制药擅自恢复生产。对此，宁夏回族自治区永宁县党政“一把手”双双被免职，银川市一名副市长也同时被免。目前，宁夏回族自治区检察机关依法对泰瑞制药总经理批准逮捕。

此次问责力度大、速度快、尺度严，体现了宁夏回族自治区党委和政府坚决贯彻落实习近平生态文明思想，对中央环境保护督察整改不力问题严肃处理的坚决态度，彰显了宁夏回族自治区落实生态环境保护“党政同责”“一岗双责”的坚定决心和责任担当，回应了广大人民群众对美好生态环境的强烈愿望，既震慑了违法企业，也为各级党政领导干部敲响了警钟，得到社会各方好评，值得肯定，应该点赞。

生态环境保护就是要坚持问题导向，依法办事，敢于动真碰硬，落实“党政同责”和“一岗双责”。对落实责任不力，特别是假装整改、表面整改、敷衍整改等生态环保领域形式主义和官僚主义问题依法依规严肃责任追究，坚决打好污染防治攻坚战，不断改善生态环境质量。

企业向环境容量大的地区搬迁，是优化布局的一个选项

路透社记者： 近期有很多地方出台文件引导本地区的工业企业向沿海和其他区域搬迁，您认为现在企业搬迁是否是治理区域污染的有效途径？另外现在也有一些声音在讨论环评的监管水平是不均衡的，这样是不是会让企业钻空子？另外，各地要在 2019 年完成“三线一单”编制，在 2020 年全面实施，地方文件显示这些企业要在 2020 年之前完成搬迁，请问这能否做好衔接？谢谢。

崔书红： 感谢您。这是非常现实的一个问题。污染防治攻坚战当中，调整产业结构、优化产业布局，是一项非常重要的举措。像京津冀及周边地区环境污染的重要原因之一就是产业结构布局不合理，污染物排放量太大，污染物排放强度高出全国的 3 ~ 5 倍，导致治理难度非常大。

企业向环境容量大的地区搬迁，是优化布局的一个选项。企业往哪里搬迁才合理，这就涉及前面我提到的“三线一单”。“三线一单”是非常重要的第一道屏障，企业落地要满足“三线”的要求：生态保护红线绝对不能突破；可能影响环境质量底线的项目，如果没有有效的环保措施作为前提，也不能通过环境准入；超过环境资源承载力，与资源利用上线不符的项目同样不能落地。“一单”会把这些问题规定清楚。

记者朋友提到，“三线一单”2019 年才能基本完成，这段时间怎么

办呢？其实“三线”并不是一个新生的事物。生态保护红线，今年就要全部划定。生态保护红线保护的主要区域是自然保护区、风景名胜区、水源保护区等法定的保护区域，这些区域都是明确的，不是一个凭空的东西，严格执行管控要求是有依据的。环境质量底线，是结合现行的总量控制制度，根据环境质量改善的目标来确定的，生态环境部门已经实施了多年。资源开发利用上线，与相关管理部门关于水资源开发、土地资源利用，能源消耗的总量、强度、效率等要求也是衔接的。这次“三线一单”的编制，更多的是要细化空间管控单元，把“三线”的要求进一步集成、细化、明确出来。因此，“三线一单”工作一边推进，一边落实，一边实施，是没有问题的。

此外，搬迁企业仍然要严格守法，依法开展建设项目的环评，未通过环评审批的不得开工建设。各地、各级生态环境部门在项目审批中也会严把准入关，实行“三挂钩”；在项目通过环评后，用大数据加强事中事后监管，结合“双随机一公开”等监管机制，及时发现、查处环评违法违规行为，切实防范一些公众担心的污染转移。

第二个问题，也是很现实的。关键是要让各地、各级生态环境部门都能接得住、管得好，核心就是在“放管服”上下功夫。

第一，要给地方“减负”，尽量减少审批事项。去年以来，我们两次修订《建设项目环境影响评价分类管理名录》，主要是把一些原来要求编制报告书的调整为编制报告表，把一些编制报告表的调整为填报登记表实施网上备案，给地方减负，让地方抽出时间和精力来做好疑难复杂项目的审批把关，加强事中事后监管。

第二，要加强环评审批的标准化和规范化。为进一步规范环评审批尺度，我们已经印发了20个行业建设项目环评文件的审批原则或准入条件，制定了23个行业的建设项目重大变动界定清单，为各级环评审批人员明确管理和技术要求，使全国环评审批做到“一把尺子”准入。

第三，强化环评管理培训和指导。我们更新了环评管理手册，共享给全国的环评管理人员。加大了环评管理人员培训力度，生态环境部每年要举办7～9期环评管理人员培训班，培训学员上千人，涵盖了省、市、县生态环境部门一线环评工作人员。特别是针对新入职的同志，设置了专门的培训课程，生态环境部的司长、处长和业务骨干都要求参与培训授课，手把手地教，提高他们管理的能力和水平。

第四，加强对地方生态环境部门环评审批的监督。推进全国环评审批信息联网报送，目前已经实现省、市、县级环评审批信息的实时报送。根据系统数据，开展了常态化的环评文件技术复核。2017年生态环境部抽查了全国200余家环评机构的470多份环评文件，今年上半年又开展了第一季度和第二季度环评文件技术复核工作，发现了一批质量较差的环评文件，将依法依规对相关环评机构予以处罚并公开曝光，对一些在审批过程中把关不严的，我们及时指出，加以防范。

对不作为、乱作为现象，发现一起查处一起，严肃问责

澎湃新闻记者：有舆论质疑，地方为应对中央环境保护督察存在“一刀切”的现象，无论企业是否符合环保要求一律关停，请问您对此怎么看？

刘友宾：在环境执法过程中，我们一直强调以事实为依据，以法律为准绳，坚持一切从实际出发，依法办事。要坚持分类整改，对于具有合法手续且符合生态环保要求的企业，不得采取集中停产整治措施；对于具有合法手续，但没有达到生态环保要求的企业，应根据具体问题采取针对性措施；对于没有合法手续，且达不到生态环保要求的企业，依法依规查处。即便是对污染较重的企业，我们也会提出整改意见，给出整改时限，只有对那些确实治理无望，甚至拒不整改的企业，才会依法坚决予以关停。

针对去年中央环境保护督察期间个别地方出现的“一刀切”有关情况，今年 5 月，生态环境部专门研究制定《禁止环保“一刀切”工作意见》，对被督察省（区、市）提出明确要求，坚决杜绝平时不作为、临时乱作为的情况发生。今年的《京津冀及周边地区 2018—2019 年秋冬季大气污染综合治理攻坚行动方案》也特别强调，要坚持分类施策、实施差别化管理，严禁“一刀切”行为。李干杰部长在全国生态环境系统深化“放管服”改革转变政府职能视频会议上，再次强调指出，“一刀切”行为是形式主义、官僚主义的重要表现形式，既给人民群众生产生活带来不便，也损害了党和政府形象。必须坚决反对，严格禁止。要加大对生态环保“一刀切”问题的查处力度，对不作为、乱作为现象，发现一起查处一起，严肃问责。

我们一直反对不分青红皂白、不分违法合法的“一刀切”行为。任何一起这种行为，其影响都是极其恶劣的，都是不能容忍的。对个别地方出现的问题，我们坚决进行纠正。同时，我们也要警惕另一种情况，一些地方和单位动辄拿环保说事，实际上其违法违规行为和环保“风马牛不相及”，是给环保抹黑。今天凌晨，我们通报的陕西省彬州市以治污降霾为名，设立车辆冲洗站，假冲洗，真收费，就是典型案例；也有一些违法企业故意混淆视听，把正常环境执法说成是“一刀切”。如最近媒体报道的西安市某地有人蓄意将查封“散乱污”企业设备的封条揭下来张贴到自家灶台上，造谣生事，混淆视听。对此，我们将排除干扰、保持定力，坚持严格执法、依法办事，履职尽责，切实维护人民群众的环境权益和守法企业的权益。

新的《环境影响评价公众参与办法》细化了深度公众参与的方式

南方都市报记者： 生态环境部近日印发《环境影响评价公众参与办法》，扩大了环评公众参与范围，请问如何保障公民真正参与到环评当中，确保公众参与切实发挥作用，“不走过场”？

崔书红： 环境影响评价公众参与工作非常重要，是维护广大人民群众环境权益的重要途径。环评的公众参与起步早，在维护群众环境权益方面发挥了不可替代的重要作用，是构建政府为主导、企业为主体、社会组织和公众共同参与的环境治理体系的重要举措。随着经济社会发展，环评公众参与面临新的形势和问题，比如走过场、泛化等，一些地方把搬迁补偿、征地等问题放到环评公众参与过程中，严重影响了公众参与的效果。生态环境部以第 4 号令发布了《环境影响评价公众参与办法》（以下简称《公参办法》），有针对性地提出了对策措施。本次新的《公参办法》有如下亮点：

一是明确了建设单位是公众参与的责任主体，对其责任和义务作出了规定。

二是明确了公众参与范围，即环境影响评价范围内的公民、法人和其他组织，优先保障受影响公众参与的权利，并鼓励建设单位听取范围外公众的意见。

三是改进了公众参与的方式，特别是不再强制现场发放调查表，改而要求网络发布加现场张贴公告等调查方式进行，防止填表时弄虚作假、走过场。同时，改进了调查表的内容，主要是征求公众对环评文件的意见，提高环评质量。

四是细化了深度公众参与的方式。比如，公众对环评结论或者生态环境保护对策措施意见多且集中，建设单位就应召开座谈会或听证会，把有意见的公众代表请过来，面对面地研究问题，说清楚情况。再比如，公众对环评专业技术方法等有质疑，建设单位就应召开专家论证会，请专家把技术问题和学术问题说清楚。

为了确保公众参与不走形式，《公参办法》也强化了制度设计。一是明确了生态环境部门的审查义务，审批部门应对公众参与说明的格式是否符合要求、公众参与程序是否符合《公参办法》规定进行审查。二是建立了环评文件退回制度。对公众参与存在重大问题的，审批部门可以责成建设单位重新征求公众意见，退回环境影响报告书。三是明确了公众参与违法或失信的惩处，就是将违约不诚信的建设单位及其法定代表人或主要负责人记入环境信用档案。四是制定了公众参与意见的反馈机制，要求建设单位认真研究采纳公众意见，并将意见采纳情况公布于众，接受群众监督。五是规定建设单位在环评文件编制过程中必须保持公众参与的持续性，从确定环评机构起，就要持续接受公众的意见和建议，要在网上公开，也要在指定场所公开，人民群众可以方便地查阅，突出一个“实”字，防止隔空打炮，使得人民群众看不见，摸不到。

最后，再提醒一下，新的《公参办法》自 2019 年 1 月 1 日起施行，请建设单位安排好相关工作，确保届时报批符合新办法的规定。

信息公开力度加大，可以对采用恶性低价中标的企业起到震慑作用

每日经济新闻记者：现在很多资本雄厚的外来企业进入环保领域，带来资本的同时，也引发了低价竞争等问题，为环保行业健康发展埋下隐患，请问如何提升行业门槛和专业性，避免发生恶性竞争带来的问题？谢谢。

汪键：谢谢。您刚才提的问题，是现在环保行业普遍关注的问题。低价中标是环保产业的一个痛点，一方面使行业经营的风险不断加大，另一方面造成了“劣币驱逐良币”的现象。低价中标是合法的，但是我们现在反对的是恶性的低价中标。造成现在恶性低价中标的原因，今年国家发展改革委主任何立峰在回答全国人大询问的时候，他分析的原因还是比较到位的。

一方面招标方没有严格地执行《招标投标法》。因为《招标投标法》规定得很明确，招投标有两种方法，一种是综合评标法，另一种是低价中

标法。但是招标方往往为了避免承担责任，所以就简单地用最低价中标。综合评标法需要考虑很多综合性的因素，自由裁量权比较大。

另一方面从投标方面来看，投标方低价中标的收益远远大于要承担的风险，低价中标获得的这些收益，要比承担的风险大。就像我们环保的守法成本高，违法成本低的情况。后面的问责机制没有跟上，所以怎么避免恶性竞争带来的低价中标，尽快打破这种局面，我们有以下四个方面考虑。

一是严格执行《招标投标法》。因为《招标投标法》去年年底的时候进行了修订，今年开始实施新修订的《招标投标法》，应该按照法律的要求来做。国外现在也是两种方法（综合评标法和低价中标法）并行的，综合的方法应该说考虑得更全面。

二是从技术层面来讲，要发挥行业协会的作用，出台生态环境项目技术标投标的指南，建立环境效果优先的原则，加大环境技术和环境效果等技术标的权重，这样在一定程度上可以遏制恶性低价中标。

三是加强信息公开。现在生态环境部在垃圾焚烧领域，推动“装树联”，所有的数据全部联网，这样就相当于把企业暴露在阳光之下，在工程上偷工减料，承担的法律风险是相当大的，所以企业就会很主动地去用合适的技术、选择合适的公司来做这个工程。现在电厂脱硫有电价优惠政策，污水处理厂有环境保护税相关政策，达标并低于排放标准一定数值，有减免税。如果达不到这个要求，可以取消优惠政策。加强信息公开，除了公开污染物的排放情况，还可要求公开设施运行情况。所以，信息公开力度加大，可以对采用恶性低价中标的企业起到一个震慑的作用。

四是推行按效付费的机制。这种付费机制也就是让建设方、运营方达到一定环境绩效标准，据此给多少钱，如果达不到约定的考核标准，将给予一定经费扣减。生态环境部门正在考虑建立这些机制来推动环保产业健康持续发展，包括我们今天给各位记者发的“放管服”的文件里，我们也准备把这些政策落地、真正见效，切实推动这个行业健康发展。谢谢。

《攻坚行动方案》既保持了工作的连续性，又增强了治污措施的广度、深度和力度

新京报记者： 我们注意到，《京津冀及周边地区 2018—2019 年秋冬季大气污染综合治理攻坚行动方案》正在征求意见，请问与去年相比，今年的攻坚行动有哪些新变化、新特点？同时，去年北方地区清洁取暖工作引发广泛关注，今年将有哪些新的举措？

刘友宾： 8 月 29 日，国务院副总理韩正主持召开大气污染防治专题工作会议，审议通过了《京津冀及周边地区 2018—2019 年秋冬季大气污染综合治理攻坚行动方案》（以下简称《攻坚行动方案》），文件即将印发实施。

《攻坚行动方案》是持续实施大气污染防治工作的部署和安排，既与去年的攻坚行动一脉相承，保持了工作的连续性，充分借鉴和采取去年行之有效的、好的经验和做法，又增强了治污措施的广度、深度和力度，主要变化体现在以下三个方面：

一是更加注重科学推进。在目标方面，坚持稳中求进，在巩固去年秋冬季改善成果的基础上，推进空气质量持续改善。提出 2018 年 10 月 1

日—2019 年 3 月 31 日，京津冀及周边地区细颗粒物（$PM_{2.5}$）平均浓度同比下降 3% 左右，重度及以上污染天数同比减少 3% 左右。同时，充分考虑各地工作重点和管理基础，提出清单式、差异化任务要求。

二是更加强化源头控制。着力优化四个结构。第一，优化产业结构，严控“两高”（高污染、高能耗）行业产能，巩固“散乱污”企业综合整治成果，深化工业污染治理，继续推动去产能。第二，优化能源结构，有效推进清洁取暖，大力推进散煤治理。第三，优化运输结构，提升铁路货运比例，推广新能源和清洁能源车船，继续淘汰黄标车、老旧车。第四，优化用地结构，推进露天矿山综合整治，加强扬尘综合治理，做好秸秆综合利用和禁烧。

三是更加聚焦突出问题。随着大气污染防治工作深入推进，量大面广的柴油货车、工业炉窑以及挥发性有机物污染问题日益突出，成为大气环境管理的“硬骨头”，因此，在治理范围上，《攻坚行动方案》增加了柴油货车污染治理、工业炉窑污染治理、挥发性有机物综合治理三个专项行动。

推进北方地区清洁取暖是改善大气环境质量的重要措施，今年这项工作将在去年基础上，继续坚定不移地推进。将坚持从实际出发，多措并举，宜电则电、宜气则气、宜煤则煤、宜热则热；坚持“以供定需”“以气定改”“先立后破”，各地根据气源、电源等落实情况，合理确定散煤治理计划，采取“自下而上”的方式，根据各地上报计划确定今年散煤治理任务，确保清洁取暖和温暖过冬两个民生都要保障。

攻坚行动的顺利推进，离不开媒体朋友的大力支持。《攻坚行动方案》特别提出，要加强攻坚行动的宣传教育和信息公开，要求各省市区每月召开一次新闻发布会，通报攻坚行动进展情况，及时回应公众关心的热点问题，积极协调地方电视台在当地新闻节目中设立“曝光台”栏目，报道各地突出环境问题及整改情况，组织开展“美丽中国，我是行动者”主题实践活动，形成全社会关心、支持攻坚行动的良好氛围。

运维质量的好坏关系到监测数据的客观性和权威性

北京晚报记者：我们注意到监测事权上收后，仍然存在第三方运维公司参与监测数据造假行为。请问如何加强对第三方运维公司监管，确保监测数据真实、准确？

刘友宾：国家环境空气质量自动监测城市站监测事权上收后，由中国环境监测总站直接管理，通过公开招标统一委托第三方公司全面负责站点的运维和日常质控工作。监测事权上收以后，对保证监测数据的真实准确发挥了重要作用。

运维质量的好坏关系到监测数据的客观性和权威性。为进一步加强对第三方运维公司的监督管理，我们主要采取了以下措施：

一是健全制度和标准。生态环境部制定《国家环境空气质量监测网城市站运行管理实施细则（试行）》，规范国家环境空气质量监测网城市站运行和维护，明确各方职责。近日，生态环境部还印发了环境空气颗粒物和环境空气气态污染物连续自动监测系统运行和质控技术规范，着重规范自动监测系统日常运行与质量控制行为，保证监测数据准确可靠。

二是规范运维操作。生态环境部对运维公司的运维和质控工作提出明确要求，制定工作流程和管理制度，建立风险防范机制和廉洁自律制度，明确各个环节相关责任人的责任，加强运维人员技术和职业操守培训教育，切实提高运维质量。

三是加强监督检查。利用大数据分析技术，加强数据综合评估，定期研判监测数据质量存在的风险。生态环境部每年对国控站点运维质量开展监督检查，采用远程监控和实地抽查相结合，定期与不定期检查相结合，经费支付与运维考核相结合的监督机制，加大对运维质量的监督检查力度。

四是推动联合惩戒。一旦发现弄虚作假等违规行为，坚决依法追究责任，并向社会公开处理结果。同时将违法企业信息纳入国家企业信用信息公示系统记录在企业名下并依法公示，实现“一处违法、处处受限”。环境监测数据弄虚作假人员将被吊销监测或运维上岗证，今后不得从事相关工作。

继续深化“放管服”，进一步改进和优化环评审批流程，减少审批数量，压缩审批时间

封面新闻记者：近年来环评改革力度的确很大，但在一些地方仍有一些企业反映环评时间过长，请问您怎么看待这个问题？

崔书红：我也听到过这方面的反映。一个建设项目从立项到开工建设，环评要经历两个阶段。第一阶段，建设单位要委托环评机构编制环境影响报告书（表），期间还要开展公众参与，听取公众意见。第二阶段，建设单位依法向有审批权的生态环境部门申报审批，通过审批后方可开工建设。

我刚才讲过，现在生态环境部环评审批时间已经较法定审批时间压缩了一半，有些地方的审批时间更短，且 80% 的项目只需网上填写登记表备案，无须审批。

为什么还有人认为环评时间长？实际上是第一阶段建设单位环评文件编制时间长造成的，属于建设单位的市场行为。影响编制时间的因素很多，取决于项目的复杂程度，也取决于建设单位启动环评文件编制的时间，还取决于建设单位选取报告编制环评机构的工作能力等诸方面。

环评的专业技术性强，环评文件对环境问题要进行现状调查，对产生环境影响的污染物排放要进行预测和分析，甚至要对一些重点关注的环境敏感区域进行长期监测，客观上需要一定的时间。从主观上说，一些建设单位对环评文件的编制不够重视，启动太晚。我到基层调研的时候，就有个业主抱怨，说别的手续都办完了，就差环评一个章子了。一问环评文件进展怎么样了，刚开始编，还没有报批；再一问立项，已经好几年了，快要开工了才开始编环评文件，这样怎么能快得了。

为解决这个问题，一方面，建设单位要承担起主体责任，早启动环评文件编制，选质量好、信誉度高的环评机构，依法依规做好前期工作。另一方面，政府部门要做好服务，关键是在“放管服”上下功夫。为此，生态环境部主要开展了五个方面工作：

一是减少审批数量。通过《环境影响评价法》（2016 年修正），将原需报批并在 15 日内审批的环境影响登记表，从审批改为告知性备案，去年以来共有 113 万多个项目备案，占同期建设项目环评文件总数约 80%，平均用时 10 分钟，极大地便利了市场主体。二是减少编制报告书的数量。在坚守环境底线的基础上，能编报告表的不要求编报告书，能编登记表的不要求编报告表。去年和今年，我们两次修订《建设项目环境影响评价分类管理名录》，2017 年修订中，将 35 项环评类别由编制报告书调整为编制报告表，23 项环评类别由编制报告表调整为填报登记表，取消了基础地质勘查等不属于“建设项目”的项目类别，今年修订中，再次将 35 类项目的环评文件类别进行了调整简化。三是优化了公众参与的程序和形式。出台了新的《环境影响评价公众参与办法》，取消了第一次信息公开的 10 个工作日的限制，改革了公众参与的范围、对象和形式，使得公众参与更便捷、更高效。四是最大程度简化环评文件的内容。修订了一批建设项目环评技术导则，去掉与环评无关的内容，减轻环评文件编制的工作量。五是加强培训服务，指导建设单位在可研阶段及时启动环评文件的编制，压缩环评文件编制时间。

下一步，生态环境部还将继续深化“放管服”，进一步改进和优化审批流程，减少审批数量，压缩审批时间，进一步为市场主体提供办事便利服务，提高办事效率。

主持人刘友宾：今天的发布会到此结束，谢谢大家！

9月例行新闻发布会实录

2018年9月29日

9月29日，生态环境部举行9月例行新闻发布会。生态环境部自然生态保护司司长崔书红，中国科学院生态环境研究中心副书记庄绪亮，生态环境部卫星中心主任王桥，生态保护红线专家委员会主任委员、首席专家高吉喜出席发布会，崔书红介绍了2010—2015年全国生态状况变化遥感调查评估、生态保护红线划定和“绿盾2018”专项行动有关情况。生态环境部新闻发言人刘友宾主持发布会，通报近期生态环境保护重点工作进展，并共同回答了记者关注的问题。

9 月例行新闻发布会现场 (1)

重点工作

2018
29/09

- 生态环境部机构改革稳步推进
- 深化环评审批领域“放管服”改革工作
- 部分城市上半年水环境质量达标工作滞后

9 月例行新闻发布会现场 (2)

关键看点

主持人刘友宾： 新闻界的朋友们，大家好！欢迎参加生态环境部9月例行新闻发布会。

生态状况调查评估是一项生态国情的基础调查，也是生态环境部的一项重要职责。生态环境部联合中国科学院共同开展了“2010—2015年全国生态状况变化遥感调查评估”，基本摸清了2010—2015年全国及重点区域的生态状况与变化。今天的发布会，将向大家介绍调查评估的有关情况。此外，还将向大家介绍“绿盾2018”专项行动及生态保护红线划定工作的进展，并回答大家关心的问题。

出席今天新闻发布会的是生态环境部自然生态保护司司长崔书红，中国科学院生态环境研究中心副书记庄绪亮研究员，生态环境部卫星中心主任王桥研究员，生态环境部南京环境科学研究所所长高吉喜研究员。

下面，我先通报生态环境部近期的三项重点工作。

一、生态环境部机构改革稳步推进

组建生态环境部、整合组建生态环境保护综合执法队伍，是以习近平同志为核心的党中央统筹推进“五位一体”总体布局、协调推进“四个全面”战略布局的重大体制安排，是实现深化党和国家机构改革总体目标的重大举措。

按照中央统一安排部署，生态环境部积极推进机构改革，4月16日，完成生态环境部挂牌。4月20日，基本完成机关人员以及部分事业单位转隶工作。8月1日，由中办、国办印发的生态环境部“三定”规定进一步加强了生态环境部机构编制能力，在机构设置方面，内设23个司局级机构，增设了海洋生态环境司、应对气候变化司、固体废物与化学品司等机构，优化组建了综合司、法规与标准司、科技与财务司、环境影响评价与排放管理司等。

截至目前，生态环境部各司局设置已基本就绪，各司局主要负责同志已经到位。同时，生态环境部已制定“三定”规定细化方案，正在按程序报中央编办备案。编制上报了《关于深化生态环境保护综合行政执法改革的指导意见》。

下一步，生态环境部将以落实“三定”规定为重点，继续抓好机构改革工作。一是加快完成“三定”规定细化方案备案和组织实施，将党中央赋予生态环境部的各项职责落实到司、到处、到岗。二是继续与有关部门协调完成事业单位转隶工作。三是推动尽快印发生态环境保护综合执法改革指导意见。

二、深化环评审批领域“放管服”改革工作

为进一步贯彻落实“放管服”改革要求，生态环境部加快重大基础设施项目环评审批工作，助力推进重大项目建设，推动有效投资稳定增长，采取了下列措施：

一是主动与相关部委和地方生态环境部门对接，建立国家层面重大项目、地方层面重大项目、利用外资重大项目等三个项目环评工作台账，全面掌握重大项目环评工作的需求和进展。

二是定期调度环评工作进度。会同相关行业主管部门、建设单位共同研究解决项目环评工作中存在的问题，加快推进环评文件编制和审批

进度。

三是对年内拟开工项目，实行即到即受理，即转办评估，提前开展现场踏勘，同步开展审查，环评审批时间压缩一半。

截至目前，生态环境部审批重大基础设施项目 25 个，平均时限 30 个工作日左右。同时，我们在调度中也发现，部分建设单位还存在环评文件编制缓慢等问题。为进一步推进该项工作，生态环境部将采取以下措施：

一是妥善处理好建设和环保的关系。对涉及生态保护红线和相关法定保护区的，指导督促项目优化选址选线，采取优先避让措施；确实无法避让的，要求建设单位尽量采取无害化方式穿（跨）越。

二是加强对地方审批项目的调度和指导，围绕审批中遇到的重点难点问题，帮助提出解决问题的措施，依法加快环评审批。

三、部分城市上半年水环境质量达标工作滞后

为推动水环境质量达标滞后地区进一步提高认识、落实责任、加快整改，生态环境部重点针对年度水环境质量约束性目标，近日组织召开 2018 年上半年水环境质量达标滞后地区工作调度会。

自 5 月召开第一季度调度会后，各地积极开展整改工作，取得较好效果。第一季度参加调度会的 73 个地市中有 42 个地市退出了滞后地区名单，但仍有 31 个地市工作进展缓慢。其中，鞍山、四平、哈尔滨、昆明 4 个地市第一季度和上半年滞后问题均比较突出，劣Ⅴ类断面数量较多，或距离年度目标差距较大，水环境质量改善不明显，甚至呈恶化趋势。齐

齐哈尔、唐山、沧州、七台河、通辽、德阳、黔东南、玉溪等 8 个地市因第二季度水质变差，首次列入滞后地区。

下一步，生态环境部将继续开展滚动调度管理，按季度发布达标滞后城市名单，督促有关地区采取切实措施，推动水环境质量好转。

下面，请崔书红司长介绍情况。

生态环境部自然生态保护司司长崔书红

全国 15 省份生态保护红线已划定，16 省份划定方案近期审查上报国务院

崔书红：谢谢主持人。新闻界的各位朋友们，很高兴时隔一个月再次与大家见面。今天换个话题，我和我的同事中国科学院生态环境研究中心副书记庄绪亮研究员，生态环境部卫星中心主任王桥研究员，生态保护红线专家委员会的主任委员、首席专家高吉喜研究员，一同向大家介绍 2010—2015 年全国生态状况变化遥感调查评估、生态保护红线划定和“绿盾 2018”专项行动有关情况，并回应大家关心的问题。

全国生态状况变化（2010—2015 年）调查评估是生态环境部与中国科学院联合开展的一项重大生态国情调查评估工作。这项工作于 2017 年 2 月启动，范围包括全国 31 个省、自治区、直辖市和新疆生产建设兵团，时段为 2010—2015 年。本次调查利用“天地一体化”调查方法，主要以“摸清现状、发现变化、揭示问题、提出对策”为总体目标，部分成果已经为国家生态文明重大改革任务和生态保护综合管理提供了重要支撑。

生态保护红线是保障国家生态安全的底线和生命线。划定并严守生态保护红线是党中央、国务院作出的重大决策部署。2017 年 2 月，中办、国办专门印发了《关于划定生态保护红线的若干意见》（以下简称《若干意见》）。2017 年年底，京津冀、长江经济带省市和宁夏等 15 省份完成了生态保护红线划定方案，并报请国务院同意向社会公开。山西等其他 16 省份生态保护红线划定方案已通过省级政府审议报生态环境部。近期，

我们将会同有关部门进行审查，之后上报国务院批准。

“绿盾 2018”专项行动是“绿盾 2017”专项行动的延续和深化，目的是严肃查处自然保护区各类违法违规行为，坚决捍卫国家生态安全。“绿盾”专项行动是我国建立自然保护区以来，首次检查范围最广、查处问题最多、整改力度最大、责任追究最严的一次行动，有效震慑了破坏自然生态的各类违法违规行为，提高了地方各级党委、政府和有关部门的生态保护责任意识。最近，生态环境部联合自然资源部、农业农村部、水利部和中国科学院派出 12 个联合巡查组对 31 个省（区、市）“绿盾 2018”专项行动开展了巡查。目前，巡查工作已经取得了阶段性成果，发现、处理了一批自然保护区违法违规问题，充分发挥了警示震慑作用。

我们清醒地认识到，当前生态保护仍然面临着十分严峻的形势。下一步，我们将以建立“天地一体化”的监测管控体系和完善政策法规体系为手段，持续提高生态环境的监管和执法能力，为国土空间生态安全和生态环境质量提升提供坚实保障。

下面我们愿意回答大家的提问。

主持人刘友宾：下面，请大家提问。

生态状况调查评估将常态化，同时对一些重点区域开展调查评估

中新社记者：请问开展全国生态状况变化遥感调查评估的背景和意义是什么？主要结论是什么？以后还会开展定期评估吗？

崔书红：感谢你的提问。全国生态状况变化遥感调查评估本质上是生态国情调查评估。形象地说，就是给全国的生态状况“问诊把脉”，找“病因”开“药方”。也就是我们说的“摸清现状、发现变化、揭示问题、提出对策”。

我们已经完成了三次调查评估。第一次“2000年全国生态现状调查”，为全国生态功能区划编制提供了基础，孕育了生态保护红线，催生了重要生态功能保护区保护的政策措施。之后，开展的两次调查评估成果在生态文明建设多项工作中得到了应用，特别是对生态保护红线划定、推动形成主体功能区战略发挥了重要的支撑作用。

三次调查评估的结果联系起来看，2000年以来，我国的生态状况总体在好转，特别是党的十八大以来，党中央、国务院高度重视生态环境保护，采取了一系列措施，取得了显著成效，改善趋势更加明显。这个结论和大家的感受总体是一致的。

下一步，结合落实“三定”方案，尽快将生态状况调查评估制度化、常态化和规范化。初步考虑，在时间上，与国民经济与社会发展五年规划相衔接，全国范围内每五年开展一次；国家级和省级自然保护地每半年或一年开展一次；重点区域将不定期开展调查评估。在空间上，开展全国尺度评估的同时，对一些重点区域进行调查评估，包括国家发展战略区域（比如长江经济带、京津冀、粤港澳大湾区），国家重点开发区域（比如长三角和珠三角等城市群、矿产资源集中开发区域），重要生态保护区域（比如重点生态功能区、国家公园等自然保护地），生态修复和建设区域（比如三江源、黄土高原），重要生态屏障区域（比如青藏高原、东北森林带以及生物多样性丰富、重要的湿地、草原、荒漠分布区），自然灾害多发易发区域（比如西南喀斯特地区、川滇山区）等。在领域上，突出反映人类活动，特别是开矿、工业、旅游等活动对生态系统的影响。谢谢。

京津冀地区水资源短缺严重，长江经济带中下游自然岸线开发强度大

经济日报记者：京津冀协同发展区和长江经济带是当前国家战略优先发展区域，请问调查评估是否对这两个区域给予了重点关注？这两个区域生态状况如何？

崔书红：感谢你的提问，这个问题请王桥研究员来回答。

生态环境部卫星中心主任王桥

王桥：谢谢你的提问。京津冀协同发展和长江经济带发展都是国家战略，这两个区域经济发展速度快、人口密度大、生态环境与经济发展协调发展的任务艰巨。城镇面积持续扩大是这两个区域所面临的共同问题。调查评估发现，2000—2015 年的 15 年间，京津冀地区城镇生态系统面积持续增加，由 1.79 万平方千米增加到 2.32 万平方千米，增幅为 29.7%。长江经济带城镇面积增幅更大，为 84.1%，年均增幅达 5.6%。

但是，两个区域由于自然地理条件和社会经济结构存在差异，所面临的生态形势也有所不同。

在京津冀地区，存在着水资源量短缺严重制约区域生态安全、河流断流和湿地萎缩依旧突出的问题。调查评估结果表明，京津冀地区人均水资源量仅为全国平均水平的 1/9。2000 年以来，除个别年份（2012 年）因水资源总量较为丰沛外，水资源开发利用强度均超过 100%，远超国际通用的水资源开发利用安全界限。全年存在断流现象的河流比例约为 70%。永定河、潮白河等主要河渠存在全年断流现象。京津冀地区 13 个地级及以上城市汛期均有干涸河道分布，保定、张家口等地干涸河道长度均超过 300 千米。白洋淀、七里海等湿地萎缩，长期依靠生态补水维持。

在长江经济带，存在着中下游自然岸线开发强度大，滨岸带生态风险较大的问题。调查评估结果表明，长江自然岸线保有率仅为 44.0%，自然滩地长度保有率仅为 19.4%，长江岸线利用率为 26.1%。砂石码头和小散乱码头占用长江岸线 430.2 千米，占长江岸线总长度的 5.4%，主要分布在湖北、安徽、四川及江苏等省份。造船厂、船舶修理厂占用长江岸线 131 千米，化工企业占用长江岸线 148 千米，成为长江生态环境的重大风险源。谢谢。

生态保护红线划定后，将从六方面加强监管

光明日报记者：机构改革以后，对于生态保护红线划定以及自然保护区的保护等方面，贵部将如何与自然资源部做好有效衔接和配合？生态保护红线划定后将如何进行监管？

崔书红：感谢提问。这是新“三定”方案后，我们面临的一个重要的选题，也是当前我们开展的一项重要工作。生态环境部“三定”方案明确生态环境部在生态保护方面行使监管的职能，包括监督各类自然保护地和生态保护红线、野生动植物保护、湿地生态环境保护、荒漠化防治等工作。

李干杰部长指出，生态环境部主要通过以下四个方面实现监管：一是制定和组织实施生态环境领域的政策、规划、标准；二是统一负责生态环境状况的监测和评估；三是统一负责生态环境的监督和执法；四是统一负责对地方政府及其相关部门进行督察和问责。

具体到生态保护监管也包括生态保护红线方面，初步考虑有以下六方面工作要做。第一，要理顺监管者与所有者的关系，找准定位，要与资源所有者在一个舞台上分饰不同的角色，同演一台“共抓大保护”戏。第二，要系统梳理生态保护的法律法规、政策、标准，建立有利于统一监督管理的制度体系。第三，要加强生态系统的监测与评估，定期发布重点区域、重点领域生态状况监测评估的报告。第四，要深化“绿盾”专项行动，充分发挥国家生态保护红线监管平台作用，对各类自然保护地实现“天地一体化”全天候监管。第五，发挥监督执法的震慑作用，对违法违规者严

惩重罚。第六，发挥公众监督作用，让违法违规者无处遁形。谢谢。

将对“绿盾 2018”专项行动发现的突出违法违规问题开展追责

央广网记者： 近期有媒体报道了不少自然保护区的违规开发建设等问题，请问被破坏的保护区将怎样进行善后处理？目前保护区的设置是否存在不合理问题？怎样让保护区的范围和边界划定更清晰、更科学合理？

崔书红： 我先回答第一个问题，这次“绿盾 2018”专项行动中发现的一些问题，如何处理的问题。

对“绿盾 2018”专项行动曝光的突出违法违规问题开展追责，是我们即将开展的重要工作。截至目前，初步统计，2018 年以来，各地共调查处理了 14 000 多个涉及自然保护区的问题线索，关停取缔违法企业 1 800 多家，强制拆除违法违规建筑设施 1 900 多万平方米，追责问责 900 人，其中厅级干部 6 人，处级干部 150 多人。

近日，生态环境部对辽宁省辽河口等 7 处自然保护区所在的地方人民政府和林业部门进行了公开约谈。这是生态环境部首次就自然保护区管理问题约谈地方政府和有关主管部门。

接下来，我们将督促地方政府和有关部门层层压实责任，对“绿盾 2018”专项行动发现的问题“拉条挂账”，形成清单，查明原因，整改销账。要依法依纪追究有关单位和人员的责任，并责成造成生态破坏的相关责任主体开展生态修复。相关情况会适时向社会公开。

第二个问题关于自然保护区设置是否合理的问题。

我国自然保护区建设成就举世瞩目。由于历史的原因，我国部分自然保护区确实存在着范围和功能分区不科学、不合理的情况。但是，这不能成为违法违规建设的借口，更不能成为破坏生态的理由。

对于早期划建、范围和功能分区不合理的部分自然保护区，要依规进行调整。2013 年，国务院印发《国家级自然保护区调整管理规定》，将调整严格限定在三个方面：一是自然条件发生变化；二是人类活动频繁的建制镇和城区等；三是国家重大工程建设需要。对于先破坏、后调整甚至撤销的，是要严肃追责的。

另外，以建立国家公园为主体的自然保护地体系重大改革为契机，根据不同的价值定位、保护目标和管理模式等，对包括自然保护区在内的各类自然保护地开展归并、整合。通过改革，今后科学合理设置自然保护地的问题也会得到妥善解决。谢谢。

生态保护红线比自然保护地更系统、更完整、更全面、更严格

南方都市报记者：生态保护红线与保护地之间是什么关系？有人认为我国保护地体系已经基本建立，为什么还要划定生态保护红线？如何处理二者之间的关系？

崔书红：这个问题我们请高吉喜研究员来回答。

生态保护红线专家委员会主任委员、首席专家高吉喜

高吉喜：这是非常好的问题。两者之间既有联系，也有不同。

第一，生态保护红线和自然保护地的目的不同。我们已经建立了自然保护区体系，整体是以保护自然资源、自然景观和生物多样性保护为主；生态保护红线的功能则不仅仅是自然资源和生物多样性保护，还有重要的功能就是优化空间格局。十九大报告里提出，坚持节约优先、保护优先、自然恢复为主的方针，形成节约资源和保护环境的空间格局、产业结构、生产方式和生活方式，还自然宁静和谐美丽。划定生态保护红线很重要的作用就是优化国土空间格局。

第二，从两者的关系来讲，生态保护红线涵盖绝大部分自然保护地体系。生态保护红线划定过程中涵盖所有国家公园、自然保护区以及森林公园、风景名胜区等其他保护地里具有重要生态功能的区域，生态保护红线的范围比自然保护地更大。另外，根据现在统计的结果，仍有10% ~ 15% 的重要生态系统和保护物种未纳入保护地体系。生态保护红线划定以后，将把珍稀濒危动植物都纳入保护范围。

第三，从保护对象或者保护体系的构成来讲，生态保护红线更完整、更系统。无论是我们国家建立的保护地体系，还是国际上建立的保护地体系，基本上以保护自然资源和生物多样性为主。与其相比，生态保护红线增加了两块非常重要的内容。第一块是增加了具有重要生态功能的区域。关于重要生态功能区的保护，在国际上有很多呼吁，但是大部分没有实现。通过生态保护红线，我们国家首先将具有重要生态功能的区域也纳入保护的范围。第二块是增加了生态敏感区和脆弱区，主要目的是保证人居环境的安全。因此，从保护对象和系统构成来讲，生态保护红线范围更大，体系更全面。

第四，管理措施上也是有差别的。生态保护红线按照禁止开发区的要求，确保功能不降低、面积不减少、性质不改变。生态保护红线除与保护地重合的区域外，还有评估重要区，既要遵守现有的保护地体系的制度，也要按照其他相关的法律法规进行管理。

所以整体上来讲，生态保护红线的范围更具有系统性和完整性，保护对象更全面，管理更严格，对维护国家生态安全、遏制生态系统退化、维护和提升生态功能具有更强的作用。谢谢。

保护区问题突出主因是重视不够、守法意识淡薄和违法成本低等

第一财经日报记者：我之前参加过“绿盾 2018”专项行动，也采访过几个保护区，发现有的地方在保护区核心区里面开煤矿、建别墅，违法问题突出。我想问的是，之前中央已对祁连山自然保护区生态破坏问题做出过严肃处理，为什么还会有这么多问题出现？是不是查处力度不够？另外，对于此次“绿盾 2018”专项行动曝光的问题，将如何追责、问责？结果什么时候能出来？

崔书红：谢谢你的提问。借此机会要感谢媒体朋友们的支持，是你们在“绿盾 2018”专项行动，特别是联合巡查工作期间，既报道了一批自然保护区整改取得的积极进展，也曝光了一批自然保护地存在的突出问题，起到了非常好的警示教育作用。

严肃查处祁连山严重生态破坏问题后，仍然发现其他一些保护地存在类似问题，我们认为首先，最主要的原因还是一些地方政府和有关部门认识不深入，重视程度不够，政治站位不高，贯彻落实党中央、国务院重大决策部署不果断、不坚决、不彻底。

其次，有的地方政府及其工作人员守法意识淡薄，知法违法，有的依然为侵占自然保护区的开发建设活动开“绿灯”；有的缺乏担当，麻木冷漠，不敢较真碰硬，甚至在整改过程中，弄虚作假、敷衍整改、表面整改。例如，这次巡查就发现了这样的问题，巡查组到现场，所有的违法行

为都停止了，等巡查组杀“回马枪”的时候，生产活动仍然热火朝天。

最后，法律制度不健全，处罚偏轻，违法成本低。《自然保护区条例》制定于 1994 年，是自然保护区管理方面非常重要的法规制度和保障。受当时自然条件、经济发展水平等影响，其对违法违规行为的处罚偏轻，最低罚款 100 元，最高罚款仅 10 000 元，违法成本太低，不能对违法违规行为形成有效震慑。还有部分保护区历史欠账较多，保护和开发的矛盾突出，长期积累的问题一时难以彻底解决，不排除前面记者提到的保护区设置不合理的问题。设置当初，基于抢救性保护的目的，保护区划的面积过大，有的城镇很大部分划在保护区内，这属于历史遗留问题。这些问题的整治需要时间，所以现在给人感觉有些自然保护区违法违规现象还比较突出。

关于追责问责的问题，刚才我也做了一个通报，2017 年，对自然保护区的违法违规行为，通过“绿盾 2017”专项行动已经处理了一批。“绿盾 2018”专项行动开展以来，我们又陆续处理了一批，刚才向各位通报的数字是初步结果。接下来我们将对“绿盾”专项行动开展以来发现的突出问题进行再梳理，“拉条挂账”，建立清单，根据这些问题的性质责成地方开展追责问责，并及时向媒体通报结果。谢谢。

初步估计全国生态保护红线面积将占国土面积25%左右

南方周末记者： 2020 年年底前，全国要全面完成生态保护红线的划定，请问该项工作进展如何？有人担心生态保护红线划定会对当地的经济社会发展产生负面影响，请问您对这个问题怎么看？

崔书红： 谢谢。目前这项工作的总体进展比较顺利，刚才我已经向各位通报过，15个省份生态保护红线划定已经结束，并且报经国务院批准，省级人民政府已经对外公告。剩下的16个省份生态保护红线划定方案已经通过省级人民政府审议，报到生态环境部。近期，我们将会同有关部门进行审查，报国务院批准后由省级人民政府对外发布。从目前情况看，初步估计全国生态保护红线面积比例将达到或超过占国土面积25%的目标。

你提问当中提到，有些地方担心生态保护红线划定影响经济发展。我认为这种想法是片面的，是不正确的。一方面，我觉得无须担心，大家仔细研究一下生态保护红线划定的有关政策可以发现，生态保护红线不是“无人区”，也不是发展的“真空区”。另一方面，必须保持警醒。生态保护红线是保障国家生态安全的底线和生命线，“底线”失守，“生命线”没了，发展也就失去了支撑。这方面历史和现实的教训都非常深刻。生态安全屏障消失了，经济社会发展的“支撑力”随之也消失了，那是不可持续的。

生态保护红线主要保护的是生态功能重要区域和生态环境敏感脆弱区域，这些区域是国家的生态安全重要屏障区域。这些区域在生态保护红线划定过程中要做到“应划尽划，应保尽保”。生态保护红线划定的过程当中，我们也制定了严格的技术规范，要经科学评估，充分考虑到历史和现状，与当地经济社会发展现状和规划充分衔接，给地方预留了适当的发展空间。要汲取前面讲到的自然保护区划定时的经验，如果盲目地划一个生态保护红线是很容易的，落地也是很容易的，但是把当地经济社会发展的重要区域划进去，实际上也是难以实现保护目的的，还会给生态保护红线未来的管理遗留很多的问题。所以，我们的规程做了明确的规定，生态保护红线要尽量做到与地方的生产生活区域不交叉、不重叠，让生态保护红线能够起到真正的严格保护作用。同时，在生态保护红线中不是对所有区域都实行“绝对”保护。生态保护红线中有一部分是自然保护区、风景名胜区、水源保护区等，这类区域法律是有明确规定的，对一些行为是明令禁止的。除了像这些法律法规有明确禁止规定以外的其他区域，我们鼓励各地合理利用生态保护红线的优质生态资源，探索生态产品价值实现的机制，把绿水青山转化为金山银山，也就是要实现生态优势向经济优势的转化。这方面我们有很多的成功案例，比如浙江省余村——“绿水青山就是金山银山”的诞生地，记者朋友们也许去看过，这个地方非常好地实现了人与自然和谐发展，青山绿水，人民生活富足。

按“功能不降低，面积不减少，性质不改变”的要求进行考核，对保护有效者、有利者加大生态补偿力度，这也是党中央、国务院关于生态保护红线保护重要的财政政策。目的是不能让保护者在收益上吃亏，要让保护者通过生态补偿获益，满足其基本的经济社会民生发展的需要。谢谢。

生态状况评估的目标是方法科学、参数准确、结果可信

科技日报记者：在全国生态状况调查评估中，如何判断全国生态状况的好坏？又是如何确保调查评估质量的？

崔书红：感谢你的提问，这的确是一个非常技术的问题。生态状况

的好坏，科学家的判断跟我们一般人的判断是有差别的，像有些地方林木非常整齐，公园非常整洁，但这个地方的生态状况是否好呢？通过我们普通判断肯定是好的，但是科学家看的话，这个地方物种比较单一，生物多样性不够丰富，是典型的人工环境。我们认为优的生态状况，科学家从生物多样性丰度评价，结论可能就是一般。生态状况评估要确保结果的正确，质量把关也很重要，所以这个问题问得特别好。

关于如何判断生态状况的好坏，我想请中国科学院生态环境研究中心庄绪亮研究员回答，第二个问题请王桥研究员回答。

中国科学院生态环境研究中心副书记庄绪亮

庄绪亮：谢谢提问。生态状况调查评估是技术性很强的工作，技术成熟度能不能经得起考验，是整个评估团队要面对的问题。我们评估的思路和技术路线大概是这么确定的：首先，确定一个评估的基础框架，这个框架由五个方面组成，包括生态系统格局、质量、服务、问题和胁迫，这五个方面在逻辑上是紧密关联的，技术上层层推进。其次，基于这个评估框架，我们统一了技术方法，总共制定了 12 套技术规程。最后，从生态系统构成与分布、生态系统质量、生态系统服务、生态问题等四个方面开展评估，得出结论。

应该说我们工作的目标就是要做到方法科学，参数准确，结果可信。刚才崔司长也举了一个很好的例子，同样的一件事情，用感官的判断和真实的生态系统服务功能评价，得到的结论有可能大相径庭，我们还是要按照科学的方法判定，经得起时间的考验。具体而言，主要是从以下五个方面来判断生态状况的好与坏。

一是生态系统构成与分布。运用遥感数据、地面实地调查结合，调查分析全国森林、草地、湿地、农田、城市与荒漠等各类生态系统的面积与分布。共使用遥感数据 2 万多景，地面实地核查样点 11.83 万个。

二是生态系统质量评估。主要评估了森林、草地、湿地三类自然生态系统的质量高低。评估中，主要以生物量密度（即单位面积生物量）的高低为基础，对森林、草地、湿地生态系统质量进行评估。

三是生态系统服务评估。我们基于构建的统一方法体系和参数，重点分析评估了生物多样性维护、水源涵养、土壤保持、防风固沙、海岸生态稳定等生态系统服务。定量分析了这些生态服务的功能量与空间分布特征，明确了全国生态服务关键区。

四是生态问题评估。主要从水土流失、土地沙化、石漠化、野生动植物栖息地等几个方面分析了我国面临的生态问题。以生态系统质量评估为基础，分析了全国森林、草地生态质量状况（全国 30% 以上的森林、草地质量低）；从水土流失、土地沙化、石漠化的面积、分布与严重程度等方面，评估了全国土地退化情况（水土流失、土地沙化、石漠化面积大、分布广，总体趋势是面积减少、程度降低），并评估了野生动植物栖息地面积与质量变化情况（自然栖息地面积在减少，人工化加剧）。

五是对比分析。通过比较 2000 年、2010 年、2015 年全国生态系统构成与分布、生态系统质量、生态系统服务与生态问题的变化情况，分析全国生态系统变化趋势，如森林面积的变化、优良等级森林、草地生态系统面积与比例的变化、水源涵养量、土壤保持量等生态系统服务功能量的变化、石漠化土地面积的变化等。谢谢。

王桥：感谢提问，我下面回答一下，我们在调查评估中，是怎样确保调查评估质量的。我们认为主要有以下四个方面。

第一，高水平的技术团队。调查评估是生态环境部联合中国科学院共同开展的，基础数据生产以中国科学院为主。大家知道，中国科学院是我国科研领域的“国家队”，代表着国家最高水平，世界上也是一流的。生态环境部直属单位长期从事相关科研工作，也有着丰富经验和很强实力。有 48 个研究单位和高等院校，2 000 多名专家和技术人员参加，提供团队保障。

第二，扎实的基础数据。调查评估充分利用了不同分辨率卫星遥感数据优势，对低分辨率数据发现的可疑问题，就用高分辨率数据进行核实，用到了大量的 2 米 ×2 米分辨率数据。对高分辨率还有不确定的问题，再进一步实地核查，野外调查样点 11.83 万个，解译获得一级和二级生态系统分类数据平均精度达到 93.7% 和 87.7%。同时，各省开展 66 个典型区域调查评估的结论和全国结论相互印证。

第三，成熟的技术体系。调查评估利用了“天地一体化”调查技术体系，继承和发展了 2000 年、2000—2010 年前两次调查评估的技术体系，特别是与 2000—2010 年调查评估有着很好的衔接。同时，还集成利用了生态环境部卫星环境应用中心的许多业务化技术方法，这些都是比较成熟的。从数据处理、到野外调查、到综合评估、再到成果集成等，已形成了 24 个技术指南。应该说，是一套比较完整和成熟的技术方法体系。目前，我们正在以此为基础，编制形成全国生态状况调查评估的行业标准，甚至是国家标准。

第四，严格的组织管理和技术流程。我们编制了详细的实施方案，明确了任务分工和技术路线。调查评估由生态环境部与中国科学院共同组织实施，卫星环境应用中心与中国科学院生态中心为总牵头单位，各项任务的承担单位负责人明确、责任明确。在关键技术、关键环节，都会组织专家进行交流讨论和会商，研究解决遇到的关键问题。特别是成果集成过程中，全国综合结论与专题结论和各省结论之间进行了多次、多轮的研判和会商，通过不断地“发现问题—校核问题—反馈问题—解决问题”，确保了调查评估的质量。仅在 2018 年上半年，就组织召开了 20 多次专题研讨会，共同会商一些关键性问题。

总体上，就像崔司长一开始介绍的，我们这次评估的结论与大家感受是完全一致的，因此，我们整个技术团队对我们调查评估的质量是有信心的。谢谢。

崔书红：这的确是一个技术性问题。刚才庄绪亮研究员用了生态系统格局、生态系统胁迫这些非常专业的术语，衡量一个生态系统好和坏，我想就三个方面作些补充。

一是从生物多样性角度分析。前面我讲到，判断一个生态系统是否优良不能简单地看覆盖率，还要从生物多样性丰富的角度来分析，就要从生态系统的丰富程度、物种的丰富程度、遗传基因的丰富程度这三个方面来判断生物多样性的丰度。这次遥感调查不可能微观到基因层面，主要还是从生态系统大尺度方面来判断，一个区域如果生态系统单一，我们不能说这个地方的生态状况是优良，优良要由多个生态系统组成。刚才庄绪亮研究员讲的景观层面，景观比较丰富，不是清一色的，是各种生态系统构成的，这个地方生态状况一定好。

二是从生态服务功能强弱角度来分析。比如防风固沙功能，如果春天大风一来，北京市上空风沙弥漫，那生态系统的防风固沙功能肯定没能正常发挥。我们可以看到最近几年沙尘暴的次数是在减少的，程度也是在减弱的，说明北方生态屏障的生态系统服务功能是在增强的。从这个角度判断我们的生态状况是趋于好转的。

三是庄绪亮研究员提到的胁迫的问题。胁迫就是生态系统受到的外界干扰，其结果就是通常所说的生态问题或生态破坏，比如水土流失、土地退化等。如果一个地方经常发生自然灾害，发生水土流失等，就不能说这个地方的生态状况是好的。

我就简单补充这三点，谢谢。

增强错峰生产调控的精准性、科学性、针对性和有效性

中央广播电视总台记者：前不久公布的《京津冀及周边地区2018—2019年秋冬季大气污染综合治理攻坚行动方案》中，有一些和去年不一样的提法，其中提出科学施策、精准调控，严禁采取“一刀切”方式。是否意味着现在的行动方案更有针对性、更精确？

刘友宾：去年我们首次在京津冀及周边地区开展了秋冬季攻坚行动，实践证明，攻坚行动取得了积极成效，有效保证了《大气十条》各项任务的圆满完成，也切实推动了空气质量的改善，让人民群众享受到了更多的蓝天白云。同时，去年的攻坚行动也对秋冬季大气污染治理工作进行了很多有效的探索，为我们做好今年和以后的工作积累了十分宝贵的经验，所以在今年印发的《京津冀及周边地区2018—2019年秋冬季大气污染综合治理攻坚行动方案》中，我们把一些好的经验做法保持下来，包括清洁能源取代以及错峰生产等，今天我想重点讲一讲错峰生产问题。

今年的攻坚行动方案将重点高排放行业错峰生产作为狠抓秋冬季大气污染综合治理、有效应对重污染天气、促进产业结构调整的重要措施。总体考虑是，更加强调科学施策、精准调控，严禁采取“一刀切”方式，要基于污染排放绩效水平实行差别化管理，进一步增强错峰生产调控的精准性、科学性、针对性和有效性。引导企业主动开展深度治理，推动实现经济高质量发展，让人民群众享受更多的蓝天白云，有更多的环境获得感和幸福感。具体如下：

一是对各类污染物不能稳定达标排放、未达到排污许可管理要求或未按期完成2018—2019年秋冬季大气污染综合治理改造任务的，加严要求，全面采取错峰生产措施；对属于《产业结构调整指导目录》限制类的，要提高限产比例或实施停产。所以，严重污染企业千万不要心存侥幸，要按照错峰生产要求，该停则停，该限则限。

二是对行业污染排放绩效水平明显好于同行业其他企业的环保标杆企业，包括治理水平全面达到超低排放的，使用天然气、电、电厂热力等清洁能源作为燃料或热源的，可不予限产。涉及供暖、协同处置城市垃圾或危险废物等保民生任务的，应进一步加强民生保障。

三是各省应制定重点行业差异化错峰生产绩效评价指导意见。各城市要结合本地产业结构和企业污染排放绩效情况，制定错峰生产实施方案，细化落实到企业具体生产线、工序和设备，并明确具体的安全生产措施。错峰生产清单一经确定，不得随意调整。在实施时间上，各地可根据采暖期月度环境空气质量预测预报结果，适当缩短或延长错峰生产时间。

天帮忙，人不懈怠；天不帮忙，人更需努力

人民日报记者：一到秋冬季，社会就比较关注空气质量话题，我想问一下，对于今年秋冬季空气质量形势，贵部是否有预测和研判？将如何保障空气质量？

刘友宾：按照生态环境部与中国气象局共同建立的联合工作机制，近期国家气候中心和中国环境监测总站对我国重点区域2018年秋冬季大

气污染扩散气象条件进行了联合会商，主要预测意见如下：

2018 年秋季，京津冀及周边地区和汾渭平原气温偏高、降水偏多，大气污染扩散条件偏好，接近去年同期；长三角地区气温偏高、降水偏少，大气污染扩散条件较去年同期偏差。

2018 年冬季，京津冀及周边地区和汾渭平原气温偏高、降水偏少，冬季风强度弱，不利于冷空气扩散南下，大气污染扩散条件较去年冬季偏差；长三角地区降水可能偏多，大气污染扩散条件接近去年同期。

与 3 ~ 7 天预测相比，中长期趋势预测不确定性较大。目前，国家气候中心正在会同中国环境监测总站等单位，结合近期相关数据资料开展进一步分析。

天帮忙，人不懈怠；天不帮忙，人更需努力。《京津冀及周边地区 2018—2019 年秋冬季大气污染综合治理攻坚行动方案》已经印发，我们将扎实工作，确保各项措施落地生效，坚决打好蓝天保卫战。

城镇污水处理厂是重要的基础民生工程，绝不能成为老百姓烦心的污染源

华夏时报记者：生态环境部近日向社会公布了 2018 年第一季度主要污染物排放严重超标的 158 家重点排污单位名单，其中，城镇污水处理厂 78 家，占总数的 49%。请问为何本该是治污设施的污水处理厂却成为排污大户？原因何在？下一步贵部将如何加强监管，确保污水处理厂达标排放？

刘友宾：在2018年第一季度全国158家严重超标企业中有78家是城镇污水处理厂，这反映出污水处理厂超标排放问题仍然突出。当前城镇污水处理厂超标排放的主要原因有：

一是设计落后、处理能力不足。由于部分污水处理厂初期设计能力不足，工艺落后，与治污任务严重不匹配，而提标改造的设计和建设周期较长，超标问题难以在短期内解决。在78家超标排放污水处理厂中，有42家属于此类情况。

二是日常运营管理有问题。有的污水处理厂上游来水超出其接纳标准，或其治污设施故障频繁，导致运行不稳定，造成超标。其余36家污水处理厂超标就是此类原因造成的。

城镇污水处理厂是重要的基础民生工程，绝不能让城镇污水处理厂成为老百姓烦心的污染源。生态环境部将采取以下三项措施：第一，督促有关地方政府对存在的问题落实整改，切实做好城镇污水处理提标改造；第二，集中力量查处大案要案，对屡查屡犯的实行挂牌督办、严罚重处；第三，大力推进环保设施公众开放工作，推动城市污水处理设施定期向公众开放，保障公众环境知情权、监督权。通过社会监督，促进污水处理厂稳定达标排放，让污水处理厂成为受老百姓欢迎的景观。

建立以国家公园为主体的自然保护地体系，全面修订《自然保护区条例》

光明网记者：有地方反映《自然保护区条例》比较粗放、不太好用，请问是否会有相关细则出台，使《自然保护区条例》发挥最大作用？

崔书红：感谢你的提问。自然保护区法治建设是自然保护区事业发展的重要保障措施之一。我国先后颁布实施了一系列与自然保护区相关的法律法规。其中，最重要的就是1994年国务院颁布的《自然保护区条例》。但是，随着我国生态保护事业的快速发展，《自然保护区条例》部分条款已经明显不能适应：一是缺乏科学的分区、分类管理制度；二是土地用途和土地权属的规定不完善，自然资源产权不明晰；三是管理机构性质、资金投入机制不明确，保护区管理机构责任大、权力小；四是处罚力度不够，违法成本极低，震慑作用明显不够。此外，《自然保护区条例》在生态补偿、社区共管、特许经营等方面也缺乏具体可操作性的规定。

多年来，各部门依据职能定位，出台了多项配套部门规章、标准和技术规范，切实强化对自然保护区的保护和管理。我们认为，当前最根本、最迫切的措施，是建立以国家公园为主体的自然保护地体系，在自然保护地立法的框架下，对《自然保护区条例》进行全面修订，同时与其他相关法律、法规进行有效的衔接，为自然保护区建设和管理提供更为全面的法律保障。谢谢。

大气污染治理越往后越难，剩下的都是“难啃”的“硬骨头”

北京交通广播电台记者：《京津冀及周边地区2018—2019年秋冬季大气污染综合治理攻坚行动方案》中提到，2018年10月1日—2019年3月31日，京津冀及周边地区$PM_{2.5}$平均浓度同比下降3%左右，请问3%

这个数据怎么理解？

刘友宾：3% 的目标确定是经过专家充分研究论证、反复听取多方意见得出的。去年我们采取一系列大气污染防治措施后，大气污染物浓度降幅较大，取得了明显成效。但是，大气污染治理是一项长期、艰巨、复杂的任务，越往后越难，剩下的都是“难啃”的“硬骨头”，所以今年的总体考虑是稳中求进，首要任务是巩固好现有成绩，不能让空气质量出现反弹，在此基础上稳步提升。

同时，3% 是一个总体目标。《京津冀及周边地区 2018—2019 年秋冬季大气污染综合治理攻坚行动方案》还根据各地的产业、能源、气象以及现有空气质量改善情况，坚持实事求是，合理确定各地目标，有的地方比 3% 高，有的地方比 3% 低，更加因地制宜、科学合理，实现空气质量的持续改善。

主持人刘友宾：今天的发布会到此结束，谢谢大家！

10 月例行新闻发布会实录

2018 年 10 月 31 日

10 月 31 日，生态环境部举行 10 月例行新闻发布会。生态环境部应对气候变化司司长李高介绍了我国应对气候变化及碳减排有关情况。生态环境部新闻发言人刘友宾主持发布会，通报近期生态环境保护重点工作进展，并共同回答了记者关注的问题。

10 月例行新闻发布会现场 (1)

重点工作

2018

31/10

○ 开展第二批中央生态环境保护督察“回头看”

○ 2018年水源地环境整治进入攻坚阶段

○ 南沙大气环境综合监测站全面建成

○ 中国环境与发展国际合作委员会年会即将召开

10月例行新闻发布会现场(2)

关键看点

主持人刘友宾：新闻界的朋友们，大家上午好！欢迎参加生态环境部10月例行新闻发布会。

气候变化是当今人类社会面临的严峻挑战，是国际社会共同关注的生态环境问题。中国高度重视应对气候变化，采取了一系列行之有效的措施。在这次党和国家机构改革中，生态环境部设立应对气候变化司，负责应对气候变化工作。

今天的新闻发布会，我们邀请到生态环境部应对气候变化司司长李高，向大家介绍我国应对气候变化及碳减排有关工作，并回答大家关心的问题。

下面，我先通报近期生态环境部四项重点工作。

一、开展第二批中央生态环境保护督察“回头看”

经党中央、国务院批准，2018年10月16—23日，第一批河北、内蒙古、黑龙江、江苏、江西、河南、广东、广西、云南、宁夏等10省（区）中央环境保护督察“回头看”全部完成督察反馈工作。

“回头看”开展以来，10省（区）党委、政府高度重视，进一步加大整改力度。各地还针对公开的典型案例，迅速开展问责调查，督察进驻期间公开的53个典型案例，相关地方已主动问责513人，其中厅级干部17人，处级干部132人，有效传导了压力。根据党中央、国务院要求，生态环境部将继续做好各地督察整改工作的分析、调度和现场抽查。针对督察整改中存在的问题，视情采取函告、通报、约谈、专项督察等措施，对问题咬住不放、一盯到底，以督察整改的实际成效，取信于民。

为深入贯彻落实习近平生态文明思想和全国生态环境保护大会精神，按照中央全面深化改革委员会第一次会议部署，经党中央、国务院批准，已组建五个中央生态环境保护督察组，将陆续对山西、辽宁、吉林、安徽、山东、湖北、湖南、四川、贵州、陕西等省份开展第二批中央生态环境保护督察“回头看”进驻工作。

“回头看”督察始终坚持问题导向，重点督察各地整改方案总体落实情况及其成效；重点生态环境问题具体整改进展情况；生态环境保护长效机制建设和推进情况等工作。既查不作为，也查乱作为，坚决查处督察整改中的“一刀切”行为。同时，针对污染防治攻坚战七大标志性战役和其他重点领域，结合被督察省份具体情况，每个省份同步统筹安排一个生态环境保护专项督察。

中央生态环境保护督察“回头看”进驻期间，各督察组将分别设立联系电话和邮政信箱，受理被督察省份生态环境保护方面的来信来电举报。

二、2018 年水源地环境整治进入攻坚阶段

为贯彻落实党中央、国务院关于打好水源地保护攻坚战的决策部署，各地持续推进水源地环境问题整治工作。按照部署，2018 年年底前，长江经济带县级及以上城市水源地、其他省份地市级水源地要完成排查整治任务，共涉及全国 31 个省（区、市）276 个地市 1 586 个水源地的 6 251 个环境违法问题整治。

专项行动以来，各地按照“一个水源地、一套整治方案、一抓到底”的原则，推进水源地环境问题整治取得积极进展。截至 10 月 25 日，在今

年需要完成整治的 6 251 个水源地问题中，5 173 个问题已完成整改，完成比例 83%，达到序时进度的要求。

从各省份情况看，上海、宁夏已率先完成水源地环境整治相关任务；湖南、山东、浙江、青海、湖北、陕西等 6 省任务完成率达到 90% 以上。新疆、福建、河北、四川、河南、甘肃、云南、内蒙古、海南、广西、安徽、西藏等 12 省（区）任务完成率均在 80% 以上，基本达到序时进度的要求。

通过清理整治，一大批影响水源地安全的环境问题得到有效解决。初步统计，各省（区、市）已关闭、取缔水源保护区内的排污口 180 个，治理解决工业企业污染问题 792 个，有效整治码头和道路交通穿越问题 686 个，推动解决农村农业面源污染问题 2 260 个，切实消除了许多重大环境风险隐患，进一步提高了水源地安全保障水平。

距离今年年底不足 70 天，余下问题多是一些“硬骨头”，按期完成任务十分艰巨。目前，黑龙江、贵州、广东、江苏、山西、江西、天津、北京、重庆、吉林、辽宁等 11 省（市）任务完成率未达到序时进度要求。其中，黑龙江、贵州两省任务完成比例不足 70%，后续任务繁重。

针对水源地整治工作情况及存在的问题，生态环境部将进一步督促各地结合自身实际，推动实施分类治理，对症下药，不搞“一刀切”，切实落实地方党委政府水源地保护主体责任，建立完善适合本地特色的工作机制，确保按期完成水源地环境问题整治任务。

三、南沙大气环境综合监测站全面建成

为全面反映南海地区空气质量状况，提升南海地区生态环境保护能

力和水平，服务南海地区国家和民众，通过几年的努力，南沙大气环境综合监测站已全面建成，具备 $PM_{2.5}$、PM_{10}、二氧化硫、二氧化氮、一氧化碳和臭氧等 6 项常规指标，二氧化碳和甲烷等 2 项温室气体指标，颗粒物组分（黑炭）以及气象五参数和能见度，共 15 项指标监测能力，初步形成南海地区空气质量监测与气候变化观测相结合的综合监测体系，标志着南海地区大气环境综合监测迈出坚实的一步。

南沙大气环境综合监测站的建成将为南海地区国家和民众提供及时、可靠的环境空气质量信息，也为研究西太平洋－东南亚区域的大气传输、温室气体与气候变化提供重要支撑，在推动南海地区生态环境保护和生态环境改善中必将发挥不可或缺的作用。

四、中国环境与发展国际合作委员会年会即将召开

经国务院批准，中国环境与发展国际合作委员会 2018 年年会将于 11 月 1—3 日在北京市举办，年会主题是“创新引领绿色新时代”。

本次年会是第六届国合会（2017—2021）的第二次年会。会议将听取国合会“全球治理与生态文明”“绿色城镇化与环境质量改善”“创新与可持续生产和消费”“绿色能源、投资与贸易”四大课题相关政策研究的情况报告，并讨论形成年会给中国政府的政策建议。

会议将设立“迈向绿色低碳循环发展”圆桌会以及绿色“一带一路”与 2030 年可持续发展议程、创新发展路径应对气候变化、2020 后生物多样性保护、海洋环境治理、创新引领绿色城镇化、美丽中国 2035、绿色消费与绿色转型、创新引领长江经济带绿色发展 8 个主题

论坛。

国合会委员、特邀顾问，中国政府相关部门代表，有关国家和国际组织、驻华使节代表，国内外大学、研究机构、企业界和社会组织代表等总计约 400 人将出席会议。

下面，请李高司长介绍情况。

生态环境部应对气候变化司司长李高

应对气候变化是中国可持续发展的内在需要

李高：各位记者朋友，女士们，先生们，大家上午好！很高兴就“应对气候变化及碳减排”有关情况和大家进行交流。非常感谢大家长期以来对应对气候变化工作的支持、参与和宣传。

气候变化是全人类面临的严峻挑战。中国高度重视应对气候变化，习近平总书记多次强调，应对气候变化不是别人要我们做，而是我们自己要做，是中国可持续发展的内在需要，也是推动构建人类命运共同体的责任担当。党的十九大报告指出，中国引导应对气候变化国际合作，成为全球生态文明建设的重要参与者、贡献者、引领者，要求加快推进绿色发展，建立健全绿色低碳循环发展的经济体系，构建清洁低碳的能源体系，倡导绿色低碳的生活方式，落实减排承诺，与各方合作应对气候变化，保护好人类赖以生存的地球家园。多年来，我国努力走符合中国国情的绿色、低碳、循环发展道路，采取了优化产业结构、节能和提高能效、发展非化石能源、增加森林碳汇、建设全国碳排放权交易市场等一系列举措，取得积极成效。

生态环境部将以习近平生态文明思想为指导，全面落实全国生态环境保护大会精神，实施积极应对气候变化的国家战略，有效控制温室气体排放，主动适应气候变化影响，推进绿色低碳转型发展，积极参与和引领全球气候治理进程，把握全球低碳发展新机遇，培育经济发展新动能，更好发挥应对气候变化对高质量发展的引领作用、对生态文明建设的促进作用、对环境污染治理的协同作用。

下面我愿意回答媒体记者朋友们提出的问题。谢谢大家！

把应对气候变化职能调整到生态环境部是加强应对气候变化工作的举措

人民日报记者：机构改革后，应对气候变化职能由国家发展改革委调整到生态环境部，是否意味着在某种程度上有所减弱？

李高：按照党中央、国务院的决策部署，这次机构改革把应对气候变化职能调整到新组建的生态环境部，这是在新形势下进一步加强应对气候变化工作的举措。应对气候变化工作涉及经济社会发展的方方面面，关系到国家的全局和长远，从来都不是某一个部委能够单独完成的，需要各部门之间协调配合，需要地方积极落实，需要行业和企业积极参与，也需要全社会共同努力。了解我们国家的应对气候变化管理体制会有助于更好地理解这个问题。

我国成立了国家应对气候变化及节能减排工作领导小组，由李克强总理来担任组长，规格非常高，同时几乎所有的国务院组成部门都是这个协调小组的成员，这充分说明了这项工作需要统筹协调。应对气候变化职能从国家发展改革委划转到生态环境部以后，我们需要在统筹协调方面进一步发挥作用，与各个部门加强配合，形成政策合力，同时也要进一步推动地方行业落实相关工作。党中央、国务院赋予我们这项职能，我们一定能把这项职能落实好，把工作做好。

应对气候变化涉及全球，环境污染治理是国内工作，但应对气候变化和环境污染治理有很大的潜力进行协同增效。机构调整为我们实现应对气候变化与环境污染治理的协同增效提供了体制机制保障，这对进一步做好应对气候变化工作是有利的，同时我国已经提出了到2020年、2030年中长期的应对气候变化目标，现在最重要的就是抓落实。生态环境系统有非常强有力的监督体系和监督机制，更好地统筹协调利用好这样的体系，对推动我国应对气候变化目标的实现也具有非常重要的意义。

将推动建立公平合理、合作共赢的全球气候治理体系

光明日报记者：气候变化全球治理与实现我国国家发展战略目标是相协同的，随着中国在全球气候治理中的地位稳步上升，并从最初的参与者变成重要贡献者甚至是引领者，您认为中国今后参与气候变化全球治理的着力点会体现在哪些方面？将有哪些重要举措？

李高：我们始终认为应对气候变化问题是需要世界各国合作应对的重大挑战，没有任何一个国家能够单独应对，需要持续推进公平合理、合作共赢的全球气候治理体系。过去很长时间以来，中国在推动这项体系的建设过程中，始终发挥着积极的建设性作用。

刚才您也提到，随着中国影响力不断上升，我们对这个体系的贡献在不断增强，影响力也在不断扩大。特别是近几年来，习近平总书记发挥政治领导作用，参与推动引领全球气候治理进程，作出重要贡献。习近平总书记亲自参加巴黎会议，发表重要讲话，提出中国方案，而且在巴黎会

议谈判的关键时候，与有关国家领导人讨论谈判关键问题，为《巴黎协定》谈判定调，为达成《巴黎协定》作出了历史性贡献。随后又为《巴黎协定》的签署、快速生效作出非常积极的努力。特别是习近平总书记亲自向联合国秘书长递交了中国批准《巴黎协定》的法律文书。这在以往工作中很少见，体现了中方对于推动全球气候治理进程的积极态度，发挥了非常重要的作用。在应对气候变化形势出现不确定性的时候，习近平总书记向国际社会发出了中国坚定支持多边进程、坚定支持《巴黎协定》、百分之百履行自身义务、履行应对气候变化承诺等非常强有力的信号，为全球气候治理进程不断向前发展发挥了非常重要的作用。在气候变化谈判中，我们按照习近平总书记的要求，积极发挥作用，提供中国智慧、中国方案，为进程不断向前发展、完善作出贡献。

另外，应对气候变化也需要各国的实际行动。我们在积极推动建立国际合作机制方面作出了重要贡献，也在积极开展国内应对气候变化行动方面作出了非常重要的努力。我们提出了到 2020 年、2030 年应对气候变化的目标，把这些目标分解到国民经济和社会发展五年规划中、分解到地方加以落实，并且采取了非常强有力的提高能效、优化能源结构、发展可再生能源、优化产业结构等一系列强有力的支撑措施，取得了积极进展。关于我们到 2020 年碳强度下降目标，2017 年碳强度比 2005 年下降了约 46%，这个数字已经超过了到 2020 年比 2005 年下降 40% ~ 45% 的目标。我们用这样的实际行动来推动国内可持续发展，同时为应对气候变化作出了最大努力，也作出了重大贡献。

下一步，我们仍然要继续和各方共同努力，进一步推动建立公平合理、合作共赢的全球气候治理体系，不断强化各国合作应对气候变化的信心，同时推动各国一起朝着全球绿色低碳转型方向不断前进。在国内方面，要进一步采取更加强有力的政策措施来落实我们到2030年的目标，同时还要进一步拓展相关工作，包括进一步控制非二氧化碳温室气体排放，进一步深化应对气候变化相关工作。谢谢！

中国温室气体排放增速显著放缓

中新社记者：联合国政府间气候变化专门委员会（IPCC）近日发布《IPCC全球升温1.5℃特别报告》，评估全球温度升高1.5℃与2℃对气候的影响以及可能的减排路径，请问您如何评价这个报告？请介绍一下我国在碳减排方面采取的举措和成效。

李高：谢谢！今年10月初，IPCC第48次全会通过了IPCC第六次评估报告全球1.5℃增暖特别报告，这个报告是根据联合国气候变化巴黎会议决定授权编写的。《巴黎协定》也强调我们要实现把温升控制在2℃以内的目标，同时也要向将温升控制在1.5℃以内作出努力。

基于现有的研究成果，全球科学家经过两年多的努力形成了这份科学评估报告。在此过程中，中国的科学家也积极参与，很多中国的研究成果也在报告中有所体现。这个报告主要是评估了全球温升1.5℃的影响和风险，探讨了实现全球温升1.5℃目标可能的减缓和适应措施，并与实现全球温升2℃目标的影响和成本等进行了比较。报告指出，当前全球平均温度相比工业革命前的水平已经上升了1℃，很可能在2030—2052年达到温升1.5℃。这个结论向全球展现了应对气候变化的紧迫性，提醒各国要坚定向绿色低碳转型的信心和决心，要采取积极、务实的措施来应对气候变化的挑战。

同时这个报告对于相关的成本也进行了一些评估，我们认为不管是温升控制在2℃以下还是1.5℃，都是非常大的挑战，需要在减缓、资金、技术创新等方面采取更加有效的行动。同时我们也认识到要采取相关的行动，需要对科学家的建议做进一步的深入研究和评估，特别是要考虑成本有效性。实现温升控制在1.5℃的目标可以采取哪些措施？这些措施需要付出什么成本？能否筛选出符合成本有效性的措施？同时有些措施我们目前还不具备，还需要进一步部署和加强研究。

科学结论已经明确提出了应对气候变化的紧迫性，我们还要经过审慎评估以采取进一步的应对行动。对中国来讲，我们要积极实施应对气候变化国家战略，切实把已经提出的目标落实到位。我们已经提出2030年左右，二氧化碳排放达峰并争取尽早达峰，我们将朝这个方向加大行动力度，作出更多努力，这对我国实现可持续发展、推动高质量发展和生态环境保护也会产生积极作用。

过去很多年中，在各个部门的协调配合和地方行业的积极努力下，我们的目标落实取得了积极进展，我国2017年碳强度比2005年下降了约46%，这个水平已经超出了我们提出的到2020年在2005年的基础上下降40% ~ 45%的目标。非化石能源比例也达到了13.8%，距离到2020年非化石能源比例达到15%左右的目标也很接近，我们有望完成。

在这个过程中，我们国家的可再生能源发展取得了非常大的成绩，一是可再生能源自身发展取得了很大成绩；二是中国的可再生能源发展降低了可再生能源的成本，推动了可再生能源在全球的普及，这实际上也是我们对全球应对气候变化作出的重要贡献。我们在努力推动减少化石能源的消费，特别是煤炭消费方面也取得积极成效。如果对比 2017 年和 2005 年的数据，2017 年煤炭消费在一次能源消费中的比例是 60%，2005 年这个数字是 72%。如果考虑到中国的能源消费总量，这 12 个百分点的下降是非常巨大的数字，体现了中国在积极应对气候变化、推动经济转型升级方面作出的艰苦努力和为全球应对气候变化作出的巨大贡献。经过近年来的努力，我们已经初步扭转了中国温室气体排放快速增长的局面，增速显著放缓，已经接近于进入平台期，这也是非常显著的成效。

下一步，我们还要在新的形势下，按照习近平总书记的要求，按照全国生态环境保护大会的安排和部署，进一步做好应对气候变化的相关工作。谢谢！

卡托维兹会议最主要的任务是完成《巴黎协定》实施细则谈判

中央广播电视总台国广记者：我们知道，第 24 次联合国气候大会将在波兰举行，计划完成《巴黎协定》实施细则的谈判。请问中国在此次会议上将有何表态？对于大会结果有何期望？

李高：谢谢！今年年底将在波兰召开联合国气候变化大会，这次大会我认为对于提振全球应对气候变化的信心和决心，对推动《巴黎协定》

全面有效实施具有非常关键的作用，所以也受到了国际社会的普遍关注。《巴黎协定》是气候变化全球治理进程中里程碑式的成果，也是在各国领导人推动下达成的。习近平总书记发挥了重要领导作用，体现了领导风范。我们现在的任务就是要把领导人形成的政治共识落到实处，今年卡托维兹会议最主要的任务就是要完成《巴黎协定》实施细则谈判，对中国来讲，我们非常期待与各方共同努力，推动卡托维兹会议取得成功，成功的标志就是完成《巴黎协定》实施细则谈判，使《巴黎协定》能够在2020年后得到实施。

怎样实现这样一个目标，我想首先要遵循《巴黎协定》的相关授权、《巴黎协定》相关规定和相关要求。《巴黎协定》实施细则谈判不是抛开《巴黎协定》去搞新的东西，而是在《巴黎协定》的基础上考虑相关落实措施，核心就是我们要处理好公平、共同但有区别的责任和各自能力原则，考虑各国国情。偏离这样一个原则，我们就很难取得共识，这是一个非常重要的方面。

其次，《巴黎协定》落实涉及方方面面，《巴黎协定》实施细则也涵盖很多内容，包括减缓、适应、资金、技术、能力建设等，各方面谈判要平衡推进，最后有一个平衡的结果。不能只管一部分，不管另一部分，卡托维兹会议最后成果肯定是一揽子的成果，需要对所有要素平衡对待。

再次，在实施《巴黎协定》的过程中，我们需要有一个客观认识，这个客观认识就是发展中国家和发达国家之间在能力上是有很大差别的，我们要认识到这样的客观事实，要把客观事实反映到实施细则当中。我们在谈判当中也感觉到，一方面，有些缔约方有偏离共同但有区别的责任原则的倾向，我们希望这种倾向能得以纠正。另一个方面，在谈判当中我们也感觉到有些缔约方对某些内容特别关注，对一些发展中国家的关切不那么关注。比如有的国家，在减缓问题上提出很详细的要求，实际上不是发展中国家不愿意提供这些信息，而是能力确实有限，而且如果考虑到国家自主贡献，很多发展中国家提出的目标都取决于发达国家的资金支持，而对发展中国家提出的在资金问题上能否提高透明度的要求，发达国家又采取了不同标准，这样就会对谈判带来一些阻碍。

最后，中国传统文化教怎么做人时候有一条要求——“严于律己、宽以待人。”我们谈判过程中发现有些发达国家好像与我们的文化显示出一种差异，采取的是一种“严于律人、宽以待己”的方式，这样的方式可能对我们达成协议造成困难。我想我们要在谈判中积极作出努力，作出中国贡献，中国贡献其中一部分是不是也可以考虑把老祖宗留下的传统智慧贡献给全世界，推动他们取得进展，我觉得这是很重要的一个方面。

刚才讲了最重要的任务是完成《巴黎协定》实施细则的谈判，实施细则涉及非常多的方面。在 8 月底、9 月初的曼谷谈判会议上，各方形成的文件有 300 多页，怎么把 300 多页包含很多不同选项的案文变成我们最后的会议决定，这也有很大挑战。同时，考虑到这些挑战，我们对于完成实施细则谈判也应有一个合理预期，对于关系到《巴黎协定》实施的主要方面、主要措施，我们一定要达成。也不排除一些技术性非常强的问题，如果时间不允许，我们可以留着以后讨论，不影响我们达成《巴黎协定》实施细则的总体框架和主要方面。

另外，我想还有一个非常重要的问题会影响到卡托维兹会议是否成功，就是资金问题。资金问题始终是气候变化谈判中的核心问题，实际上它也是影响发展中国家能不能有能力为应对全球气候变化作出更多努力和更大贡献的非常核心的问题。所以我们也希望发达国家能向发展中国家提供充分有效的资金支持，作出更加强有力的承诺，提供更加详细的信息，增强互信，增加发展中国家为应对全球气候变化采取更多行动、作出更多努力的信心，对发展中国家关心的资金方面议题给予积极、建设性的回应，只有这样我们才能顺利推动卡托维兹会议谈判。

卡托维兹会议除以《巴黎协定》实施细则为核心以外，还有一些很重要的活动安排，包括要开展塔拉诺阿对话，各国以讲故事的方式分享各国在推动绿色低碳转型、采取应对气候变化政策措施行动方面的实践经验。我想这样的对话非常有意义，也非常重要，通过这样的对话，能够看到大家的共同努力，能够让大家认识到应对全球气候变化、推动全球绿色低碳发展，不仅必要，而且可行，从而增强各国在未来进一步强化相关行动的信心，这个对话我们也会积极参与。

同时还要召开对于2020年前承诺的盘点。推动全球气候治理进程不断向前发展很重要的一点就是互信，互信的重要前提是大家承诺的事情要抓紧落实。这样的活动就是让我们盘点我们作出的承诺，特别是发达国家已经作出的在2020年前减排、提供资金支持相关的承诺，有没有落实，还需不需要采取进一步行动，做好这样的落实工作非常重要。同时，我们希望《〈京都议定书〉多哈修正案》能够在卡托维兹会议之前或者期间生效，这对推动全球气候治理进程是非常重要的信号。

总的来讲，时间紧、任务重、挑战很大，也存在一定不确定性。但也有很好的消息，前不久，在波兰召开了卡托维兹会议部长级预备会，部长和代表们表达了努力推动卡托维兹会议取得成功、顺利完成《巴黎协定》实施细则谈判的意愿，这为我们推动相关谈判有非常重要的意义。这段时间以来，中方和有关方面一直在积极开展磋商，与各国就谈判问题磋商非常密切。我们跟欧盟进行了磋商，下一步还要跟“77 国 + 中国”发展中国家集团进行磋商，与立场相近的发展中国家、基础四国等集团进行磋商，我们要与美国等其他发达国家进行磋商。磋商的目的就是尽可能寻找共识，推动谈判向前走，争取在卡托维兹会议前尽可能多地解决相关技术问题和政治问题，为卡托维兹会议的成功打下坚实基础。我们也会全力支持主席国波兰为卡托维兹会议取得成功所作的一系列努力，会支持公约秘书处相关工作。我们希望卡托维兹会议能遵循公开透明、协商一致、缔约方驱动的原则。我们会与各方共同努力，积极贡献中国智慧、中国主张，与各方一道推动卡托维兹会议取得成功，从而推动全球气候治理体系继续向前发展，谢谢。

一如既往坚决打击违法生产使用销售 ODS 行为

中国日报记者：前段时间，生态环境部开展了消耗臭氧层物质专项执法检查，请问检查行动的最新进展如何？发现和处理了哪些问题？

刘友宾：作为一个负责任的发展中大国，中国政府一贯高度重视国际环境公约履约工作，把严格执法作为巩固履约成果的重要保障。自从加入《蒙特利尔议定书》以来，生态环境部及地方各级生态环境部门始终严格执法，严厉打击消耗臭氧层物质（ODS）违法生产、使用和销售行为，坚决采取“零容忍”态度。这个态度是一贯的。

2010 年至 2018 年上半年，全国查处非法生产 ODS 案件 24 起、非法使用 ODS 案件 44 起、非法销售 ODS 案件 5 起。其中，涉及三氯一氟甲烷（CFC-11）非法生产案件 14 起，销毁非法 CFC-11 约 84 吨，并拆除生产设施；对非法使用 CFC-11 的 4 家企业进行处罚。

2018 年 8 月，生态环境部组织全国各省（区、市）生态环境部门开展了消耗臭氧层物质专项执法检查。此次专项执法检查一方面从源头端入手，广泛收集信息，查找非法生产线索，捣毁了位于辽宁省、河南省的两家非法生产 CFC-11 窝点，现场查获各类生产原料 177.6 吨、非法生产的 CFC-11 29.9 吨。目前，上述原料及产品已妥善封存，待有资质的单位进行处置。相关涉案人员已移送司法机关追究刑事责任。另一方面从使用端入手，严打非法使用 ODS 行为，追溯非法 ODS 来源。全国共排查相关企业 1 172 家，检测发现 10 家组合聚醚企业的部分批次物料中含有 CFC-11，地方生态环境部门依法对其进行了立案处罚。

今后，我们将一如既往地坚决打击违法生产使用销售 ODS 行为，加强监督管理，对涉 ODS 违法行为，发现一起、查处一起，绝不姑息。

应对气候变化工作继续推进，为我国大气污染防治发挥协同效应

中国青年报记者：今年两会上，李干杰部长表示，生态环境部职能

调整打通了一氧化碳和二氧化碳。请问在污染物控制和节能减排协同治理方面，贵部有哪些举措？下一步还将开展哪些工作？

李高：应对气候变化其中一项核心任务是控制温室气体排放，温室气体排放最主要的来源是化石能源消费导致的二氧化碳排放。中国的能源消费以煤为主，煤的消费也是导致大气污染最主要的来源。大气污染治理和应对气候变化在目标措施等方面是有协同效应的，协调相关政策和行动将更好地发挥协同增效的作用。

过去几年，我国制定实施了《大气十条》，采取了控制高耗能、高污染行业新增产能、推动清洁生产、加快调整能源结构、强化节能环保约束等措施，这在很大程度上也是我们应对气候变化的措施。通过《大气十条》的落实，空气质量显著提升。据统计，落实《大气十条》在过去几年当中实现了 1.75 亿吨二氧化碳当量的减排。提升空气质量的行动对我们实现应对气候变化的目标发挥了积极的作用。

前面我也介绍了，我们在推动应对气候变化目标实施过程中采取了调整能源结构、优化产业结构等一系列措施，在碳强度下降方面取得了很大的成绩。我们也做过相关的测算，每减少 1 吨二氧化碳排放，会相应地减少 3.2 千克的二氧化硫和 2.8 千克的氮氧化物排放，所以我国超额完成碳强度下降目标也为大气污染防治作出了贡献。

应对气候变化职能转入新成立的生态环境部，为我们进一步加强应对气候变化和大气污染防治的统筹、协同、增效提供了机制体制保障。下一步，我们要在应对气候变化、温室气体排放控制、大气污染防治以及更广泛的生态环境保护工作中，在监测观测、目标设定、制定政策行动方案、政策目标落实的监督检查机制等方面进一步统筹融合、协同推进。我也相信在生态环境部的部署下，应对气候变化工作将继续推进，同时也将为我国大气污染防治发挥协同效应。谢谢。

要通过“人努力”抵消去年“天帮忙”8.5%的下降比例

路透社记者：有自媒体认为，受中美贸易战影响，中国开始放松治理污染的力度，以刺激经济增长。如近日出台的《京津冀及周边地区2018—2019年秋冬季大气污染综合治理攻坚行动方案》要求，京津冀及周边地区$PM_{2.5}$平均浓度同比下降3%左右，重度及以上污染天数同比减少3%左右，但去年要求是下降15%，今年的目标太过宽松。对此您怎么看？

刘友宾：按照国务院印发的《打赢蓝天保卫战三年行动计划》要求，生态环境部会同相关部门和地方政府制定了京津冀及周边地区、长三角地区、汾渭平原2018—2019年秋冬季大气污染综合治理攻坚行动方案，对秋冬季“$PM_{2.5}$平均浓度下降比例”“重度及以上污染减少天数”提出目标任务，要求京津冀及周边地区、长三角地区下降3%左右，汾渭平原下降4%左右。应该说，这个目标的设定是实事求是的，经过专家反复论证，也广泛听取了有关方面和地方的意见，是根据目前我们的产业结构、能源结构以及空气质量改善的进程而确定的。实现这个目标，压力还是非常大的，任务也是非常艰巨的。认为今年这个目标设定降低了大气污染防治力度，是对方案的误读。

方案目标的确定主要考虑以下几个因素：

一是坚持稳中求进。大家知道去年通过攻坚行动很多地方蓝天白云重现，人民群众蓝天获得感不断增强，但是我们也必须看到，去年攻坚行动取得的成果里面既有人努力的因素，也有天帮忙的因素。据专家评估测算，在 $PM_{2.5}$ 下降的 25% 比例中，天帮忙占 1/3 左右，即天帮忙导致 $PM_{2.5}$ 浓度下降 8.5% 左右。今年，在正常气象条件下，要保证空气质量同比不恶化，我们首先要通过人努力抵消去年天帮忙 8.5% 的下降比例，再加上今年秋冬季空气质量改善目标 3%，实际上，我们今年空气质量改善任务为 11% 以上。

此外，根据国家气候中心预测，今年 12 月至明年 2 月，京津冀地区、汾渭平原气温与历史平均水平相比可能还要偏高 1 ~ 2℃，降水量偏低两成，大气扩散条件与上年同期相比明显偏差。综上来看，完成今年秋冬季空气质量改善目标 3% 任务相当艰巨，大气污染防治力度依然很大。

二是秋冬季目标与年度目标不存在替代关系，各地需在努力完成秋冬季目标的同时，还要保障实现年度目标。秋冬季目标是指 2018 年 10 月—2019 年 3 月，年度目标是 2018 年 1—12 月，两者有关系，但不完全相同。今年前期，空气质量大幅改善为全年目标实现奠定了较好基础。从“十三五”空气质量改善进度来看，目前总体上也超过时序进度。虽然今年秋冬季空气质量改善目标幅度较去年有所降低，但并未降低年度目标要求。

三是尊重空气质量改善的客观规律，确定空气质量改善目标。随着大气污染治理工作不断深入，在区域空气质量得到明显改善的同时，减排空间也进一步收窄，剩下的都是“难啃”的“骨头”，包括产业结构、能源结构、运输结构、用地结构等，这些结构优化调整不是一蹴而就的，效果也不可能立即显现。要充分认识大气污染防治工作的艰巨性、复杂性，往后降低 1 微克都越来越困难。

为确保今年秋冬季空气质量改善目标按期完成，我们在攻坚方案中提出进一步任务要求和保障措施。一是强化治本之策，立足结构优化调整，着力建立污染减排长效机制；二是强调因地制宜、分类施策，加强对地方和企业的差别化指导；三是严禁各地采取“一刀切”方式，严格依法依规，做好大气污染防治各项工作。

打好污染防治攻坚战、建设美丽中国，是党中央、国务院立足中国国情、顺应人民群众新期待作出的战略抉择。我们将坚定不移贯彻落实习近平生态文明思想，坚定不移贯彻落实全国生态环境保护大会精神，坚定不移打好污染防治攻坚战，坚定不移以改善生态环境质量为核心，全力以赴确保完成既定的各项环境目标任务，让人民群众有更多的环境获得感、安全感、幸福感。

积极学习借鉴国际经验，逐步推动全国碳排放权交易市场建设

经济观察报记者：自去年 12 月，我国启动碳排放权交易体系以后，目前我国碳排放权交易市场建设情况如何？有媒体称，目前碳排放权交易市场仍没有完成一笔交易，没有实质性进展，请问存在哪些问题？

李高：建设全国碳排放权交易市场是利用市场机制控制和减少温室气体排放、推动绿色低碳发展的一项重大制度创新，这项工作也是一项非

常复杂的系统工程，需要我们扎实工作、逐步推进。

刚才我讲扎实推进，怎么体现？早在 2011 年，生态环境部就在北京、天津、上海、重庆、湖北、广东和深圳等 7 个省（市）启动了碳排放权交易试点工作，为建设全国碳排放权交易市场摸索规律、探索经验。试点工作启动以来，相关省（市）作了非常大的努力，体现了敢于创新的担当精神，相关工作取得积极进展。截至今年 8 月，试点地区的碳排放配额累计成交量达 2.64 亿吨二氧化碳当量，成交额约 60 亿元人民币，企业履约率保持较高水平，试点碳排放权交易市场范围内的碳排放总量和强度实现“双下降”，试点地区在碳排放权交易市场制度建设和实际运行方面积累了丰富的经验，培养了一批专业人才队伍，这也是我们希望看到的。地方碳排放权交易试点工作自 2011 年启动，实际交易是在 2013 年 6 月以后陆续开展的，存在一定时间差，也就是说碳排放权交易市场的工作需要一段时间做相关工作准备。

在推动地方试点的过程中，我们在充分考虑我国实际国情的基础上，从制度建设、市场管理运行等各方面积极学习借鉴国际经验，特别是欧盟和美国加州的碳排放权交易市场。同时，我们也注重从国际碳排放权交易市场实际运行出现的问题中认真汲取教训，逐步地推动全国碳排放权交易市场的建设。

去年年底，经国务院同意，生态环境部发布了《全国碳排放权交易市场建设方案（发电行业）》，标志着全国碳排放权交易体系的正式启动。这个方案是全国碳排放权交易市场建设的一项重要成果，明确了我国碳排放权交易市场作为控制温室气体排放政策工具的工作定位，将充分发挥碳排放权交易市场对控制温室气体排放、降低全社会减排成本的作用，提出了碳排放权交易市场建设各方面的目标任务，明确了率先从发电行业起步，按照先易后难、稳中求进的安排，分阶段、分步骤推动全国碳排放权交易市场建设的工作思路，同时也提出了加强防范金融等方面风险的工作要求。

碳排放权交易体系启动后，我们开展了一系列的工作，具体如下：

第一，持续推进完善全国碳排放权交易市场的制度体系建设，核心是推动出台《碳排放权交易管理暂行条例》（以下简称《条例》），作为全国碳排放权交易市场建设运行基础的法律框架，目前《条例》草案已经形成，并已经过多次修改，这项工作我们正在和各相关部门积极协调，争取尽快出台。同时，我们也将加快出台包括市场交易管理办法、企业碳排放报告管理办法、核查机构管理办法等相关配套管理制度，这些工作在技术层面已经过反复的讨论、研究，形成了比较成熟的方案，在《条例》出台以后，我们将适时推出相关配套管理制度。

第二，我们还持续推进全国碳排放权交易市场的基础设施建设。一是初步建立了企业碳排放数据报送系统，下一步将加以优化，和地方系统进行对接，以便更好地发挥作用。二是要建立全国碳排放权注册登记系统和碳排放权交易系统，这些系统的建设都是非常复杂的工作，我们前期已经提出了相关工作方案，下一步将尽快优化完善方案，加紧相关基础设施的建设，为碳排放权交易市场的实际运行奠定基础。

第三，持续推进重点排放单位的历史碳排放数据报告、核算和核查以及监测计划的制定工作，督促指导地方全面完成2016年、2017年排放单位历史碳排放数据的报送、核算和核查等相关工作。碳排放权交易市场建设的关键是排放数据，数据质量决定了配额分配的精准程度，也决定了碳排放权交易市场运行的效果，有大量的工作要开展。

《全国碳排放权交易市场建设方案（发电行业）》明确了从发电行业起步，围绕发电行业我们也做了大量的工作。今年 9 月 6 日，我们召开了发电行业参与全国市场的动员部署会，发电行业的行业协会、相关企业集团、第三方核查机构和地方政府均参加会议，会议目的就是对发电行业做动员，督促做好发电行业参与全国碳排放权交易市场建设的准备工作。我们还对发电行业开展有针对性的培训工作，进一步抓实发电行业参与碳排放权交易市场相关工作。在此基础上，我们正在研究制定发电行业配额分配技术指南，在摸清数据、确保数据质量的基础上，科学制定配额分配技术指南并开展相关配额试算，对指南进行检验验证。此外，我们也围绕碳排放权交易市场开展相关能力建设，包括对相关部门的能力建设、对地方的能力建设、对相关企业的能力建设和对第三方核查机构的能力建设。以上任务工作量很大，需要我们作出持续努力。

在完成好相关的技术准备、建设好基础设施后，还要经过一段时间的测试，对整个系统和市场交易的各个环节进行检验，看看我们的体系是不是稳定可靠，在此基础上，才会过渡到实际交易。从地方试点的实际情况和国外的实践经验来看，开始启动这个体系到实现交易，需要经历一个过程，我们希望通过积极的努力、扎实的工作，尽可能缩短这个过程，但时间要服从工作质量，建设全国碳排放权交易市场是我们重要的工作目标，为确保碳排放权交易市场的平稳启动、平稳运行，前期还有大量扎实的工作要做，我们也将尽全力推动碳排放权交易市场尽快实现交易。谢谢。

《汾渭平原攻坚行动方案》针对本地区存在的突出问题进行了部署

北京晚报记者：近日《汾渭平原2018—2019年秋冬季大气污染综合治理攻坚行动方案》（以下简称《汾渭平原攻坚行动方案》）正式印发，请问对比《京津冀及周边地区2018—2019年秋冬季大气污染综合治理攻坚行动方案》，该方案有哪些特点？在大气污染治理上的针对性在哪里？

刘友宾：按照党中央、国务院关于打赢蓝天保卫战的决策部署，京津冀及周边地区大气污染防治领导小组和长三角地区、汾渭平原大气污染防治协调小组先后召开会议，审议通过了秋冬季大气污染综合治理攻坚行动方案，对相关工作进行了安排部署，京津冀及周边地区、汾渭平原攻坚行动方案已正式印发，长三角地区攻坚行动方案即将印发。

近年来，汾渭平原三省不断加大大气污染防治工作力度，环境空气质量有所改善，但大气污染防治形势依然严峻。汾渭平原大气污染防治工作仍然存在一些突出问题和薄弱环节。一是结构性污染较为突出，重化产业聚集，能源结构偏煤、产业结构偏重、运输结构偏公路的问题比较突出。二是散煤清洁化替代、“散乱污”企业的综合整治、“公转铁”的进展相对缓慢滞后。三是治污压力传导还不到位。

《汾渭平原攻坚行动方案》提出了空气质量改善目标：2018年10月1日—2019年3月31日，$PM_{2.5}$平均浓度下降4%左右，重度及以上污染天数同比减少4%左右。《汾渭平原攻坚行动方案》充分借鉴京津冀及周边地区大气污染治理攻坚行动的经验，针对本地区存在的突出问题，对调整优化产业、能源等结构，强化区域联防联控方案，以及加强基础能力建设进行了部署。

《汾渭平原攻坚行动方案》着重强调要做好以下六方面工作。

一是稳妥推进冬季清洁取暖。坚持以保障群众温暖过冬为第一原则；坚持“以供定需”“以气定改”；坚持因地制宜、综合施策；坚持“先立后破”“不立不破”。同时，做好应急预案，切实做好“压非保民”工作，确保群众安全温暖过冬。

二是全面开展“散乱污”企业综合整治。在整个工作推进过程中，要特别注意和严格禁止“一刀切”，严格禁止“一律关停、先停再说”等敷衍应对做法，坚决避免以生态环境为借口紧急停工、停业、停产等简单粗暴行为；坚决遏制假借生态环境保护名义开展违法违规的活动，对不作为、乱作为的现象，要严肃追责问责。

三是严厉打击“黑加油站点”。油品质量是解决机动车污染问题的突出短板，“黑加油站点”严重影响机动车污染治理成效，必须予以坚决打击。同时研究建立长效监管机制，防止个别“黑加油站点”死灰复燃。

四是不断强化扬尘综合治理。对施工工地扬尘，要做到建筑工地“六个百分之百”，将扬尘污染防治纳入文明施工的管理范畴，建立扬尘控制责任制度。

五是积极应对重污染天气。对一些不满足环保要求的企业，没有完成治理任务的企业，不符合产业、环保政策的企业，要实施工业、企业错峰生产和运输，对重点行业错峰生产要细化到具体生产线、工序和设备。

同时，对于达标排放的标杆企业，坚决反对纳入错峰生产。

六是要落实党政主体责任。切实落实“党政同责”“一岗双责”，对工作不力、推进缓慢的地方将严肃追责问责。

强化对煤炭消费的管控，把政策重心集中到更好发展非化石能源上

华夏时报记者：有外媒报道称，当前中国的煤电装机容量依然在增多，煤矿生产量也在增加，请问这是否会给中国应对气候变化增加压力？

李高：优化能源结构、发展可再生能源、控制化石能源特别是煤炭的消费是非常重要的政策措施。过去很多年，我国努力采取措施并取得了显著成效。我们在淘汰小发电机组和落后发电机组方面采取了非常强有力的措施，目前，我国煤电机组的效率已经走在了世界的前面，我觉得这是非常不容易的。同时从效果来看，我前面已经介绍过，煤炭消费在能源消费总量中的比例在 2005—2017 年出现非常大的下降，从占 72% 下降到 60%。对很多国家来讲这个量是难以想象的，这也显示了我国积极应对气候变化、控制煤炭消费的决心和措施的有效性。

我前面也介绍了，因为采取强有力的措施，包括对煤炭消费的控制，我国温室气体排放控制取得了显著成效，已从快速增长逐步过渡到增速降低，接近于进入平台期，这是一个非常大的成效。

但是，我们也要客观地认识到，温室气体排放和能源结构调整都是跟经济社会发展紧密联系的，所以在某种程度上也会受到经济形势的影响，

即便有一些反复也是正常的，就像经济发展中的波动一样。我们的总体政策方向和政策力度没有任何变化，会进一步强化对煤炭消费的管控，进一步把政策的重心集中到更好地发展非化石能源上来。我想中国煤炭消费和煤电逐步减少是大趋势，应该以客观的态度来看待，这不会影响我们实现应对气候变化的目标和任务。谢谢。

对治理黑臭水体的根本措施是否落实到位一抓到底

第一财经日报记者：近期，石家庄市某地填埋黑臭水体，以及江苏省扬中市等个别地方反复用清水冲洗河道，走捷径治理黑臭水体的做法，引发不少关注。请问生态环境部对此有何评价?

刘友宾：我们注意到相关报道。最近我们邀请记者朋友们参与城市黑臭水体整治相关工作，朋友们发了很好的报道，我们对大家表示感谢。黑臭水体形成的主要原因是城市环境基础设施建设和管理存在短板，导致城市的污水和垃圾不能得到及时有效处理，污染了河流。

我们一贯主张治理城市黑臭水体要坚持标本兼治，解决黑臭水体的根本措施就是要建立完善的污水、垃圾收集、转运和处理体系，并建立长效管理机制，实现黑臭水体治理“长治久清”。

对黑臭水体的整治是城市的基础性、基本性、底线性工作，不是生态环保工作的全部。一些城市因为历史原因，水体面积逐年减少，普遍缺乏生态空间。城市黑臭水体整治一定要有更长远的眼光和更宽广的视野，不是仅仅治理好几处黑臭水体就完了，而是应该让城市有更多鸟语花香的生态空间，给人民群众更多的美好家园感、环境幸福感，真正让人们“望得见山，看得见水，记得住乡愁”。

所以，一般情况而言，我们不赞成用简单的填埋等方式消除黑臭水体，除填埋以外，还要对当地是否建立了完善的污水、垃圾收集、转运和处理体系进行严格检查。如果检查发现地方没有建立完善的污水、垃圾收集、转运和处理体系，即使水体被填了，我们仍然认为这些地方没有完成整治。因此，我们会对治理黑臭水体的根本措施是否落实到位一抓到底，反复检查，确保黑臭水体问题得到彻底解决，留下更多生态空间。

中国在控制温室气体排放方面采取了坚决、有效、有力的措施

封面新闻记者： 有外媒指责中国，说中国是最大的二氧化碳排放国。您怎么评价？

李高： 谢谢你的问题。当今的气候变化是由于发达国家工业革命以来，无节制地排放温室气体造成的，发达国家是造成气候变化最大的责任者，这也是为什么在《联合国气候变化框架公约》当中有“共同但有区别的责任”原则。发达国家、发展中国家的责任是有区别的，发达国家有更大的责任。我觉得可以从两个角度看待中国的温室气体排放，一方面要看到我们的总量，另一个方面也要看到中国是最大的发展中国家，是全球人口最多的国家。如果衡量人均排放或历史累积的人均排放，我们要远远低于很多发达国家。

之前我也讲到应对气候变化和经济发展的紧密联系，在看到中国温室气体排放的同时，我们也要看到，近年来中国经济的快速发展贡献了全球经济增量约30%，为实现全球的共同发展作出了重大贡献。

同时，中国在控制温室气体排放方面采取了坚决、有效、有力的措施。前面我也介绍了，我国提出了到2020年和到2030年的气候行动目标，并纳入了国民经济和社会发展五年规划当中，这些目标在国内是具有法律约束力的，加强了应对气候变化和控制温室气体排放工作的力度。从实践来看，我们在实际控制温室气体排放当中取得了明显成效，初步扭转了温室气体排放快速增长的局面，为自身的可持续发展和应对全球气候变化作出了重大贡献。我们减少的温室气体排放也是全球最多的。

所以只要本着客观的态度来看待中国的温室气体排放，不难得出正确的结论。谢谢。

主持人刘友宾：今天的发布会到此结束，谢谢各位！

11 月例行新闻发布会实录

2018 年 11 月 30 日

11 月 30 日，生态环境部举行 11 月例行新闻发布会。生态环境部海洋生态环境司司长柯昶、国家海洋环境监测中心副主任王菊英出席发布会，向媒体介绍了海洋生态环境保护工作进展等有关情况。生态环境部新闻发言人刘友宾主持发布会，通报近期生态环境保护重点工作进展，并共同回答了记者关注的问题。

11 月例行新闻发布会现场 (1)

重点工作

2018
30/11

- 2018 年水源地保护攻坚战持续推进
- 生态环境部与最高人民检察院等部门加强生态环境保护合作
- “中法环境年”顺利启动

11 月例行新闻发布会现场 (2)

关键看点

主持人刘友宾：新闻界的朋友们，大家上午好！欢迎参加生态环境部11月例行新闻发布会。

党和国家高度重视海洋生态环境保护工作。在这次党和国家机构改革中，生态环境部设立海洋生态环境司，负责全国海洋生态环境监管工作。今天的新闻发布会，我们邀请到海洋生态环境司司长柯昶、国家海洋环境监测中心副主任王菊英，向大家介绍我国海洋生态环境保护有关情况，并回答大家关心的问题。

下面，我先通报近期生态环境部的三项重点工作。

一、2018年水源地保护攻坚战持续推进

今年以来，各地认真贯彻落实党中央、国务院关于打好水源地保护攻坚战的决策部署，持续推进饮用水水源地环境问题整治工作。按照专项行动部署，2018年年底前，长江经济带县级、其他省份地市级水源地要完成排查整治任务，共涉及31个省（区、市）276个地市1 586个水源地的6 251个环境问题整治。

截至11月28日，5 970个问题已完成整改，任务完成比例达到95%，达到序时进度要求，但后续“硬骨头”问题解决难度依然较大。

从目前进展情况看，上海、宁夏、青海、湖南、内蒙古、西藏、天津、甘肃、山东、四川、福建、海南12个省份已完成今年水源地的整治工作任务。湖北、浙江、重庆、辽宁、河北、吉林、陕西、云南、新疆、广西、河南、黑龙江、北京、贵州、安徽、广东、山西等17个省份工作进度达到90%以上。

今年的饮用水水源地保护攻坚战已经进入“倒计时”，任务仍十分艰巨。目前，还有两个省份任务完成率未达到序时进度要求，分别为江苏省、江西省，后续工作压力较大。在尚未完成整治任务的省份中，广东省、江苏省余下问题数量较多，分别为73个和49个，两省剩余问题数占剩余问题总数的44%。

对仍未完成整治任务的问题，生态环境部将紧盯不放，督促落实地方党委政府饮用水水源地保护责任，加强分类指导，精准施策，确保按期完成整治任务。

二、生态环境部与最高人民检察院等部门加强生态环境保护合作

11月22日，最高人民检察院召开检察机关加强协作配合服务打好污染防治攻坚战座谈会，最高人民检察院党组书记、检察长张军，生态环境部党组书记、部长李干杰出席座谈会并讲话。双方进一步明确了协作重点，并签署互派干部挂职交流合作协议。

最高人民检察院对生态环境保护工作高度重视、十分关心、大力支持。近年来，生态环境部与最高人民检察院合作日益深入密切，在国家层面实现无缝对接，有力保障和促进了生态环境保护特别是污染防治工作深入开展。

一是共同构建行政执法与刑事司法“两法”衔接机制。2017年1月，生态环境部联合最高人民检察院、公安部出台《环境保护行政执法与刑事司法衔接工作办法》，明确案件移送标准，完善衔接配合机制。

二是共同办理大案要案。2015—2018年，检察机关、公安机关、生

态环境部门共同对长江安徽池州污染环境案等9起重大案件进行联合挂牌督办。生态环境部与最高人民检察院、公安部联合现场直接督办西安市长安区、阎良区环境监测子站空气质量监测数据造假案，起到强烈震慑和有效警示作用。

三是共同推进生态环境公益诉讼。生态环境部积极支持检察机关开展生态环境公益诉讼，相继发布多个环境损害鉴定评估技术规范。

此外，为进一步加强协作，形成污染防治合力，10月31日，生态环境部与中国气象局签署了总体合作框架协议，推动生态环境保护和气象事业共同发展，双方确定在科学技术、生态环境监测、大气环境管理、应对气候变化、海洋生态环境保护、自然生态保护、核与辐射安全、信息共享等方面开展全方位合作。

下一步，生态环境部将和最高人民检察院等部门进一步加强沟通协调，建立稳定有效的协作机制，充分发挥各自优势，合力打好污染防治攻坚战。

三、“中法环境年”顺利启动

2018年11月19日，“中法环境年”启动活动在京成功举行。习近平总书记和马克龙总统专门就“中法环境年”正式启动互致贺电，从中法全面战略伙伴关系的高度对生态环境保护和气候变化合作提出要求。韩正副总理会见来华出席启动活动的法国国务部长兼生态转型与团结部长德吕吉。

中法两国领导人高度重视双方环境领域的合作。习近平总书记和马克龙总统于2015年发表元首级气候变化联合声明，为促进达成《巴黎协定》作出重大贡献。今年1月，习近平总书记和马克龙总统共同见证签署《中法2018—2020环境合作行动计划》，勾画了未来三年双方生态环境合作的蓝图。

近年来，中法双方合作日渐紧密、活跃，两国在生态环境保护和应对气候变化上开展了长期友好交往与合作，内容涉及环境治理体系、应对气候变化、大气污染物和温室气体排放清单、土壤污染修复、生活垃圾处理、环保产业合作等多个领域。

下一步，双方将继续深化务实双边合作，落实好《中法2018—2020环境合作行动计划》，加强在生态环境保护、应对气候变化和生物多样性保护等三大重点领域的对话，依托两国环境保护部门间合作行动计划加以落实，举行各类对话交流活动，鼓励政府部门、科研机构和相关企业参与，结合国际会议举办双边活动，积极推动有关多边进程。很快双方将举行“中法环境年”指导委员会会议，推动具体合作活动。

下面，请柯昶司长介绍情况。

生态环境部海洋生态环境司司长柯昶

我国海洋环境质量整体企稳向好，《渤海综合治理攻坚战行动计划》近日将印发

柯昶：各位新闻界的朋友们，女士们、先生们，大家上午好！

很高兴就海洋生态环境保护有关情况和大家进行交流。非常感谢大家长期以来对海洋生态环境保护工作的关心、支持、参与和宣传。

首先，借此机会，向各位简要介绍一下海洋生态环境保护工作情况。我国是海洋大国，海域辽阔、岸线漫长、岛屿众多、资源丰富、生态多样，是国家经济社会发展的重要基础。保护海洋生态环境是加快建设海洋强国、实现人海和谐共生的根本要求和基础保障。以习近平同志为核心的党中央高度重视海洋生态环境保护，多次强调要下决心采取措施，全力遏制海洋生态环境不断恶化趋势，让我国海洋生态环境有一个明显改观，让人民群众吃上绿色、安全、放心的海产品，享受碧海蓝天、洁净沙滩。

党的十八大以来，各有关部门和地方深入贯彻习近平新时代中国特色社会主义思想和习近平生态文明思想，建立健全法律法规和管理制度体系，修订《海洋环境保护法》，启动海洋石油勘探开发管理等配套条例修订；强化海洋生态保护，约30%的近岸海域和37%的大陆岸线纳入生态保护红线管控范围，海洋保护区总数达到270余处；统筹推进综合治理，印发实施《近岸海域污染防治方案》，2010年以来实施重大治理项目290余个；切实提升基础能力，建立国家、省、市、县四级海洋环境监测网络体系，年均布设监测站位万余个；不断强化执法监管，实现11个沿海省（区、市）中央环境保护督察全覆盖，持续开展“碧海”专项执法等行动；加强宣传教育和国际合作，组织开展多类型主题宣传活动，不断深化海洋垃圾（微塑料）防治等领域国际合作，取得积极成效。

在上述工作基础上，我国海洋环境质量整体企稳向好，局部区域生态系统得到修复恢复，但仍处于污染排放和环境风险的高峰期，生态退化和灾害频发的叠加期，仍面临着诸多突出问题。此次党和国家机构改革，海洋环境保护职责整合到生态环境部，设立海洋生态环境司，打通了陆地和海洋。下一步，我们将以习近平生态文明思想为指导，全面落实全国生态环境保护大会精神，从“监管者”的总体定位出发，注重在制定政策规划标准上发力、在抓好质量改善上发力、在强化监督执法上发力、在强化督察问责上发力，加快健全完善法律法规体系和标准规范体系，坚决打好渤海综合治理攻坚战，强化督企和督政，不断增强监管执法能力和技术支撑。

海洋生态环境保护工作点多面广，相关背景材料已提前发给大家。另外，向大家通报，《渤海综合治理攻坚战行动计划》已经国务院同意，将于近日由生态环境部、国家发展改革委、自然资源部三部委联合印发，正在履行相关印发程序。

下面我和刘友宾司长、王菊英副主任一道，愿意回答媒体记者朋友们的提问。

打通陆地和海洋，实现陆海统筹，要做到“四个衔接”

中央广播电视总台央视记者：机构改革后，海洋环境保护职能整合入生态环境部后发生了哪些变化？李干杰部长提到的“五个打通”中，包括打通陆地和海洋，请问统筹陆海生态环境保护工作，生态环境部将有何考虑和安排，重点在哪里？

柯昶：谢谢提问。关于第一个问题，首先要看到，此次党和国家机构改革明确把原环境保护部的全部职责和其他六个部门相关的职责整合到一起，组建生态环境部，这是以习近平同志为核心的党中央推动实现全面深化改革总目标的一个重大举措，是推进生态文明建设和生态环境保护领域治理体系和治理能力现代化的一场深刻变革和巨大进步，有着重要的现实意义和里程碑意义。我个人理解，在海洋生态环境保护职能方面有两个方面的深刻变化。

一方面，此次机构改革将海洋环境保护职责整合到新组建的生态环境部，是在新形势下进一步加强海洋生态保护工作、促进海洋经济高质量发展的重要举措。确切地讲，此次机构改革强化了陆海生态环境保护职能的统筹协调。海洋生态环境问题表现在海里，根子在陆上，也就是我们常说的 80% 的污染物来自陆上。习近平总书记对海洋生态环境保护工作历来看得很重，特别是在沿海工作期间，一直将海洋生态环境保护工作作为一项重要工作来抓。习近平总书记在浙江省主政期间提出，发展海洋经济绝不能以牺牲海洋生态环境为代价，一定要坚持开发和保护并举的方针，全面促进海洋经济可持续发展。海洋生态环境保护不是孤立的，是与陆地生态环境保护紧密结合在一起的，因此李干杰部长提出此次机构改革实现了陆地和海洋的连通，为做好陆海统筹、实现以海定陆奠定了基础，这将有效改变陆海分治的局面，实现从“山顶到海洋”的污染全过程防治。

另一方面，海洋生态环境保护和陆地生态环境保护工作一样，涉及经济社会发展各个方面，关系国家长远和全局，不是一个部委单独能够完成的，需要各部门协调配合，地方狠抓落实，行业和企业积极参与，全社会共同努力。生态环境部主要发挥“组织者”和“监管者”作用，是落实统一行使生态和城乡各类污染物排放监管与行政执法职责的具体体现。此次深化党和国家机构改革，明确了生态环境部的职责就是统一政策规划标准制定、统一监测评价、统一监督执法、统一督政问责，明确了生态环境保护的“裁判员”和“运动员”，形成“一主多辅”格局，即生态环境部统一监督管理，有关职能部门、地方党委政府、行业企业落实主体责任，将有效解决生态环境保护“九龙治水”，尤其是海洋生态环境保护“五龙治海”的问题。生态环境系统建立强有力的监督体系和监督机制，对于统筹做好陆海生态环境保护，实现生态环境质量总体改善，还老百姓清水绿岸、鱼翔浅底、碧海蓝天、洁净沙滩具有重要意义。

关于第二个问题，“陆海打通”，就是我们常说的陆海统筹。从广义上来讲，其实质是在陆地和海洋两大自然系统中建立资源利用、经济发展、环境保护、生态安全的综合协调关系和发展模式，是世界沿海各国在制定和实施陆海发展战略所应当遵循的根本理念。陆海统筹要以生态系统为基础，打通陆地和海洋，实现“从山顶到海洋”的“陆海一盘棋”生态环境保护策略，建立“陆海一体化”的海洋生态环境保护治理体系，尊重生态系统的整体性和系统性，构建陆海联动、统筹规划的治理格局。我个人考虑，打通陆地和海洋，实现陆海统筹，要做到“四个衔接”：一是区域的环境保护措施要与海洋生态环境质量的要求相衔接，以实现污染物入海监管方面的以海定陆；二是沿海产业布局要与海洋资源环境承载能力相衔接，以实现产业布局方面的以海定产；三是陆域、海域综合治理规划、工程要与海洋环境保护目标相衔接；四是统一陆海生态环境监测布局，以实现标准和数据相衔接。

另外，需要指出的是，陆海统筹是世界海洋国家在制定和实施海洋发展战略时需要研究的一个长期课题，需要综合考虑，多部门协调配合推进。生态环境部正在组织研究，力争在法规标准、管理制度等方面加强顶层设计，做好体制机制衔接，推进陆海统筹的落地实施。

到2020年，渤海近岸海域水质优良比例达到73%左右

中国海洋报记者：刚才柯司长提到《渤海综合治理攻坚战行动计划》即将发布，可否介绍一下该行动计划的总体思路和目标是什么？

柯昶：首先，我简要介绍一下渤海综合治理攻坚战的背景情况和相关考虑。渤海是我国唯一的半封闭型内海，其自然生态比较独特，是环渤海地区经济社会发展的战略支撑和关键依托。党中央、国务院高度重视渤海的生态保护工作，习近平总书记在今年召开的中央财经委员会第一次会议和全国生态环境保护大会上，均对打好包括渤海综合治理攻坚战在内的七大标志性战役提出明确要求，作出周密部署。

近年来，渤海水质有所改善，但陆源污染物排放总量居高不下，重点海湾环境质量未得到根本好转，环境风险压力有增无减，生态环境整体形势比较严峻。根据党中央决策部署，我们坚持问题导向，在编制《渤海综合治理攻坚战行动计划》过程中，着重把握以下四个方面原则。

一是系统治理、两手发力，坚持系统治理的思路，特别是注重污染减排和生态扩容的两手发力。

二是重点突破、带动全局，以入海河流环境治理、生态保护红线管控为突破口，带动渤海综合治理整体工作的推进。

三是标本兼治、务求实效，将控污染和调结构相结合、治病症和全面体检相结合。

四是中央统筹、地方落实，构建中央统筹、省级负总责、市县抓落

实的工作推进机制。

在设定《渤海综合治理攻坚战行动计划》目标时，我们首先考虑目标设定的可行性，不设不切实际的过高目标，不提不可考核的目标，尽可能将指标定细定、实定、具体；其次是充分考虑目标与《水十条》和《“十三五”生态环境保护规划》等已有的规划、战略目标的衔接，优先采用相关规划已有指标，确有余力的，做了适当调整和收严，不在现有目标上盲目加码，不搞“一刀切”。

《渤海综合治理攻坚战行动计划》主要目标有：通过三年综合治理，大幅降低陆源污染物入海量，完成非法和设置不合理的排污口的清理整治工作；构建和完善港口、船舶、养殖活动以及海洋垃圾污染防治体系；实施最严格的围填海管控，持续改善海岸生态功能，逐步丰富渔业资源；加强和提升海洋环境风险监测预警以及应急处置的能力。到 2020 年，渤海近岸海域水质优良比例达到 73% 左右。

三部委联合印发《渤海综合治理攻坚战行动计划》以后，我们会公开文件内容，届时会有详细解读，请大家关注，在此不做过多介绍。

目前正在稳步推进海洋倾废监督管理机构建设

南方周末记者：我的问题是关于海洋垃圾倾倒的，请问目前倾倒海洋的垃圾有哪些种类？贵部将怎样监管海洋垃圾倾倒？

柯昶：感谢提问，使我有机会和大家分享海洋倾倒工作的一些情况。借此机会，首先明确一下海洋废弃物倾倒的概念，主要是指利用船舶、航空器、平台或其他海上人工构造物向海洋处置海洋废弃物的行为。废弃物不是大家通常理解的海洋垃圾，而是有着明确的范围和限定。按照现行的国际公约和我国现行法律法规，允许倾倒的物质包括疏浚物、城市阴沟淤泥、渔业加工废料、惰性无机地质材料、天然有机物、岛上建筑物料、船舶平台等七类。疏浚物是其中的主要类型，主要是淤积的、河流冲刷形成的或自然沉积的沉淀物，主要包括清洁疏浚物、沾污疏浚物和污染疏浚物三类。沾污疏浚物和污染疏浚物必须通过生物学检验，并进行适当处理后才能在海上倾倒。从我国多年实践来看，我国海洋倾倒物除少量是惰性无机地质材料和天然有机物以外，大部分为清洁疏浚物，近 10 年来我国年均倾倒约为 1.7 亿立方米。

尽管我国海洋倾倒主要为清洁疏浚物，但仍会对海洋环境带来一定影响。为了防治海洋倾废污染海洋环境，1972 年起，国际上针对海上倾倒活动形成了《1972 伦敦公约》和《1996 议定书》，我国是这两个公约的缔约国。在国内，结合履约需要和环保要求，《海洋环境保护法》对海洋倾倒管理也作出了规定，并在 1985 年出台了《海洋倾废管理条例》，开展了一系列管理工作。

根据此次机构改革精神，海洋倾倒监督管理职责划转至生态环境部。生态环境部根据“放管服”要求，做了一些相应的调整优化，努力为沿海港口可持续发展提供支撑。目前，正在稳步推进海洋倾废监督管理机构的建设。为避免出现工作断档，我们正在抓紧与自然资源部、财政部协调，研究提出了相关的工作衔接方案，争取尽快出台，后续会根据工作推进情况适时向大家通报。

另外，还需要说明一个情况。对于目前相关急迫的倾倒事项，我们参照以前做法，采取急事急办的办法，正在依法依规办理相关倾倒许可。据了解，相关工程建设项目并没有受到明显的影响。

绿色发展理念逐步深入人心，经济发展与生态环境保护关系逐步协调统一

新加坡海峡时报记者：今年是中国改革开放40周年，这期间中国环境变化很多，您是怎么评价这40年中国的环保政策？现在中国面临最大的环境问题是什么？

刘友宾：谢谢。改革开放40年来，中国社会发生了巨大变化，我们深切感受到了这种变化以及这种变化带来的福利。环境保护工作是这种巨大变化中的一个具体体现。40年来中国的环境保护从弱到强逐步发展，现在全社会对环境保护高度关注。特别是党的十八大以来，在以习近平同志为核心的党中央的领导下，我国的生态环境保护发生了历史性、全局性、根本性变化，取得历史性成就，发生历史性变革。这些变化主要表现在：

一是认识不断深化，“绿水青山就是金山银山”等绿色发展理念逐步深入人心，经济发展与生态环境保护的关系逐步走向协调统一。

二是制度不断完善，基本形成以《环境保护法》（2014年修订）为龙头的法律法规体系和“四梁八柱”性质的生态文明制度体系，中央生态环境保护督察成为落实生态环境保护“党政同责”“一岗双责”的硬招实招。

三是体制不断健全，从1984年在城乡建设环境保护部设立环境保护

局，到 2018 年组建生态环境部，生态环境保护行政机构职能不断加强。

四是力度不断加大，特别是党的十八大以来发布实施《大气污染防治行动计划》《水污染防治行动计划》《土壤污染防治行动计划》三大行动计划，生态环境质量持续改善。

五是国际合作不断开拓，我们从国际上学到很多好的经验，同时也逐步探索自己的环境保护做法，为全球生态环保贡献中国智慧、中国方案、中国经验，讲好中国的生态环境保护故事。

同时，我国生态文明建设和生态环境保护还面临不少困难和挑战，生态环境问题成为全面建成小康社会的明显短板。特别是环境问题与发展方式和生活方式息息相关，我们的环境质量有所改善，但是改善的成果还是比较脆弱的，新老环境问题交织，环境形势依然严峻。

当前，我国生态文明建设和生态环境保护正处于压力叠加、负重前行的关键期，已进入提供更多生态产品以满足人民日益增长的优美生态环境需要的攻坚期，也到了有条件、有能力解决突出生态环境问题的窗口期。我们将认真贯彻习近平生态文明思想，永葆改革创新朝气与活力，坚决打好污染防治攻坚战，为建设美丽中国作出新贡献。

渤海综合治理攻坚战行动范围为渤海全海区和环渤海“三省一市”

华夏时报记者： 请问《渤海综合治理攻坚战行动计划》有哪些具体的任务和举措来保障渤海综合治理成效？

柯昶：这里简要地向大家介绍《渤海综合治理攻坚战行动计划》（以下简称《行动计划》）的总体思路和目标。在《行动计划》发布后，将会有更详细的介绍和解读，请大家关注。

《行动计划》确定开展四大攻坚行动：第一个是陆源污染治理行动，以入海河流、入海排污口为重点，强化陆源污染综合治理，降低陆源污染物入海量，同时也推进“散乱污”企业清理整治、农业农村污染防治，以及城市生活污染防治等工作。第二个是海域污染治理行动，在环渤海地区实施“湾长制”，构建陆海统筹的责任分工和协调机制，着重推进海水养殖污染治理和船舶、港口的污染治理。第三个是生态保护修复行动，从海岸带生态保护、生态恢复修复、海洋生物资源养护三个方面入手，严守渤海生态保护红线，实施最严格的围填海管控和岸线开发管控，加强河口海湾综合整治修复和岸线、岸滩综合治理修复，逐步恢复渤海渔业资源。第四个是环境风险防范行动，重点从陆源突发环境事件风险防范、海上溢油风险防范入手，开展环境风险评估和专项执法检查，同时建立海洋赤潮（绿潮）灾害预警以及应急处置体系，提升海洋环境风险监测预警和应急处置能力。

需要补充说明的是，《行动计划》有严格的实施范围，并不是无限扩大。范围定为渤海全海区和环渤海的“三省一市”，重点是环渤海“1+12”城市，1就是天津市，12就是辽宁、河北、山东三个省的12个沿海地级及以上城市。

为确保渤海综合治理各项任务的落实，《行动计划》从组织领导、监督考核、资金投入、规划引领、机制创新、监测监控、信息公开与公众参与等方面作出安排，以期对《行动计划》各项任务的实施予以充分保障。在《行动计划》实施过程中，将结合“三省一市”编制的具体实施方案，配套制定工作台账，将各地攻坚任务目标量化、细化，做到“拉条挂账”“挂图作战”，确保渤海综合治理攻坚战取得预期成效。

重污染天气等环境问题，根本原因在于当前污染物排放总量还远超环境容量

联合早报记者：最近出现重污染天气，有人说今年京津冀和周边地区会出现气象条件不利的情况，在这种天不太帮忙的情况下，生态环境部要做哪些工作？谢谢。

刘友宾：进入11月以来，京津冀及周边地区出现四次重污染天气过程。针对每次过程，生态环境部第一时间发布预警通知，启动区域应急联动，要求各地及时发布预警，积极采取有效措施，减轻污染物排放强度。在应对重污染天气过程中，李干杰部长深夜赶赴河北省保定市等地，实地检查重污染天气应急预案工作开展情况。每轮重污染过程期间，京津冀及周边地区、汾渭平原蓝天保卫战强化监督驻地工作组都会现场指导、检查重污染天气应急预案落实情况，确保重污染天气应对措施落到实处，取得实效。

各地各部门积极作为，全社会共同努力，重污染过程应急减排措施取得一定成效。专家们评估认为，11月23—26日污染过程与2016年11月24—26日污染过程的气象条件类似，在采取应急减排措施之后，这轮污染过程的持续时间明显缩短，污染程度明显减轻，污染峰值浓度比2016年过程大幅降低，污染物排放量大幅减少，北京市在污染过程持续了将近72小时后才达到重度污染水平。

同时我们还要看到重污染天气的过程确实和气象因素有关，前一段时期的大范围大雾天气和沙尘天气，都加重了重污染的程度。世界气象组织认为，今年 12 月至明年 2 月发生厄尔尼诺的概率估计为 75% ~ 80%，热带太平洋部分地区的海表温度已经达到厄尔尼诺水平。生态环境部门和气象部门联合预测，认为今年秋冬季的形势是比较严峻的，目前专家们还在对今年的气象条件影响进行深入研判。

我们也清醒地认识到，目前我们大气污染治理取得的成果还是初步的，还不太稳定，遇到气象条件不利的时候还有波动和反复。就像一个人在大病初愈以后，稍遇风寒就可能感冒咳嗽。大气污染防治工作仍然任重道远，还处在攻坚克难、“啃硬骨头”的关键时期。

重污染天气等环境问题，归根到底是发展方式和生活方式问题，根本原因在于当前污染物排放总量还远超环境容量：京津冀及周边地区 6 省（市）是我国重化产业最为集中的区域，占全国 7.2% 的国土面积，消耗了全国 33% 的煤炭，钢铁、焦炭、电解铝、平板玻璃产量均占全国 1/3 以上。此外，京津冀及周边地区公路货运量占货运总量的 86.1%，柴油车污染已经成为交通领域氮氧化物和颗粒物排放量居高不下的主要原因。

大气污染防治既要打好攻坚战，又要打好持久战，必须久久为功，持之以恒。在蓝天白云来的时候我们不能沾沾自喜，不能懈怠；在重污染天气来的时候我们更不能手忙脚乱，要保持定力，有信心、有决心，积极作为。

《打赢蓝天保卫战三年行动计划》，以及京津冀及周边地区、汾渭平原、长三角地区秋冬季攻坚行动方案已经印发，我们将扎实工作，咬定青山不放松，确保各项措施落地生效，努力让蓝天白云多一些、更多一些，让人民群众不断提高生态环境幸福感。

切实履行好“监管者”责任，从生态环境保护角度加强围填海管控

封面新闻记者： 请问生态环境部对围填海的情况是否了解，下一步有哪些举措？谢谢。

柯昶： 中央生态环境保护督察将围填海纳入督察范畴。这里，我根据了解到的相关情况，做一简要介绍。

2016 年以来，中央生态环境保护督察实现了 11 个沿海省（区、市）的全覆盖。根据中央生态环境保护督察反馈意见，部分地区确实存在未批先填、边批边填、批小填大、围而不填、填而不用等问题。长期以来，粗放的围填海利用活动确实造成了部分沿海地区滨海湿地和自然岸线的减少，对海洋生态环境造成了较大影响。根据中央生态环境保护督察反馈意见，沿海省（区、市）制定了整改方案，对反映出的问题进行了整改。目前，中央生态环境保护督察正在开展“回头看”。在“回头看”结束后，我们将系统总结和评估围填海问题的整改成效。

针对围填海造成的滨海湿地保护问题，国务院今年下发了《关于加强滨海湿地保护严格管控围填海的通知》。据了解，自然资源部已经按照通知要求，专门部署了围填海的现状调查工作。因此，有关地方围填海具体情况，建议记者朋友们向自然资源部了解。

下一步，生态环境部将会同有关部门按照党中央、国务院部署，切实履行好“监管者”责任，从生态环境保护角度加强围填海管控：一是严格实行“三线一单”（生态保护红线、环境质量底线、资源利用上线和生态环境准入清单）制度，用好海洋工程、海岸工程环评措施，除国家重大战略项目外，禁止审批新增围填海项目；二是严守生态保护红线，严格执行生态红线管控要求，首先在渤海海域清理非法占用生态保护红线的围填海项目；三是加大督察问责力度，特别是要压实压紧地方党委政府的主体责任，确保围填海项目整改到位，确保严控围填海的政策落到实处，坚决遏制和严厉打击违法违规的围填海行为。

中央生态环境保护督察目的是解决群众身边的环境问题，促进高质量发展

路透社记者：近期发现了一些地方政府采取非常有创造性的手段应对中央生态环境保护督察，比如用沙袋堵住排污口、向河里面投放化学药剂等，请问生态环境部将怎样继续推动督察工作？谢谢。

刘友宾：第二批中央生态环境保护督察“回头看”进驻以来，各督察组查实了一批突出生态环境问题。截至 11 月 29 日，我们已累计通过生态环境部新媒体平台向社会公布了 19 个典型案例，在社会上产生了强烈反响。

督察发现，一些地方仍然存在虚假整改、表面整改、假装整改和“一刀切”等形式主义、官僚主义问题。督察组分析认为，导致这些问题的原

因主要有以下三方面：

一是思想认识不到位。仍然没有把“绿水青山就是金山银山”的理念体现在工作之中，在遇到发展和保护矛盾时，以牺牲生态环境为代价，换取经济一时的增长。

二是不作为、慢作为、乱作为。一些地方存在“督察一阵风”的侥幸心理，在推进整改时着力不够、敷衍应付。

三是不担当、不碰硬。生态环保问题整改难度很大，一些地方担当、碰硬不够，导致不少整改工作虎头蛇尾，没有取得实际效果。

这些典型案例公开后，地方党委政府高度重视，主要领导同志第一时间对有关情况作出批示，迅速组织调查核实，对整改工作进行了部署安排，推动督察整改落实和生态环境问题解决。

“风雨过后是彩虹”。大家对中央生态环境保护督察看到更多的可能是“霹雳手段”，但希望大家也要看到其中的“菩萨心肠”，感受到中央生态环境保护督察的良苦用心。问责追责不是目的。中央生态环境保护督察坚持问题导向，目的是解决群众身边的环境问题，促进高质量发展，实现经济效益、社会效益和环境效益的统一。

不少地方以中央生态环境保护督察的整改、问责为契机，不仅使一些领导干部在思想上受到了深深的触动，也在全社会传播了“绿水青山就是金山银山”的理念，同时也借这个机会大力推进解决人民群众反映强烈的突出环境问题，有力地促进了经济高质量发展。

最近我们组织媒体朋友们开展了“加强生态环境保护，促进高质量发展”大型采访活动，很多记者朋友已经发了非常好的稿子，报道了一批加强生态环境保护，促进高质量发展的正面典型。其中很多典型就是通过中央生态环境保护督察发现问题之后，变被动为主动、积极整改，进一步促进了地方经济高质量发展。这些报道看了之后令人印象深刻。

下一步，我们将认真贯彻落实党中央关于生态文明建设的决策部署，继续紧盯督察问题整改不放松，不解决问题不松手；视情将地方典型案例形成生态环境损害责任追究案卷并正式移交地方，针对地方党委政府表面整改、敷衍整改、虚假整改等情况，还要采取函告、通报或约谈等措施，要求地方厘清责任，通过严肃追责问责，切实传导压力，发挥震慑作用，督促各级地方党委、政府落实生态环保责任，实现经济高质量发展，还人民群众绿水青山、蓝天白云。

公众参与是保证“放管服”能够放得下去、也管得住的重要手段

经济日报记者：有舆论担心，“放管服”改革在进一步压缩环评时间的同时也压缩了公众参与的空间，担心公众参与虚化，“放管服”改革“一放就乱”，请问生态环境部该如何既把好环评关，又能保证把公众参与落到实处，保障公众参与权？

刘友宾：环评公众参与在维护群众环境权益、促进高质量发展方面具有重要作用。生态环境部高度重视“放管服”改革涉及的环评公众参与问题，在我们印发的《关于生态环境领域进一步深化“放管服”改革的指导意见》中就明确要求，要落实新修订的《环境影响评价公众参与办法》，

优化公众参与程序和形式。

早在2006年，原国家环保总局就印发《环境影响评价公众参与暂行办法》，对促进公众参与发挥了重要作用。随着经济社会发展，环评公众参与面临新的形势和要求，亟待解决公众参与主体不清、范围和定位不够明确，以及部分公众参与流于形式、弄虚作假、违法成本低等突出问题，为此，我们制定了新修订的《环境影响评价公众参与办法》。新修订的办法突出体现了这样五个特点：

一是更加明确了建设单位的主体责任，由其对公众参与真实性和结果负责。

二是更加明确了听取意见的公众范围，优先保障环境影响评价范围内公众的权利。

三是更加明确了开展深度公众参与的方式，公众对环评相关内容存在质疑的，建设单位可召开座谈会、听证会以及专家论证会等进一步听取意见。

四是更加明确了生态环境主管部门的审查义务和内容，强化对公众参与开展情况的监督。

五是更加明确了公众参与违法或失信的惩处，包括责成重新征求意见、退回环境影响报告书、将建设单位及其主要负责人失信信息记入信用记录等，遏制环评公众参与弄虚作假问题。新修订的《环境影响评价公众参与办法》将于明年1月1日正式实施。

公众参与是保证“放管服”能够放得下去、也管得住的重要手段。下一步，生态环境部将督促地方各级生态环境部门严格执行新修订的《环境影响评价公众参与办法》，严格按照《关于强化建设项目环境影响评价事中事后监管的实施意见》的规定，强化对建设单位开展公众参与情况的监督。同时，认真听取社会各方对环评公众参与的意见建议，不断改进工作。

将通过多种举措扎实推进海洋微塑料的污染防治，保护海洋生态环境

财经杂志记者：有媒体报道称，微塑料是海洋污染的重要来源。微塑料是否存在于贝类、鱼类当中？对人体健康有何影响？目前为止生态环境部采取了哪些举措，有何成效？下一步会有什么行动？

柯昶：这个问题我想请国家海洋环境监测中心王菊英副主任来回答。她是长期从事海洋垃圾和微塑料方面研究的专家。

国家海洋环境监测中心副主任王菊英

王菊英：谢谢记者朋友的提问，很高兴回答这个问题。您刚才提到，微塑料是不是在海洋环境当中普遍存在？关于这个问题，答案是肯定的。就目前的报道和研究来看，不管是在表层海水中，还是水柱和海底沉积物中，近岸、大洋和极地，都发现有微塑料的存在。

目前，基本普遍认同，微塑料是粒径小于 5 毫米的塑料颗粒，包括在刚才你提到的生物体中，微塑料也是存在的。除贝类以外，在大型的哺乳动物体内，还有鱼类、浮游动物体内都有检测出微塑料的报道。从目前国内外的报道来看，贝类当中普遍检出微塑料颗粒。

微塑料是一个新型环境问题，目前研究还存在进一步拓展空间，包括监测方法的标准化。可以看到，有些研究可能检出的微塑料浓度很高，主要是采样用的网、过滤用的膜孔径是非常小的，会把粒径非常小的塑料颗粒计算在内，如果采用稍微大一点的孔径，可能检测出的量要差好几个数量级。因此，从学术界来看，分析方法还是不统一的，不同研究之间的可比性并不是很强。当然，现在学术界也在努力推出微塑料的标准化分析方法。微塑料对生态系统和人体健康的影响，目前也在研究当中。从目前的报道来看，绝大部分微塑料对生物体影响的实验室研究，其浓度都是高于实际的环境浓度。从非常高的实验室加标浓度外推实际的环境效应，也可能存在一定的不确定性。对人类健康这一块，目前，据联合国粮农组织报道，尚没有直接证据表明通过食用海产品微塑料会对人类健康产生影响。但是，我个人认为，其潜在影响不容小视，因为微塑料是粒径小于 5 毫米的塑料颗粒，还可以继续分解，对人体健康的影响需要引起大家关注。

微塑料是近年来国际社会高度关注的环境问题。2016 年，联合国环境大会把海洋塑料垃圾和微塑料问题与全球气候变化、臭氧耗竭和海洋酸化等并列为全球性重大环境问题，相关国家和环境组织都出台了一些行动措施和法规。

一直以来，我国高度重视海洋垃圾和塑料垃圾防治。举个例子，我国是最早颁布限塑令的国家之一，禁止生产、销售和使用厚度小于0.025毫米的塑料袋。相关海洋环境保护的法律法规、条例、《水十条》等都要求加强塑料陆源入海污染防控，严控塑料垃圾倾倒入海。此外，我国实施的生活垃圾分类制度方案有效减少了陆源和海源垃圾的输入。我国也加强固体废弃物特别是塑料废弃物的回收利用，从源头上防止陆源垃圾入海。国外一个学者的研究数据表明，塑料回收利用率欧盟排名第一，回收利用率是30%，排在第二的是中国，回收利用率是25%，世界平均的回收利用率是9%，所以我国对固体废弃物的回收利用措施还是比较有力的。

近期发布实施的《农业农村污染治理攻坚战行动计划》，明确提出了地膜回收要求，进一步从源头上防止陆源塑料垃圾入海的输入。科技部启动了重点研发专项，专门针对海洋微塑料的来源、分布和防治技术等开展研究。相关部门也从2007年开始实施海洋垃圾的业务化监测，2016年开始对海洋微塑料进行监测。我国还积极推动公众参与，提升公众意识，转变公众消费方式，减少一次性塑料制品的使用。

近期，李克强总理和加拿大特鲁多总理在第三次中加年度对话中，就共同努力治理海洋垃圾发布了联合声明，充分说明中国政府高度重视海洋垃圾和海洋塑料污染问题，并将与包括加拿大在内的国际社会一道，采取多项有力措施防治海洋垃圾和微塑料。

下一步工作中，我们将以联合声明为契机，按照统筹全局、重点突破、全民参与的总体思路，进一步落实联合声明的相关工作要求，从六个方面开展海洋微塑料污染防治工作：一是进一步研究海洋垃圾（微塑料）防治方案等系列措施，布局海洋垃圾防治工作。二是加强海洋垃圾监测，掌握海洋垃圾和微塑料分布规律。三是加强相关领域的科学研究，更加科学地评估海洋垃圾的环境影响，特别是微塑料对海洋生态和人体健康的影响。四是加大对社会各方参与垃圾分类的支持力度，加强塑料垃圾的回收和资源化利用。五是加大公众宣传教育，提升公众意识，转变消费习惯，减少一次性塑料制品的使用。六是参与应对海洋垃圾和塑料污染的国际进程，积极推进全球海洋垃圾治理。总之，我们将通过多种举措，扎实推进海洋微塑料的污染防治，保护海洋生态环境。

我们重视联合国环境署在全球环境保护和可持续发展中的重要地位和积极作用

中国日报记者：近日，索尔海姆请辞联合国环境署执行主任职务。请问这一人事变动是否会影响到生态环境部与环境署的合作关系？

刘友宾：索尔海姆先生在担任环境规划署执行主任期间，推动国际社会关注当今严重的环境挑战，在促进全球应对气候变化、保护生物多样性、减少海洋塑料污染等方面做了大量工作。同时，他也高度重视环境领域的南南合作和发展中国家的环境保护，在推动发展中国家环保事业方面付出了努力，作出了贡献。

中国与联合国环境署长期以来一直保持着密切合作关系，我们重视联合国环境署在全球环境保护和可持续发展中的重要地位和积极作用。今后，我们将一如既往地支持联合国环境署在推动解决全球环境问题、促进发展中国家环境保护和实现2030年可持续发展环境目标等方面发挥领导作用，推动全球环境保护和环保事业的发展。

全国两类入海排污口 98% 已经完成清理

光明网记者：2017 年，原海洋局对全国入海排污口的数量和分布进行了排查，海洋生态环境保护职能转至生态环境部后，请问生态环境部是否掌握相关情况，下一步如何加强对入海排污口的环境监管？

柯昶：这个问题请王菊英副主任回答。她是这方面的专家，去年也参与了入海排污口的排查。

王菊英：谢谢提问。我想借这个机会向各位记者朋友介绍一下入海排污口有关情况。

前面，柯司长讲到了，此次机构改革比较重要的是打通陆地和海洋。海洋生态问题表现在海里头，但根子在陆上。之前，对入海污染源这一块的总体情况，掌握得不是那么全面系统。陆源入海污染源数量众多、构成复杂、位置分散，源头难以追踪，而且存在大量历史遗留问题，其监管和控制需要循序渐进、逐步解决。

入海排污口的管理是控制陆源污染物入海的关键，《水污染防治法》（2017 年修正）等相关法律法规以及《水十条》对此都作出了相关规定，要求沿海省（区、市）开展“两类排污口”的清理整治。这里所说的“两类排污口”，一类是非法的，另一类是设置不合理的，目前已经完成清理的大约有98%。以渤海为例，渤海“两类排污口”总共31个，已经完成清理整治28个，另外3个在2018年年底也将完成整治。

下一步，生态环境部将继续督促相关沿海地方完成“两类排污口”的清理整治工作，同时按照要求制定入海排污口环境管理的指导性文件，进一步加强监管。一是指导沿海地方依法、规范、有序开展入海排污口备案等管理工作。二是在现有的各类排污口管理规定的基础上，细化相关技术要求，尽快形成统一的排污口技术管理规范。三是启动陆海污染源清查工作，进一步准确摸清入海污染源，为配合渤海综合治理攻坚战，率先在渤海部署开展。四是开展溯源排查，为每一个排污口登记建档，明确各类排污口的责任主体。五是分类整治，实施“一口一策”，通过整治规范，不断提高入海排污口管理水平，为海洋生态环境质量整体改善发挥积极作用。

信息公开是突发环境事件应急处置的一项十分重要的工作，应统筹安排部署

新京报记者：对于近期福建泉港碳九泄漏事件，请问生态环境部有何评论？下一步有何安排？

柯昶：首先我要强调一点，这个泄漏事件是一起安全生产责任事故引发的环境污染事件。对于整个事件的处置和应对，生态环境部始终是密切关注、全程跟踪，指导督促地方政府和企业落实主体责任。事件发生后，

生态环境部立即调度了解事件情况，多次派遣工作组和专家组赶赴现场，督促指导地方科学妥善处置。根据 11 月 9 日福建省生态环境厅会同泉州市政府组织的专家组现场研判结果，此次泄漏的物质为工业裂解碳九，是一种组分较为复杂的混合物。

从 11 月 4 日事件发生至今，生态环境部门会同当地海洋部门开展了周边大气监测和海水水质监测，相关监测结果和处置情况均已通过福建省、泉州市相关方面进行发布。我想记者朋友都已经看到了，这里不再重复。

近日，我们了解到，涉事企业刻意隐瞒事实，特别是瞒报泄漏数量，这个行为性质十分恶劣。据了解，多名事故责任人已被批准逮捕，相关行政人员也正在接受调查和处理，我们坚决支持对其依法依规进行严肃处理。考虑到此次泄漏的碳九是组分较为复杂的化学物质，我们高度关注后续其对海洋生态环境的影响和损害。目前，生态环境部华南环境科学研究所已受泉州市委托，派出专门技术队伍赴现场评估事件造成的环境影响；当地的海洋渔业部门也在组织对养殖水产品进行评估。下一步，生态环境部将继续指导地方政府和有关部门做好信息发布、生态环境评估等后续工作。

刘友宾： 事件发生后，生态环境部高度关注。李干杰部长多次作出批示，召开专题会议听取汇报，进行研究部署。生态环境部多次与福建方面进行沟通，并先后派出两个工作组会同有关专家赶赴现场，指导督促地方政府进行环境应急处置。

信息公开是突发环境事件应急处置的一项十分重要的工作，应该统筹进行安排部署。在突发环境事件发生后，必须及时、全面、准确地向公众发布有关信息， 充分保障公众的环境知情权，让真相走在阳光下。纸是包不住火的，真相总会大白于天下。任何试图掩盖真相的做法，都是愚蠢、错误、徒劳的，最终也将受到法律的制裁。

泉州市、泉港区政府在事件应急处置方面做了不少工作，但仍明显存在应急机制不健全、工作经验不足、信息公开不到位、回应公众关切滞后等问题。涉事企业是造成事故发生的直接责任单位，存在伪造证据、相互串供、恶意谎报、瞒报泄漏量等问题，性质非常严重，影响极为恶劣，教训十分深刻。

下一步，针对信息公开存在的有关问题，生态环境部将尽快印发通知，指导各地提高突发环境事件信息公开能力。

修订《海洋环境保护法》及配套条例势在必行

21世纪经济报道记者：能否介绍《海洋环境保护法》的修订和海洋环境保护法执法检查的有关情况？初步考虑有哪些修订的重点？

柯昶：谢谢提问。《海洋环境保护法》是我国海洋生态环境保护领域的基础性法律，于1982年出台，为我国海洋污染防治和生态保护提供了有效的制度保障。之前《海洋环境保护法》修订了多次，但大多是个别条款的调整。此次机构改革后，我国海洋生态环境保护管理体制机制发生重大变化。特别是今年，全国人大常委会开展了海洋环境保护法执法检查，对解决法律实施中存在的问题提出了明确要求。修订《海洋环境保护法》及配套条例势在必行。

《海洋环境保护法》的修订需要按程序报请批准。我们先期开展了一些修订研究，有一些初步想法：一是坚持保护优先，以改善海洋生态环境质量为核心，强化生态环境监管，加强生态保护，维护生态安全；二是坚持陆海统筹，落实陆海统筹、以海定陆理念，完善海域与陆域、流域的协调联动机制，强化陆源污染治理；三是强化问题导向，针对海洋污染防治、生态保护、环境风险等方面的突出问题，厘清相关主管部门、地方党委政府和企业责任，提高法律的针对性和威慑力；四是注重改革创新，充分反映生态文明体制改革和机构改革的新理念、新成果，落实“放管服”改革要求，创新和完善制度抓手；五是完善治理体系，充分调动政府、企业、公众参与海洋生态环境保护的积极性，努力构建海洋生态环境保护共治格局；六是做好法律衔接，强化与《环境保护法》（2014 年修订）、《水污染防治法》（2017 年修正）等法律的衔接，处理好与《海域使用管理法》等海洋相关法律之间的关系。

下一步，我们将继续配合全国人大常委会做好海洋环境保护法执法检查后续工作，按要求做好《海洋环境保护法》及其配套条例修订，为我国海洋生态环境保护提供有力的法制保障。

主持人刘友宾：今天的发布会到此结束。谢谢大家！

12 月例行新闻发布会实录

2018 年 12 月 28 日

12 月 28 日，生态环境部举行 12 月例行新闻发布会。中央生态环境保护督察办公室常务副主任刘长根出席发布会并介绍了 2018 年中央生态环境保护督察“回头看”有关情况。生态环境部新闻发言人刘友宾主持发布会，通报近期生态环境保护重点工作进展，并共同回答了记者关注的问题。

12 月例行新闻发布会现场 (1)

重点工作

2018

28/12

- 生态环境部认真贯彻落实中央经济工作会议精神
- 《土壤污染防治法》将于 2019 年 1 月 1 日起正式实施
- 联合国气候变化卡托维兹大会取得积极成果

12 月例行新闻发布会现场 (2)

关键看点

主持人刘友宾：新闻界的朋友们，大家上午好！欢迎参加生态环境部12月例行新闻发布会。

中央生态环境保护督察工作一直备受社会关注，也得到媒体朋友们的大力支持。中央生态环境保护督察工作开展以来，媒体朋友们采写了大量生动、鲜活、有深度的优秀报道，为中央生态环境保护督察工作营造了良好的舆论氛围。

今天的新闻发布会，我们邀请到中央生态环境保护督察办公室常务副主任刘长根同志，向大家介绍有关情况，并回答朋友们关心的问题。

下面，我首先通报三项生态环境部近期的工作。

一、生态环境部认真贯彻落实中央经济工作会议精神

2018年12月24日，生态环境部党组召开扩大会议，传达学习中央经济工作会议精神，研究2019年生态环境工作。会议强调，要坚定不移贯彻落实习近平生态文明思想，坚定不移贯彻落实全国生态环境保护大会精神，坚定不移打好污染防治攻坚战，坚定不移推进生态环境治理体系和治理能力现代化，让人民群众有更多的生态环境获得感，促进经济高质量发展。

会议指出，习近平总书记在中央经济工作会议上的重要讲话，全面分析当前国内国际经济形势，深入总结新形势下做好经济工作的规律性认识，部署2019年的经济工作，是做好经济工作的科学指南和重要遵循。李克强总理的重要讲话，回顾2018年经济工作，分析当前经济形势，对2019年经济社会发展主要工作提出具体要求。生态环境系统要学习好贯彻好落

实好会议精神，全力以赴做好 2019 年生态环境保护工作。

会议强调，要准确把握对坚决打好污染防治攻坚战的决策部署。一要“坚定信心”。中央经济工作会议对生态文明建设和生态环境保护取得的积极进展与明显成效给予充分肯定，为进一步推进污染防治攻坚战各项工作增强了信心和决心。二要“保持定力”。打好污染防治攻坚战，要坚守阵地、巩固成果，不能放宽放松要求，更不能走回头路。三要“精准聚焦”。要聚焦打赢蓝天保卫战等工作，加大工作和投入力度。四要“协同共进”。要统筹兼顾，协同推动经济发展和环境保护。五要“优化服务”。要增强服务意识，帮助企业制定环境治理解决方案。在生态环境执法督察工作中，要像重视群众信访举报一样，重视并解决企业对环境监管的合理诉求，既做到严格执法，又做到热情服务。

会议要求，做好 2019 年生态环境保护工作，要坚持和发扬实践中行之有效的工作策略和方法，坚持稳中求进、统筹兼顾、综合施策、两手发力、点面结合、求真务实，努力实现环境效益、经济效益和社会效益多赢，以优异成绩庆祝中华人民共和国成立 70 周年。

会议要求，要落实全面从严治党责任，始终把党的政治建设摆在首位，严明政治纪律和政治规矩，加快打造生态环境保护铁军，以更加坚实的步伐谱写生态环境保护事业新篇章。

二、《土壤污染防治法》将于 2019 年 1 月 1 日起正式实施

2018 年 8 月 31 日，第十三届全国人大常委会第五次会议审议通过《土壤污染防治法》，标志着土壤污染防治制度体系基本建立。《土壤污染防

治法》将于2019年1月1日正式实施。

《土壤污染防治法》明确了企业防止土壤受到污染的主体责任，强化污染者的治理责任，明确政府和相关部门的监管责任，建立农用地分类管理和建设用地准入管理制度，加大环境违法行为处罚力度，为扎实推进“净土保卫战”，提供了坚强有力的法治保障。

近年来，各地区各部门坚决贯彻落实党中央、国务院决策部署，认真落实《土壤污染防治行动计划》，先后出台污染地块、农用地、工矿用地土壤用地环境管理办法等部门规章，农用地、建设用地土壤污染风险管控标准，以及一系列技术规范，基本建立法规标准框架体系，全面开展土壤污染状况详查，稳妥推动农用地、建设用地土壤污染风险管控，开展试点示范，土壤污染防治工作取得积极进展。

下一步，生态环境部将加快出台配套政策，督促地方政府履行土壤污染防治和安全利用的监管责任，配合有关部门落实农用地分类管理制度、建设用地土壤污染风险管控有关准入管理制度。严格执法，将土壤污染防治纳入日常环境监管执法，强化行政执法与刑事司法衔接，严厉打击土壤环境违法犯罪行为。深化普法宣传工作，提高社会各界关于土壤污染防治的意识，推动科学认识土壤污染风险及土壤污染风险管控。

三、联合国气候变化卡托维兹大会取得积极成果

当地时间2018年12月15日，联合国气候变化卡托维兹大会顺利闭幕。大会如期完成了《巴黎协定》实施细则谈判，全面落实了《巴黎协定》各项条款要求，传递了坚持多边主义、加强应对气候变化行动的积极信号，

彰显了全球绿色低碳转型的大势不可逆转，提振了国际社会合作应对气候变化的信心，强化了各方推进全球气候治理的政治意愿。

卡托维兹大会前，习近平总书记在二十国集团领导人布宜诺斯艾利斯峰会上号召各方继续本着构建人类命运共同体的责任感，为应对气候变化国际合作提供政治推动力，表明中方对卡托维兹大会的支持，为大会能够取得成功提供了关键的政治引导和推动力。国务委员兼外交部长王毅与法国外长勒德里昂、联合国秘书长古特雷斯在二十国集团峰会期间举行气候变化会议，发表新闻公报，重申合作应对气候变化，支持卡托维兹大会如期达成《巴黎协定》实施细则。

卡托维兹大会于 2018 年 12 月 3 日举行了领导人峰会，生态环境部部长李干杰作为中方代表出席峰会，并与联合国秘书长古特雷斯、副秘书长刘振民，《联合国气候变化框架公约》秘书处执行秘书埃斯皮诺萨等举行会谈，表达中方将积极推进气候变化多边进程、推动卡托维兹气候大会取得成功的态度和立场。李干杰部长还与波兰、埃及、法国、菲律宾等国部长就中国应对气候变化政策行动、卡托维茨大会谈判立场、气候变化合作等问题交换意见。

中国气候变化谈判代表团团长、中国气候变化事务特别代表解振华出席大会高级别阶段有关活动和磋商。中国谈判代表团积极维护公约和《巴黎协定》的原则，维护发展中国家根本利益和我国发展权益，与各方一道推动大会如期达成一揽子全面、平衡、有力度的成果，为大会取得成功作出了重要贡献。

下一步，我们将把握好《巴黎协定》实施细则达成的有利形势，继续统筹国内国际两个大局，顺应全球绿色低碳发展的大势，实施积极应对气候变化国家战略，强化落实 2030 年国家自主贡献目标的政策措施，推动应对气候变化与环境污染防治工作的统筹融合、协同增效。持续推动和引导建设公平合理、合作共赢的气候治理体系，为推进全球生态文明建设、构建人类命运共同体作出更多努力和更大贡献。

下面，请刘长根副主任介绍情况。

中央生态环境保护督察办公室常务副主任刘长根

生态环境保护督察绝不能"一阵风"，也绝不会"一阵风"

刘长根：各位媒体朋友，大家上午好！

2018年12月18日，习近平总书记在庆祝改革开放40周年大会上高度肯定了生态环境督察体制改革取得的成效。这给了我们极大的鼓舞，也将鞭策我们坚决贯彻落实习近平生态文明思想，做好今后的生态环境保护督察工作。应该说，中央生态环境保护督察走到今天，得到了在座各位无私的关心、支持和帮助，借此机会向大家表示最诚挚的感谢！

2018年5月和10月，按照党中央、国务院决策部署，分两批对全国20个省（区）开展中央生态环境保护督察"回头看"，"回头看"是对第一轮督察整改情况杀了一记"回马枪"。为了搞好"回头看"，我们想了很多办法。

一是"靶向督察，精准发力"。"回头看"没有搞面面俱到，而是在"聚焦、精准、深入"上下功夫，抓典型，抓关键，抓重点，通过典型，以点带面，来提高认识，压实责任，倒逼落实。

二是"一加一大于二"。在"回头看"的同时，围绕污染防治攻坚战重点领域，每个省份统筹安排1个专项督察，"回头看"和专项督察相互补充，同频共振，起到了"一加一大于二"的督察效果。

三是"抓典型，带全面"。大家应该都有体会，两批"回头看"已公开通报103个典型案例，发挥了很好的震慑、警示效果。进驻期间每天晚上，地方同志都盯着"生态环境部"，案例提到的，说"靴子终于落地了”；案例没有提到的，说“今晚可以睡个安稳觉了”，这是我们经常听到的来自地方的声音。第二批“回头看”反馈时，还会有典型案例公开。

通过 2018 年两批“回头看”，我有几点深切的感受：

一是各地生态环境保护意识显著增强。党的十八大以来，各地对生态环境的重视程度显著提高，特别是将生态环境保护督察整改工作作为重大政治任务、重大民生工程、重大发展问题来具体安排部署，长期以来发展与保护一手硬、一手软的情况得到了明显改变。

二是生态环境保护工作依然任重道远。冰冻三尺非一日之寒，生态环境保护也绝非朝夕之功，必须蹄疾步稳，坚定沉着，既要打好攻坚战，又要打好持久战；寄希望通过一两次督察就解决问题，既不可能，也不现实。需要持续保持督察压力，需要持续保持高压态势，生态环境保护督察绝不能“一阵风”，也绝不会“一阵风”。

三是提高督察能力和水平势在必行。社会各界对生态环境保护督察工作期待很高，同时督察工作已经面临进入“深水区”的压力，面临“发现问题难”的压力，也面临自身能力不足的压力。逆水行舟不进则退，必须在思路、在方法、在技术手段上持续创新，不断提高督察能力和水平。

生态环境保护督察是推进生态文明建设的重大制度安排，也是重大改革举措。我们一定要按照习近平总书记提出的“建得好、用得好”的要求，扎实做好今后的督察工作。

下面我围绕生态环境保护督察有关工作，回答大家的提问。谢谢！

主持人刘友宾：下面，请大家提问。

公开典型案例是第一步，后面还有跟进措施

北京青年报记者：中央生态环境保护督察公布了不少典型案例，有些案例措辞严厉、不留情面，请问这是出于什么考虑？在典型案例当中，有不少问题都是之前督察中发现但没有整改到位的，请问下一步有哪些具体措施保证这些问题得到解决？

刘长根：谢谢您的提问。

在第一轮督察经验做法基础上，“回头看”特别注重典型案例的查处公开，两批“回头看”已累计公开典型案例 103 个，取得很好效果。之所以这样做，主要基于以下考虑：

一是提升督察效果。公开是最好的监督。典型案例的公开，不仅能够精准传导压力，而且能够发人深省，促进地方举一反三，更好地发挥督察效果。实际上，查处通报典型案例是一种很好的督察策略，查处的典型案例，地方不仅立即跟进督察整改，相应开展依法问责，而且能够促使其他没有开展督察的省份感到压力，开展检查，汲取教训，重新检视自身整改工作。所以说，典型案例起到了很好的示范效果。

二是强化问题导向。督察就是问题导向，“回头看”就是要剑指督察整改不力，特别是敷衍整改、表面整改、假装整改以及“一刀切”等形式主义、官僚主义问题。通过公开典型案例，可以更直观、更深入地反映这方面的问题，这也是“回头看”的内在要求。

三是加强精准督察。督察不可能发现所有问题，也不可能解决所有

问题。必须突出重点，有的放矢，不搞面面俱到。公开通报典型案例，就是要在聚焦上下功夫、在深入上下功夫、在精准督察上下功夫，抓典型，抓关键，抓重点，以点带面，压实责任，倒逼落实。

刚才您提到的第二个问题，有些案例都是反映地方知道情况，但是整改不到位的问题。我想说，公开典型案例是第一步，后面还有跟进措施：

一是典型案例反映的问题，我们都会纳入督察报告，要求地方针对公开的典型案例，明确整改措施、整改责任、整改时限。

二是要求地方要进一步调查核实，厘清责任，对确实存在失职失责的，必须依纪依法问责。

三是建立了一整套重大问题跟踪、调度、盯办制度，对地方查处整改情况进行跟踪、调度，并且开展季度抽查和相应的盯办。

四是针对整改不力，甚至无动于衷的，将再作为反面典型，公开曝光，采取措施咬住不放，不解决问题绝不松手。

专项督察是中央生态环境保护督察的重要补充

中央广播电视总台央视记者： 2017 年，生态环境部提到要对问题突出的地方或突出的生态环境问题，以及督察整改不力导致恶劣影响的，开展专项督察。请问一年来落实情况如何？

刘长根： 谢谢您的提问。

专项督察是中央生态环境保护督察的重要组成部分。刚刚前面讲到了，我们在 2018 年“回头看”过程中，针对打好污染防治攻坚战七大标志性战役及其他重点领域，结合每个省份的“回头看”，统筹安排了1个专项督察。这样相当于2018年已经安排了20个专项督察。专项督察是和“回头看”统筹安排的，统一实施，统一反馈，分别移交给地方，起到了很好的效果，发挥了“一加一大于二”的作用。

同时，针对中央领导同志作出重要批示指示的问题，社会高度关注的突出问题，还有老百姓举报反映强烈的问题，还先后组织开展11次机动式、点穴式专项督察，发挥了极大的震慑、警示效果。

比如，针对盐城辉丰化工偷排高浓度废水及督察整改不力问题的专项督察，促使江苏省全面开展化工企业环境问题排查，对包括盐城市时任市长在内的12名责任人员实施问责，对企业处以罚款609万元，并对包括企业董事长等高管在内的29名犯罪嫌疑人实施刑事强制措施。目前正在对这家企业的生态环境损害进行评估。评估出来以后，按照评估的结果进行后续工作。这是比较典型的案子。

又如，针对广州、东莞固体废物及危险废物非法转移倾倒问题的专项督察，促使广东省全面推进固体废物及危险废物监管，累计处罚4 765万元，问责党政领导干部46人，并对有关企业董事长在内的48人实施拘捕，广东省也将固体废物及危险废物规范管理问题重新纳入重要工作安排部署。

还如，针对湖南洞庭湖私人矮围破坏生态等问题的专项督察，促使地方仅用13天时间拆除了存在长达17年的下塞湖违建矮围，并对62名党政领导干部予以问责，对11名涉腐涉黑人员进行立案调查。

总体看来，这些专项督察是中央生态环境保护督察的重要补充，在工作中发挥了很好的震慑效果，我们下一步还会加强这方面工作。

辽源案例首先是认识不到位问题，财力有限更不能搞“中看不中用”的整改

北京日报（长安街知事）记者：有媒体报道，任职刚满 8 个月的辽源市委书记被免职，与辽河治污不力直接相关。请问您对此怎么看？也有媒体认为，辽源市财政根本难以承担截污干管迁移等一期工程所需的 5 亿元资金，地方财政难以承担环境治理费用的问题在不少地方也存在，请问生态环境部对此怎么看？

刘长根：谢谢您的提问。

辽河流域是我国七大重点流域之一，而辽源，顾名思义是辽河之源，重要性不言而喻。对辽河水环境问题，2018 年 4 月，中央领导专门作出重要批示，第一轮督察也把辽河问题作为重点予以关注，这也是地方整改的重点。但这次“回头看”发现，当地在整治上敷衍应对，在辽河支流仙人河上建了一个水坝，用于拦截污水，每天再用水泵将截流的约 5 000 吨污水提升至市政管网，通过下游的污水处理厂又溢流排入辽河。实际是“污染搬家”，花了钱而没有收到治污效果。

这一典型案例公开后，吉林省委、省政府高度重视，省委书记、省长第一时间作出批示，要求由省纪委监委牵头组成联合调查组。根据调查结果，吉林省委决定对时任辽源市委主要负责同志实施严肃处理。应该讲，这件事情体现了吉林省坚决践行习近平生态文明思想的政治自觉，彰显了生态环境保护党政同责的严肃性，对吉林省乃至全国推动落实生态环境保

护政治责任都具有十分重要的意义。我们为吉林省委、省政府的做法点赞。

刚才讲到拿出5亿元治理资金对地方来讲还是挑战不小的，这是事实。

但是辽源截污干管迁移等一期工程需5亿元资金，这是当地整改方案明确的，仅拨付1 000万元，1/50，无论如何也说不过去，这是其一。

第二，因为财力有限，所以更要用在“刀刃”上，更不能浪费资金搞“花架子”工程；所以这是问题的关键，这是典型的形式主义问题，浪费资金。

第三，治理资金的筹措渠道可以而且应该是多方面的，不仅仅是财政资金。我们注意到，相关问题被通报后，省里果断决定，由原生态环境厅厅长担任辽源市委书记，当地正在优化整治方案，社会资本也已参与进来，投入明显加大，整改进度明显加快。这也说明保证资金投入是可以做到的，也是能够做到的。

所以说，辽源这个案例，还是认识不到位的问题，财力有限，更不能搞“中看不中用”的整改。这才是通报这起典型案例和严厉问责的关键。

要理性、客观、全面认识大气污染治理的长期性、复杂性和艰巨性

中新社记者：2018年入冬以来，全国一些地方发生了多次重污染过程，请问与2017年和前几年相比，空气质量是否明显下降？原因是什么？

刘友宾：2018年以来，各地各有关部门深入贯彻落实党中央、国务院关于打赢蓝天保卫战的决策部署，狠抓大气污染综合治理攻坚行动各项措施落实，加快推进产业结构、能源结构、运输结构和用地结构调整，强

化环境执法监管，积极应对重污染天气，更加强调精准治污，各项工作都在井然有序、扎实开展，取得明显成效和进展。

从2018年情况来看，全国338个地级及以上城市空气质量持续改善。2018年1—11月，全国338个地级及以上城市平均优良天数比例为81.6%，同比上升1.1个百分点。全国$PM_{2.5}$平均浓度38微克/立方米，同比下降7.3%。京津冀及周边地区“2+26”城市、长三角地区、汾渭平原$PM_{2.5}$平均浓度分别下降12.1%、6.5%、11.1%。

从2018年秋冬季情况来看，虽然遭遇了不利气象条件，全国空气质量整体上稳中向好。2018年10—11月以来，全国$PM_{2.5}$平均浓度为42微克/立方米，同比下降4.5%；京津冀及周边地区有所波动，长三角地区同比持平，汾渭平原同比下降7.7%。

从京津冀及周边地区来看，该区域2018年1—11月空气质量总体呈改善趋势，京津冀及周边地区“2+26”城市1—11月平均优良天数比例为52.0%，同比上升0.9个百分点；$PM_{2.5}$平均浓度为58微克/立方米，同比下降12.1%。但受供暖排放增加、气象条件不利和沙尘天气等多种因素影响，2018年11月$PM_{2.5}$浓度与2017年同比有所波动。2018年11月，该区域冷空气过程同比减少4次，混合层高度同比下降10%，相对湿度同比增大15%。11月下旬的沙尘天气，也对空气质量产生较大影响。同时，要看到，近年来大规模治理的环境效益持续释放，再配合区域层面应急措施“削峰降速”作用，污染程度明显弱于往年相似气象条件下的污染过程。

蓝天保卫战目前正处于爬坡过坎、负重前行、充满希望的关键期、攻坚期、窗口期。对于大气污染防治工作取得的进展，我们不可盲目乐观；

对因为气象条件影响带来的区域性、时段性的空气质量波动，我们也不必垂头丧气，悲观失望，更不能走回头路。速胜论和悲观论，都不符合实际，会对蓝天保卫战产生干扰。要理性、客观、全面认识大气污染治理的长期性、复杂性和艰巨性，坚守阵地，巩固成果，久久为功，下更大气力落实好打赢蓝天保卫战和秋冬季攻坚行动的各项政策措施，推动空气质量全面改善。

将把国务院有关部门和承担生态环保任务较重的央企纳入督察范围

路透社记者：生态环境部计划在2019年开展新一轮中央生态环境保护督察。请问新的一轮督察在方式和工作重点方面与之前有何不同？会对地方和经济产生什么影响？

刘长根：谢谢您的提问。

中央生态环境保护督察是推进生态文明建设一项重大制度安排，也是一项重大改革举措。关于2019年或者今后几年中央生态环境保护督察工作的安排，李干杰部长前一段时间专门向大家做过通报，今后五年包括2018年的督察安排，2018年3月已经提请中央全面深化改革委员会第一次会议审议通过，有总体的部署。2018年的“回头看”也是按照这个安排部署进行的。刚才您讲的下一步督察工作到底怎么开展，和第一轮有什么区别，这几方面我想跟大家分享一下。

在总体思路上，以解决突出生态环境问题、改善生态环境质量、推动经济高质量发展为重点，不断夯实生态文明建设和生态环境保护的政治责任，推动生态环境保护督察向纵深发展。这里面有两个着力点，第一个就是下一步督察要更多地聚焦在污染防治攻坚战上，为污染防治攻坚战提供强大助力。第二个就是聚焦在高质量发展上，提升科学的、可持续的发展水平，这是我们的主要想法和思路。

在具体工作上，从 2019 年开始，用 3 年左右时间完成第二轮中央生态环境保护例行督察，第四年开展“回头看”。在第二轮督察中，将适当拓展督察范围，第一轮督察是 31 个省（区、市），下一步还要将有关部门和承担生态环保任务较重的中央企业纳入督察对象；将探索创新督察方法，加大卫星遥感、红外识别、无人机、大数据等技术应用；另外，中央生态环境保护督察信息化系统已经建起来，这些技术应用以后，有利于提高督察效率，特别是查找大尺度的生态环境问题。从这个角度讲，今后会更加关注“山水林田湖草”生命共同体这个大的生态环境问题，从大环保上更好地提高我国生态环境保护水平。还有一项任务是第一轮督察没有的，就是盯住第一轮督察和“回头看”问题整改情况，这也是重点。我们将盯住不放，咬住不放，不解决问题绝不松手。

另外，还要组织加强专项督察。在专项督察中，将把污染防治攻坚战七大标志性战役及其他重点领域作为重中之重，为攻坚战提供助力；将把督察整改不力，特别是敷衍整改、表面整改、假装整改等突出问题作为重中之重，强化督察工作的精准度；将把人民群众反映突出的生态环境问题作为重中之重，不断践行以人民为中心的发展理念。

在督察体系上，要完善生态环境保护督察制度体系，我们现在正在研究制定《中央生态环境保护督察工作规定》，下一步要提请中央有关会议审议。《规定》明确了要建立中央和省级两级督察体系，省级督察必须成为中央督察的延伸和补充。所谓延伸就是要往下走；所谓补充，就是要推动落实中央生态环境保护督察整改，这是省级督察的重要任务，有利于形成工作合力，更好地提升督察工作效率。

刚才您提到的，下一轮督察会对企业和经济有什么影响。

我想对经济的影响是正面的，刚才讲到，督察就是要推动经济高质量发展，只要符合国家产业发展方向就不用担心，只要合法合规经营也不用担心。2018 年有一段时间，大家反映督察对经济有影响，有“一刀切”的情况。这个情况我们一贯很重视，我们针对舆情及有关方面反映的所谓环保“一刀切”问题，逐一进行了现场核查。核查发现，绝大多数是地方严格生态环境保护要求，强化生态环境保护法制刚性约束，依法推进督察整改，而一些企业对此不习惯、不适应造成的。这些情况不是环保“一刀切”。企业在环保方面不能固步自封，必须适应新的要求才能取得新发展。

首轮督察列入地方整改方案一共 2 147 个问题，接近 70% 基本解决

北京晚报记者：从通报的典型案例情况看，感觉虽然中央生态环境保护督察已历时三年且力度很大，但地方仍然我行我素，敷衍应对，为什么会出现这种情况？是不是可以认为督察没有取得预期效果？有没有一些正面的案例？

刘长根：谢谢您的提问。

中央生态环境保护督察取得了显著效果，这一点毋庸置疑。但为什么您会有那种感觉？我想至少有两方面原因：

一是一些地方在督察整改方面确实存在认识不到位、认知不到位的问题。在这里我跟大家分享一件事情。这次我们在某省开展“回头看”时，这个省的省委书记跟我们讲他的感受：县里检查时没有问题，认为比整改之前好多了；市里检查时，感觉有点问题，但整改效果很不错；省里检查时，感觉有些问题，还需加大整改力度；等到中央来检查时，发现还有大问题，整改确实没有达到要求，这些大问题也确实存在。省委书记这席话讲的是事实，也有一定代表性。这既反映地方确实做了不少整改工作，但是在一些问题的认识上和认知上都存在差距。这是我想说的第一个情况。

二是作为生态环境保护督察来说，主要是问题导向，我们查的就是问题，说的也是问题。我们作为督察人经常讲的一句话是，成绩不讲跑不了，问题不讲不得了。督察不讲问题那就不叫督察了，而对于地方整改取得的成效讲得很少。由于公开的典型案例多了，可能也给大家造成地方重视不够、我行我素、消极应对整改的印象。但跟大家汇报，第一轮督察列入地方整改方案一共 2 147 个问题，截至目前已有接近 70% 的问题基本都解决了，而且还解决得比较好。我说的这些问题都不是小问题，都是比较大、比较难的问题。实际上每个省份都取得了很好的整改效果，都有很多整改很好的例子。

比如，广东省茅洲河曾是目前珠三角地区污染最重的河流之一，督察后整治力度大，累计投入 200 多亿元，建成截污管网 2 000 多千米，水质有了好转。2016年开展第一轮督察的时候还是臭味弥漫，2018年“回头看”的时候，河堤上大量老百姓在那儿休闲，当然，水质根本改善还要有一个过程。

又如，湖北省宜昌市对沿长江100多家化工企业实行“关改搬转”，关停一批，改造一批，搬迁一批，转产一批，倒逼产业转型升级，沿江环境得到持续改观。应该说实现了经济与环境的双赢。

再如，乌鲁木齐市柴窝堡湖水面面积曾经有35平方千米，但近年来由于地下水开发，河水截流，水面面积一度降至0.2平方千米，几近消失；督察整改中，地方通过限采地下水、退耕退牧等整改措施，我们了解到，2018年12月，湖水面面积恢复到15.2平方千米，这对当地区域生态环境至关重要。

所以，我们讲，督察，包括督察整改，都是很有效果的，只是根据要求我们没有过多和刻意宣传成绩。当然，我国生态环境问题都是长期积累形成的，不可能靠一两次督察就能解决，生态环境保护仍处在压力叠加、负重前行的阶段。所以，今后督察工作仍是问题导向，而且会更加严格，持续保持压力。

在立足治理本地污染基础上加强合作

中国日报记者：近期韩国大部分地区遭遇雾霾过程，一些韩国媒体认为韩国的雾霾是中国“漂洋过海吹过去的”。请问您对此怎么看？

刘友宾：环境污染，包括大气污染，是全球性问题，需要各国合作共同应对。多年来，生态环境部与包括韩国在内的周边国家开展了良好的环境合作，为推动区域环境质量改善作出了积极贡献。

2017 年 12 月，在习近平总书记和文在寅总统的见证下，中韩两国环境部门签署《中韩环境合作规划（2018—2022）》，并同意共建中韩环境合作中心。2018 年 6 月，中韩环境部长在北京市共同启动中韩环境合作中心，将进一步加强在大气、水、土壤等领域的政策交流、联合研究和产业技术合作。根据工作计划，双方将于 2019 年 1 月召开中韩环境合作联委会、环境政策对话会和中韩环境合作中心指导委员会，讨论确定 2019 年具体合作计划。

中韩两国的环境专家长期以来也保持了密切的沟通与合作。中日韩科学家还共同研究，开展了东北亚空气污染物长距离输送项目，相关研究结果计划于 2019 年底发布。

关于韩国重污染天气与中国雾霾的关系，我有几组信息，与大家分享，以便大家对此有更加客观的认识和理解。一是从整体上看，根据公开的监测数据，近年来，在中国空气质量持续大幅改善的情况下，韩国首尔市 $PM_{2.5}$ 浓度基本稳定并略有上升；二是从空气污染物的成分上看，作为 $PM_{2.5}$ 重要前体物的二氧化氮，首尔市 2015—2017 年的浓度均高于中国的北京、烟台、大连等城市；三是从近期案例看，11 月 6—7 日首尔市发生了重污染天气过程，中国专家团队的分析显示，根据 11 月初的气象条件，这一时段并未发生大规模、高强度的平流输送，首尔市的污染物主要来源于本地排放。据媒体报道，韩国专家团队的研究也得出了类似结论。

中国政府高度重视并采取积极措施应对大气污染，取得了有目共睹的成效，中国的环境空气质量正在发生显著的变化，正在经历整体、全面的改善。我们在治理污染方面有一个非常重要的体会，应对环境问题，应该在立足治理本地污染的基础上，加强区域和全球合作。中国愿积极继续参与全球环境治理进程，分享相关经验和研究成果，为亚太地区和全球可持续发展贡献我们的力量。

每个典型案例的查实公开都考验着督察人员的胆识、经验、策略和担当

封面新闻记者：典型案例显示，一些地区敷衍整改、表面整改，甚至假装整改，比如宁夏泰瑞制药恶臭扰民、辽宁省葫芦岛市违法围填海、两广地区固体废物违法转移倾倒等问题，请问这些问题都是如何发现的，又是如何查实的？

刘长根：谢谢您的提问。

我们公开典型案例是十分慎重的，一个案例该不该公布，必须同时满足两个条件。一是问题要典型。比如，第一必须是有言在先，明确列入督察整改方案，或有明确的整改目标和要求；第二必须是性质恶劣，有令不行、有禁不止，甚至明知故犯，弄虚作假；第三必须后果严重，造成环境污染或生态破坏，或造成重大经济损失，或造成不良社会影响。符合这三方面才可以说是典型案例。二是情况要查实，不查实我们是不敢公开的，不仅要查清生态环境问题事实，比如环境破坏、生态破坏、环境污染的事实，还要查清背后的原因和责任。只有上述两个条件都达到以后，督察组

才能形成案例，按照程序一级级审核，最后对外公开。

查实典型案例，对于督察组来说并非易事，有的要花费很多精力，有的要想很多办法，有的要依赖很多技术手段，有的要依靠专家或者公安机关配合，每个案例查实都需要督察人员的胆识和经验。

我举几个例子，怎么查案子，比如针对辽宁省葫芦岛市违法围填海问题，督察组大量借助卫星遥感资料，通过不同时段的卫星影像查清了企业违法建设的事实，几个月时间，企业的房子建起来了。企业为什么敢顶风而上？企业哪有这么大的胆子？督察人员进一步抽丝剥茧，再往下查，发现绥中县明里推进整改、暗中默许纵容。那又是如何默许纵容的？经深入调查问询、调阅资料，发现编造文件、弄虚作假等恶劣情节，前前后后很长时间。第一批公开的齐齐哈尔市污泥违规异地处置、安庆市江豚自然保护区不断“瘦身”等问题，也基本是这么查清的。

又如，群众举报是问题线索的重要来源。我们经常讲，群众举报是问题线索的“宝库”，所以督察组高度重视群众信访举报的梳理分析，特别是重复举报问题。宁夏泰瑞制药臭气扰民问题，就是通过受理群众举报发现并查实的。2018 年 6 月 1 日“回头看”进驻伊始，举报电话公布不到 1 小时，督察组接到的 5 个投诉电话中就有 4 个是这一问题，于是督察组当即决定对泰瑞制药进行突击检查。结果发现，泰瑞制药虽然做了不少工作，投了资金，但是关键的几个点都没有整改，菌渣、产品出料口没有密闭，没有安装负压装置，作为恶臭来源最多的地方，只建了个简单的铁皮房；企业厂区环境管理粗放，污水处理厂、自备电厂等都存在问题，周边异味严重。太原市迎泽区散煤替代工作不严不实、江苏省泰兴违规填埋化工废料等案例，也都是通过群众举报发现并查实的。

再如，注重督察细节，作出分析判断，再依靠技术和司法手段取得突破。督察组在广西省贵港下沉督察时发现当地生活污泥去向不明，地方虽然提供了很多说明材料，也很齐整，但难以令人信服。督察人员经仔细分析后，当即以地方提供的34辆污泥运输车辆号牌作为突破口，经有关公安交通管理部门核查，其中22个车辆号牌是不存在的、还有几辆车是客车，都是为应对督察而凭空捏造的，这个查实以后，再询问有关方面时他们就实话实说了。广东省海滔公司非法处置污泥、山东省劣质柴油替代车用柴油等案例，也是这么查出来的。

典型案例的查处非常复杂，不但要求督察人员有胆识，有经验，而且还要有担当、有策略。每一个问题后面都有很多故事，因为时间关系，我就不多讲了，谢谢。

艰难险阻动摇不了生态环保人的意志和信念

央广网记者：近日，浙江省温岭市发生一起环境执法人员在查处环境案件过程中被嫌疑人开车冲撞导致牺牲事件，请问您对此有何评论？

刘友宾：这是一起让我们深感悲伤、深感愤怒的案件。2018年12月1日晚，浙江省温岭市环境执法人员陈奔同志在查处一起群众举报的环境违法案件时，被嫌疑人故意驾车冲撞，致使陈奔同志当场牺牲。犯罪分子的暴行令人发指！

得知消息后，生态环境部领导高度重视，正在波兰参加气候变化大会的李干杰部长迅速作出指示，派有关同志第一时间赶赴温岭市看望慰问陈奔同志家属，指导做好案件查办工作。

陈奔同志是生态环境保护战线的一名优秀共产党员，是生态环境保护铁军的突出代表，我们为有这样一位战友而深感自豪，也为失去这样一位好战友而深感痛心。战友的鲜血不能白流，法律的尊严不容践踏，群众的权益必须维护。我们正在协助公安机关彻底查清案件，一定要依法严惩犯罪分子。

打好污染防治攻坚战是一场大仗、苦仗、硬仗。面对异常繁重艰巨的工作任务，广大生态环境工作者，特别是基层一线执法人员，以特别能吃苦、特别能战斗、特别能奉献的生态环境保护铁军精神，爱岗敬业，攻坚克难，为改善生态环境质量作出了重要贡献。希望各级党委和政府多关心、支持生态环境保护队伍建设，主动为生态环境保护工作者依法履职尽责撑腰打气，提供保障，协同打好污染防治攻坚战。

我国生态环境保护正处于爬坡过坎、负重前行的重要历史时期，前方的道路并不平坦。无论什么样的艰难险阻，都动摇不了生态环保人的意志和信念。我们将忠于职守，坚决维护人民群众环境权益，坚决打击违法犯罪分子的嚣张气焰，坚决维护法律尊严，为打好污染防治攻坚战不辱使命，勇往直前。

解决群众身边的突出生态环境问题是中央生态环境保护督察工作的出发点和落脚点

21世纪经济报道记者：群众来信、来电举报是中央生态环境保护督察工作的重要组成部分，对于发现地方环境问题起到了重要作用。请问下一步将如何加强公众参与在督察中的作用？

刘长根：谢谢您的提问。

中央生态环境保护督察始终高度重视公众参与，解决群众身边的突出生态环境问题，是督察工作的出发点和落脚点。受理群众举报、强化公众参与，不仅使督察工作更接地气，更察民情，而且丰富了督察内涵，提升了督察效能。

下一步，我们将一如既往加强群众举报在督察工作中的运用，一如既往加强公众参与在督察工作中的作用。

第一，要强化督察信息公开。信息公开一直是中央生态环境保护督察的一个法宝，我们要继续用好，将督察工作有关安排、督察报告主要内容、地方督察整改方案和整改落实情况，特别是督察进驻期间边督边改情况等，全面对外公开，接受社会监督，回应社会关切，保障人民群众知情权。

第二，要切实推动解决群众合理诉求。要把群众生态环境诉求抓在手上，放在心上，作为督察工作的重中之重，推动地方边督边改、立行立改，增强人民群众的获得感，不断提高人民群众对督察工作的参与度和信任度。要让群众的合理诉求能够得到解决，这样他们就会更信任我们，也会更积极参与。大家都注意到，从第一轮督察到此次“回头看”，群众举报热情一批比一批高涨，这就是因为督察工作确实帮他们解决了问题。

第三，督察进驻期间，能够推动一个省份把三五千个问题解决到位就很不容易了，关键是要推动地方建立长效机制。不仅要对人民群众举报问题盯住不放，还要加强梳理，找出共性问题，落实地方责任，推动地方把群众生态环境诉求解决在基层，解决在平时，这才是关键。现在有些省已经开始做了，比如山东省在督察进驻结束后，保留了受理投诉举报机制，继续受理群众举报，程序和要求不变，问题交给地方党委政府去处理，而不是只交给生态环境部门，这样的话效果比较好。

您提到的怎么让公众参与督察整改，我刚才讲到，督察情况、整改方案、整改落实情况都是公开的，实际上现在很多群众就已经在监督整改落实情况了。有的地方公开的整改落实情况与事实不符，就有群众写信向我们反映，经查证属实，这种情况还不少。我们希望人民群众更多地关注地方公开的整改方案和整改落实情况，也希望借助公众力量监督地方，推进整改工作。

清洁取暖事关公共利益，唯有共治，才能共享

新京报记者： 近日河北省曲阳县村民烧散煤事件引发广泛关注，反映出部分公众对清洁取暖工作的担心和疑虑，最近也有网传“煤改气”工作可能被叫停。请问您对此怎么看？

刘友宾： 我们注意到这个情况，地方已对此进行了回应。这个事件

背后体现的是公众和社会对清洁取暖工作的关心。最近，国家发展改革委有关负责同志介绍，2018 年秋冬季清洁取暖工作势头良好。我也读到了两篇报道，一篇是香港南华早报的报道，题目叫《冬天来临，但这次中国的天然气供应企业已为严寒做好准备》。另一篇是美国国家公共电台的报道，记者采访发现，京北农村地区采用天然气以后，农民们反映生活更方便了，空气质量更好了。这两篇报道中记者的观察和国家发展改革委的判断是吻合的。

推进北方地区冬季清洁取暖是党中央、国务院作出的重要决策部署，是改善秋冬季大气环境质量的有效措施，也是重要的民生工程，习近平总书记和李克强总理、韩正副总理多次作出指示批示。

清洁取暖事关家家户户的切身利益，各项工作一定要深入细致，要坚持依法行政，把好事办好，切忌简单生硬；良好的空气质量是我们共同的向往，也是事关千千万万人民群众生产生活和身体健康的公共利益，每个人都有责任维护好公共利益。

当前，我国大气环境质量总体上持续好转，出现了稳中向好的趋势，但成效需要进一步稳固。每一个公民都有保护生态环境的责任和义务，都应该积极为大气污染防治作出努力和贡献，唯有共治，才能共享。

事实证明，只要统筹做好相关工作，清洁取暖和温暖过冬并不是非此即彼的关系，而是相互统一、相互促进的。既可以让老百姓告别烟熏火燎，过上更干净、更舒适、更方便的生活，又可以让人民群众享受更多的蓝天白云。

生态环境部将认真贯彻落实党中央、国务院部署要求，协同有关部门和地方政府，有序有效、坚定不移推进清洁取暖工作，督促各级人民政府采取切实有效措施，确保群众清洁取暖，温暖过冬。

各位记者朋友，时光匆匆，这是生态环境部2018年度最后一次例行新闻发布会，新年的钟声即将敲响。

一年来，媒体朋友们坚持正确舆论导向，积极宣传习近平生态文明思想，宣传全国生态环境保护大会精神，关注生态环境保护机构改革，聚焦中央生态环境保护督察、打好污染防治攻坚战等生态环境保护中心工作，参与“环保促发展”大型主题采访活动，深入一线，采写了大量有温度、有深度的优秀报道，充分发挥了舆论引导和监督作用，成为2018年中国生态环境保护工作的重要参与者、贡献者，也是中国2018年生态环境保护的一道亮丽的风景。

我们对大家一年来的辛勤工作表示诚挚的谢意和由衷的敬意，祝大家新年诸事顺遂，阖家幸福！

主持人刘友宾：今天的发布会到此结束，谢谢大家！

图书在版编目（CIP）数据

生态环境部新闻发布会实录. 2018 / 生态环境部编. -- 北京：中国环境出版集团, 2019.3（2019.4重印）

ISBN 978-7-5111-3897-2

Ⅰ. ①生… Ⅱ. ①生… Ⅲ. ①生态环境保护－新闻公报－中国－2018 Ⅳ. ①X321.2

中国版本图书馆CIP数据核字(2019)第001787号

出 版 人　武德凯
策划编辑　陶克菲
责任编辑　王　琳
责任校对　任　丽
装帧设计　彭　杉

出版发行　中国环境出版集团
（100062 北京市东城区广渠门内大街16号）
网　　址：http://www.cesp.com.cn
电子邮箱：bjgl@cesp.com.cn
联系电话：010-67112765（编辑管理部）
发行热线：010-67125803 010-67113405（传真）
印　　刷　北京建宏印刷有限公司
经　　销　各地新华书店
版　　次　2019年3月第1版
印　　次　2019年4月第2次印刷
开　　本　787×960 1/16
印　　张　31
字　　数　400千字
定　　价　125.00元